教育部职业教育与成人教育司推荐教材
职业院校数控技术应用专业教学用书

数控车削编程与加工技术

（第3版）

主　编　谢晓红

副主编　张　胜

主　审　葛金印　王　猛

電子工業出版社.
Publishing House of Electronics Industry
北京·BEIJING

内 容 简 介

本书为教育部职业教育与成人教育司推荐教材，是根据《中等职业学校数控技术应用专业领域技能型紧缺人才培养训练指导方案》编写的，符合核心课程改革与理实一体化教学的基本要求和中级数控车工职业技能鉴定规范的考核要求。前 4 章为基础知识，讲述了数控车床的组成与工作原理、加工工艺基础知识、编程基础知识和操作方法；接下来的 10 章讲述了由简单到复杂零件编程与加工的基础知识、实训项目、工艺分析、编程编制、操作技能等，其中"*"号内容为选学内容。

本书突出了"教学做合一"的职教办学模式，在实训内容方面按照识读工件图样→工艺分析→制定加工方案→确定加工工序→编制参考程序→模拟加工→机床操作加工→质量检测与分析→巩固与提高，明确教学内容与实训项目，合理编排"教学做"学习任务。

本书可作为职业院校数控技术应用专业教材，也可作为职业技术院校机电一体化、机械制造类专业教材及机械类工人岗位培训和自学用书。

未经许可，不得以任何方式复制或抄袭本书之部分或全部内容。

版权所有，侵权必究。

图书在版编目（CIP）数据

数控车削编程与加工技术 / 谢晓红主编. —3 版. —北京：电子工业出版社，2015.8
教育部职业教育与成人教育司推荐教材　职业院校数控技术应用专业教学用书

ISBN 978-7-121-26819-9

Ⅰ. ①数… Ⅱ. ①谢… Ⅲ. ①数控机床－车床－车削－程序设计－中等专业学校－教材 ②数控机床－车床－加工－中等专业学校－教材 Ⅳ. ①TG519.1

中国版本图书馆 CIP 数据核字（2015）第 173842 号

策划编辑：张　凌
责任编辑：张　凌
印　　刷：北京捷迅佳彩印刷有限公司
装　　订：北京捷迅佳彩印刷有限公司
出版发行：电子工业出版社
　　　　　北京市海淀区万寿路 173 信箱　邮编　100036
开　　本：787×1 092　1/16　印张：17　字数：435.2 千字
版　　次：2005 年 7 月第 1 版
　　　　　2015 年 8 月第 3 版
印　　次：2025 年 3 月第 18 次印刷
定　　价：34.90 元

凡所购买电子工业出版社图书有缺损问题，请向购买书店调换。若书店售缺，请与本社发行部联系，联系及邮购电话：（010）88254888，88258888。

质量投诉请发邮件至 zlts@phei.com.cn，盗版侵权举报请发邮件至 dbqq@phei.com.cn。

本书咨询联系方式：（010）88254583，zling@phei.com.cn。

数控技术的广泛应用，给传统制造业的生产方式、产品结构、产业结构带来深刻的变化，也给传统机电类专业人才的培养带来新的挑战。本书是根据教育部颁布的《中等职业学校数控技术应用专业领域技能型紧缺人才培养培训指导方案》开发编写的本专业系列教材之一。

《数控车削编程与加工技术（第 3 版）》根据数控车工对应职业岗位必备的知识与技能要求设置的课程，重点介绍了数控车床编程与操作相关的基础知识，基于 FANUC 0i 数控系统的编程技术、加工技术训练，以及中级数控车工具备的职业能力训练。

本教材的编写始终坚持以就业为导向，将数控车削加工工艺（工艺路线选择、刀具选择、切削用量设置等）和程序编制方法等专业基础知识和加工技术融合到实训操作中，充分体现了"教学做合一"的职教办学特色。

本书的内容编写主要体现了以下几方面的特点：

1．以就业为导向、以职业能力培养为目标，强调理论与实践的融合和知识之间的内在联系，突出教学内容的应用性和实践性。

2．以"数控车削编程技术与操作能力的培养"为主线，按照"管用、够用、实用"的原则对理论知识和专业知识内容进行编写。

3．教材内容大部分采用"案例化、项目化"，突出了"教学做合一"的职教教学模式。后10章教材内容在设计时以学生所学专业中的真实产品或生产实际中的案例作为实训教学的"案例"或"项目"组织实施，引出其成型加工方法和操作技能技巧，贴近实际，注重实用。

4．本教材结合中高级数控车工职业资格考核标准组织实训任务和强化训练，注重提高学生掌握数控车工所需的知识、技能和素质能力要求。

5．紧扣数控加工技术的岗位（群）职业要求，科学合理安排教材内容，使学生具有职业岗位必备的知识与技能，能从事数控机床的操作与编程，产品质量的检验，数控机床的管理、维护、营销及售后服务等工作，具备职业生涯发展基础和终身学习能力。

本书由谢晓红担任主编，张胜担任副主编，张吉玲、周欣阳、朱虹、高晓东参编，葛金印、王猛担任主审。本书经教育部审批为教育部职业教育与成人教育司推荐教材。

由于编者水平和经验有限，书中欠妥之处在所难免，敬请读者批评指正。

编　者

目录
CONTENTS

第 1 章

数控车床的组成与工作原理

数控车床由于具有高效率、高精度、高柔性等特点，在机械制造业中得到日益广泛的应用，其中数控车床是目前应用最广泛的数控设备之一，因此，加深对数控车床的工作原理和组成的了解是进行生产实践的坚实基础。

知识目标

➢ 了解数控车床具有的优越于普通车床的加工特点。
➢ 掌握数控车床的工作原理，各组成部分的性能和特点。
➢ 了解车床数控系统所具有的基本功能和特殊功能。

1.1 数控车床的简介

1.1.1 CNC 数控车床的加工特点

数控车床是数字程序控制车床的简称，它集通用性好的万能型车床、加工精度高的精密型车床和加工效率高的专用型普通车床的特点于一身，是国内使用量最大、覆盖面最广的一种数控机床，占数控机床总数的 25%左右（不包括技术改造而成的车床）。

数控车床主要用于轴类和盘类回转体零件的加工，能够通过程序控制自动完成内外圆柱面、圆锥面、圆弧面、螺纹等工序的切削加工，并可进行切槽、钻、扩、铰孔和各种回转曲面的加工。而近年来研制出的数控车削中心和数控车铣中心，使得在一次装夹中可以完成更多的加工工序，提高了加工质量和生产效率，精度稳定性好，操作劳动强度低，特别适用于复杂形状的零件或中、小批量零件的加工。

数控车床与普通车床相比，具有三个方面的特色。

（1）高难度加工。如图 1-1 所示"口小肚大"的特殊内成型面零件，在普通车床上不仅难以加工，并且还难以检测。采用数控车床加工时，其车刀刀尖运动的轨迹由加工程序控制，"高难度"由车床的数控功能可以方便地解决。

对由非圆线或列表曲线（如流线型曲线）构成其旋转面的零件，各种非标准螺距的螺纹或变螺距螺纹等多种特殊螺旋类零件，以及表面粗糙度要求非常均匀、且 Ra 值又较小的变径表面类零件，都可通过车床数控系统所具有的同步运行及恒线速度等功能保证其精度要求。例如，在具有特殊数控系统（如 FAGOR8025/8030 型）的车床或某些车削中心上，通过使用同步刀具（即数个切削刀头可同时绕其自身轴线旋转，且具有独立动力），即可加工截面为四边形、六边形和八边形等多棱柱类零件。

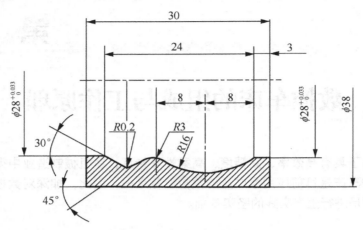

图 1-1　特殊内成型面零件

（2）高精度零件加工。复印机中的回转鼓、录像机上的磁头及激光打印机内的多面反射体等超精零件，其尺寸精度可达 0.01μm，表面粗糙度值可达 $Ra0.02μm$，这些高精度零件均可在高精度的特殊数控车床上加工完成。

（3）高效率完成加工。为了进一步提高车削加工的效率，通过增加车床的控制坐标轴，就能在一台数控车床上同时加工出两个多工序的相同或不同的零件，也便于实现一批复杂零件车削全过程的自动化。

■ 1.1.2　CNC 数控车床的分类

数控车床的分类方法较多，可以根据设计类型和轴的数目分类。

1．按车床主轴位置分类

（1）立式数控车床。立式数控车床也称为立式镗铣床，其车床主轴垂直于水平面，并有一个直径很大的圆形工作台，供装夹工件用。这类机床主要用于加工径向尺寸大、轴向尺寸相对较小的大型复杂零件。

（2）卧式数控车床。卧式数控车床的主轴处于水平位置，采用卧式车床布局。卧式数控车床依床身又可分为倾斜式与平台式两种。倾斜式的刀座采用转塔式，刀架要后置；平台式的刀座与传统车床类似，刀架前置。如图 1-2 所示分别为平台床身和斜床身数控车床。

图 1-2　平台床身数控车床和斜床身数控车床

2．按可控制轴数分类

（1）两轴控制。当机床上只有一个回转刀架时，可以实现两坐标轴控制。当前大多数中小型数控车床采用两轴联动（即 X 轴、Z 轴）。

（2）多轴控制。当具有两个回转刀架时，可以实现四坐标轴控制。档次较高的数控车削中心都配备了动力铣头，还有些配备了 Y 轴，使机床不但可以进行车削，还可以进行铣削加工，数控车床的工艺和工序将更加复合化和集中化。如图 1-3 所示为多轴控制数控车床。

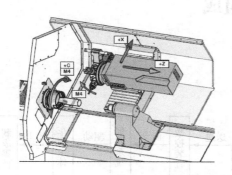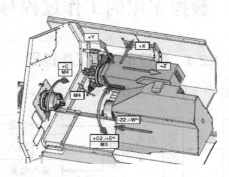

图 1-3　配备了动力铣头的多轴控制数控车床

3．按刀架数量分类

（1）单刀架数控车床。普通数控车床一般都配置有各种形式的单刀架，如四工位卧式自动转位刀架或多工位转塔式自动转位刀架。

（2）双刀架数控车床。双刀架数控车床的双刀架的配置（即移动导轨分布）可以是平行分布，也可以是相互垂直分布，以及同轨结构。如图 1-4 所示为刀架基本结构和组合形式。

（a）四工位刀架　　　　（b）转塔式刀架　　　　（c）双刀架控制

图 1-4　刀架基本结构和组合形式

4．按数控系统的功能分类

（1）经济型数控车床。一般采用开环控制，具有 CRT 显示、程序储存、程序编辑等功能，加工精度不高，主要用于精度要求不高，有一定复杂性的零件。

（2）全功能数控车床。是较高档次的数控车床，具有刀尖圆弧半径自动补偿、恒线速度、倒角、固定循环、螺纹切削、图形显示、用户宏程序等功能，加工能力强，适宜加工精度高、形状复杂、工序多、循环周期长、品种多变的单件或中小批量零件。

（3）车削中心。车削中心的主体是数控车床，转塔刀架上带有刀具旋转的动力刀座，主轴具有按轮廓成形要求连续（不等速回转）运动和进行连续精确分度的 C 轴功能，并能与 X 轴或 Z 轴联动，控制轴除 X、Z、C 轴之外，还可具有 Y 轴，可实现车、铣复合加工。

1.2 数控车床的工作过程与组成

1.2.1 数控车床的工作过程

数控车床的工作过程如图 1-5 所示。

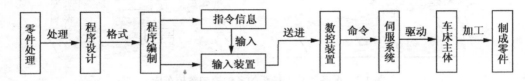

图 1-5 数控车床的工作过程

（1）根据零件加工图样进行工艺分析，确定加工方案、工艺参数和位移数据。

（2）用规定的程序代码和格式规则编写零件加工程序单；或用自动编程软件进行 CAD/CAM 工作，直接生成零件的加工程序文件。

（3）将加工程序的内容以代码形式完整记录在信息介质（如穿孔带或磁带）上。

（4）通过阅读机把信息介质上的代码转变为电信号，并输送给数控装置。由手工编写的程序，可以通过数控机床的操作面板输入；由编程软件生成的程序，通过计算机的串行通信接口直接传输到数控机床的数控单元（MCU）。

（5）数控装置将所接收的信号进行一系列处理后，再将处理结果以脉冲信号形式向伺服系统发出执行的命令。

（6）伺服系统接到执行的信息指令后，立即驱动车床进给机构严格按照指令的要求进行位移，使车床自动完成相应零件的加工。

1.2.2 数控车床的组成

数控车床是由数控程序及存储介质、输入/输出装置、计算机数控装置（CNC 装置）、伺服系统、车床本体组成的，如图 1-6 所示。

1. 数控程序及存储介质

数控程序是数控车床自动加工零件的工作指令。在对加工零件进行工艺分析的基础上确定：零件坐标系在机床坐标系上的相对位置；刀具与零件相对运动的尺寸参数；零件加工的工艺路线或加工顺序、切削加工的工艺参数，以及辅助装置的动作等。这样得到零件的所有运动、尺寸、工艺参数等加工信息，然后用标准的文字、数字和符号组成的数控代码，按规定的方法和格式，编制零件加工的数控程序单。编制程序的工作可由人工进行，或者在数控车床以外用自动编程计算机系统来完成，比较先进的数控车床可以在数控装置上直接编程。

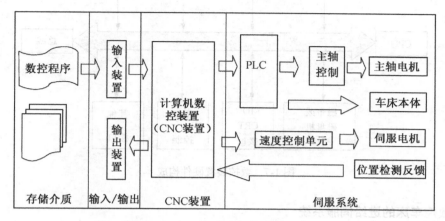

图 1-6 CNC 系统图

程序必须存储在某种存储介质中，如纸带、磁带或磁盘等，采用哪一种存储载体，取决于数控装置的设计类型。

2. 输入/输出装置

存储介质上记载的加工信息需要通过输入装置输送给机床数控系统，机床内存中的零件加工程序可以通过输出装置传送到存储介质上。输入/输出装置是机床与外部设备的接口，目前输入装置主要有纸带阅读机、软盘驱动器、RS232C 串行通信口、MDI 方式等。

3. CNC 装置

CNC 装置是数控加工中的专用计算机，除具有一般计算机结构外，还有与数控车床功能相关的功能模块结构和接口单元。CNC 装置由硬件和软件组成，软件在硬件的支持下运行，离开软件，硬件便无法工作，两者缺一不可。

CNC 装置的硬件主要由中央处理单元、各类存储器、输入/输出接口、位置控制，以及其他各类接口组成，如图 1-7 所示。各组成部分的作用如下。

① 中央处理单元（CPU）：实施对整个系统的运算、控制和管理。

② 存储器：用来储存系统软件、零件加工程序，以及运算的中间结果等。

③ 位置控制：主要完成对主轴驱动的控制，以便完成速度控制；通过伺服系统对坐标轴的运动实施控制。

④ 输入/输出接口：主要用来交换数控装置和外部之间的往来信息。

⑤ MDI/CRT 接口：完成手动数据输入并将信息显示在 CRT 上。

CNC 装置硬件结构一般分为单微处理器结构和多微处理器结构。微处理器是 CNC 装置的核心，由于所有数控功能都由一个 CPU 来完成，因此 CNC 装置的功能受微处理器的字长、数据宽度、寻址能力和运算速度等因素的限制。

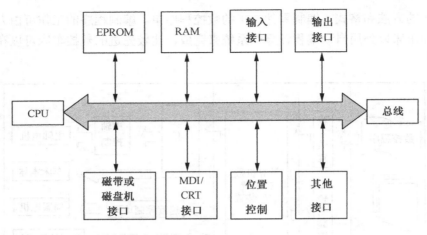

图 1-7   数控装置硬件构成

4．数控车床的进给伺服系统

数控车床的进给传动系统常用伺服进给系统来工作，数控车床伺服系统是以车床移动部件的位置和速度为控制量的自动控制系统，又称随动系统、拖动系统或伺服系统。

车床进给伺服系统，一般由位置控制、速度控制、伺服电机、检测部件及机械传动机构五大部分组成。但习惯上所说的进给伺服系统，只是指速度控制、伺服电机和检测部件三个部分，而且，将速度控制部分称为伺服单元或驱动器。

（1）数控车床对进给伺服系统的要求。为了提高数控车床的性能，对车床进给伺服系统提出了很高的要求。由于各种数控车床所完成的加工任务不同，所以对进给伺服系统的要求也不尽相同，但大致可概括为以下几个方面：高精度，快速响应，宽调速范围，低速大转矩，好的稳定性。

（2）伺服系统的类型。按照伺服系统的结构特点，伺服单元或驱动器通常有四种基本结构类型：开环、闭环、半闭环及混合闭环。

① 开环进给伺服系统。开环伺服机构，即无位置反馈的系统，由步进电机驱动线路和步进电机组成。每一脉冲信号使步进电机转动一定的角度，通过滚珠丝杠推动工作台移动一定的距离。这种伺服机构比较简单，工作稳定，操作方法容易掌握，但精度和速度的提高受到限制。如果负荷突变（如切深突增），或者脉冲频率突变（如加速、减速），则数控运动部件有可能发生"失步"现象，即丢失一定数目的进给指令脉冲，从而造成进给运动的速度和行程误差。故该类控制方式，仅限于精度不高、轻载负载变化不大的经济型中、小数控车床的进给传动。

② 半闭环进给伺服系统。在车床中应用得最为广泛的是半闭环结构，半闭环伺服机构是由比较线路、伺服放大线路、伺服电机、速度检测器和位置检测器组成的。位置检测器装在丝杠或伺服电机端部，利用丝杠的回转角度间接测出工作台的位置。常用的伺服电机有宽调速直流电动机、宽调速交流电动机和电液伺服电机。位置检测器有旋转变压器、光电式脉冲发生器和圆光栅等。这种伺服机构所能达到的精度、速度和动态特性优于开环伺服机构，为大多数中、小型数控车床所采用。这是由于它的环路中非线性因素少，容易整定，可以比较方便地通过补偿来提高位置控制精度，而且电气控制部分与执行机械相对

独立，系统通用性强。其结构框图如图 1-8 所示。

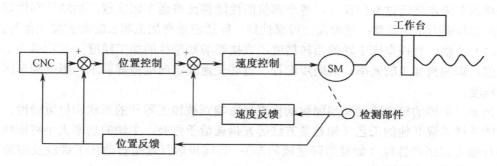

图 1-8 半闭环进给伺服系统的结构框图

③ 闭环进给伺服系统。闭环伺服机构的工作原理和组成与半闭环伺服机构相同，只是位置检测器安装在工作台上，可直接测出工作台的实际位置，故反馈精度高于半闭环控制，但掌握调试的难度较大，常用于高精度和大型数控车床。闭环伺服机构所用伺服电机与半闭环相同，位置检测器则用长光栅、长感应同步器或长磁栅。一般来说，只在具备传动部件精密度高、性能稳定、使用过程温差变化不大的高精度数控车床上才使用全闭环伺服系统。

（3）数控车床的位置检测装置。

① 位置检测装置的要求。在闭环与半闭环伺服系统中，必须利用位置检测装置把车床运动部件的实际位移量随时检测出来，与给定的控制值（指令信号）进行比较，从而控制驱动系统正确运转，使工作台（或刀具）按规定的轨迹和坐标移动，位置检测装置是伺服系统的重要组成部分，它对于提高数控车床加工精度起着决定性的作用，就好像起着人的眼睛和刻度盘的作用。为此，检测元件应满足的要求是：工作可靠，抗干扰性强；满足数控车床的精度和速度要求；维护方便；成本低。

② 位置检测装置的分类。不同类型的数控车床对于检测系统的精度与速度有不同的要求，一般来说，大型数控车床以满足速度要求为主，而中小型和高精度数控车床以满足精度要求为主。按常用位置检测装置的基本工作原理，其分类如表 1-1 所示。

表 1-1 常用位置检测装置的分类

装置类型	数 字 式		模 拟 式	
	增 量 式	绝 对 式	增 量 式	绝 对 式
旋转型	脉冲编码器 圆光栅	编码盘	旋转变压器 圆感应同步器 圆磁栅	多极旋转变压器 三速圆感应同步器
直线型	长光栅 激光干涉仪	编码尺	直线感应同步器 磁栅	绝对值式磁尺 三速感应同步器

5. 车床本体

车床本体是加工运动的实际机械部件，主要包括：主运动部件、进给运动部件（如工作台、刀架）和支承部件（如床身、立柱等），还有冷却、润滑、转位部件，如夹紧、换刀机械手等辅助装置。

数控车床本体通过专门设计，各个部位的性能都比普通车床优越，如结构刚性好，能适应高速和强力车削需要；精度高，可靠性好，能适应精密加工和长时间连续工作等。

（1）主轴。数控车床主轴的回转精度，直接影响到零件的加工精度；其功率大小与回转速度，影响到加工的效率；其同步运行、自动变速及定向准停等要求，影响到车床的自动化程度。

例如，主轴的径向跳动和端面跳动将直接影响到被加工零件的形状和位置精度，并且不可能通过采取其他的工艺（如补偿方法等）措施给予弥补；主轴的功率大小将影响到车床进行强力切削的性能（如受阻降速或闷车）；其同步运行则是自动加工螺纹及螺旋面零件所必须具有的功能等。

（2）床身及导轨。数控车床的床身除了采用传统的铸造床身外，也有采用加强钢筋板或钢板焊接等结构的床身，以减轻其结构重量，提高刚度。数控车床床身上的导轨结构有传统的滑动导轨（金属型），也有新型的滑动导轨（贴塑导轨）。贴塑导轨的摩擦系数小，耐磨性、耐腐蚀性及吸振性好，润滑条件优越。斜床身的导轨基体上粘贴塑料面后，切屑不易在导轨面上堆积，减轻了清除切屑的工作。

（3）机械传动机构。除了部分主轴箱内的齿轮传动等机构外，数控车床已在原普通车床传动链的基础上做了大幅度的简化，如取消了挂轮箱、进给箱、溜板箱及其绝大部分传动机构，而仅保留了纵、横向进给的螺旋传动机构，并在驱动电机和丝杆间增设了（少数车床未增设）可消除其侧隙的齿轮副。

数控车床主轴变速分为有级变速、无级变速及分段无级变速三种形式，其中有级变速仅用于经济型数控车床上，大多数数控车床均采用无级变速或分段无级变速。

主轴传动和进给传动一样，经历了从普通三相异步电动机传动到直流主轴传动，而随着微处理器技术和大功率晶体管技术的应用，现在又进入了交流主轴伺服系统的时代，目前已很少见到在数控车床上使用直流主轴伺服系统。

（4）刀架。刀架是自动转位刀架的简称，它是数控车床普遍采用的一种最简单的自动换刀设备。由于自动转位刀架上的各种刀具不能按加工要求自动进行装、卸，故它只是属于自动换刀系统中的初级形式，不能实现真正意义上的自动换刀。

在数控车床上，刀架转换刀具的过程是：接收转刀指令→松开夹紧机构→分度转位→粗定位→精定位→锁紧→发出动作完成后的回答信号。驱动刀架工作的动力有电力和液力两类。

（5）辅助装置。数控车床的辅助装置较多，除了与普通车床所配备的相同或相似的辅助装置外，数控车床还可配备对刀仪、位置检测反馈装置、自动编程系统及自动排屑装置等。

1.3　数控系统的主要功能

数控车床中数控装置的硬件采用了微处理器、存储器、接口芯片等，再安装不同的监控软件就可以实现过去难以实现的许多功能。数控装置的功能通常包括基本功能和选择功能。基本功能是数控系统的必备功能，选择功能是供用户根据机床特点和用途进行选择的功能。CNC 装置的功能主要反映在准备功能 G 指令代码和辅助功能指令代码上。

现以 FANUC 0-TB 数控系统为例，简述其部分功能。

1．主轴功能

主轴功能除对车床进行无级调速外，还具有同步进给控制、恒线速度控制及主轴最高转速控制等功能。

（1）同步进给控制。在加工螺纹时，主轴的旋转与进给运动必须保持一定的同步运行关系。例如，车削等螺距螺纹时，主轴每旋转一周，其进给运动方向（Z 或 X）必须严格位移一个螺距或导程。其控制方法是通过检测主轴转数及角位移原点（起点）的元件（如主轴脉冲发生器）与数控装置相互进行脉冲信号的传递而实现的。

（2）恒线速度控制。在车削表面粗糙度要求十分均匀的变径表面，如端面、圆锥面及任意曲线构成的旋转面时，车刀刀尖处的切削速度（线速度）必须随着刀尖所处直径的不同位置而相应地自动调整变化。该功能由 G96 指令控制其主轴转速按所规定的恒线速度值运行，如 G96 S200 表示其恒线速度值为 200m/min。当需要恢复恒定转速时，可用 G97 指令对其注销，如 G97 S1200。

（3）主轴最高转速控制。当采用 G96 指令加工变径表面时，由于刀尖所处直径在不断变化，当刀尖接近工件轴线（中心）位置时，因其直径接近零，线速度又规定为恒定值，主轴转速将会急剧升高。为预防因主轴转速过高而发生事故，该系统则规定可用 G50 指令限定其恒线速度运动中的最高转速，如 G50 S2000。

2．多坐标控制功能

控制系统可以控制坐标轴的数目，指的是数控系统最多可以控制多少个坐标轴，其中包括平动轴和回转轴。基本平动坐标轴是 X、Y、Z 轴；基本回转坐标轴是 A、B、C 轴。联动轴数是指数控系统按照加工的要求可以同时控制运动的坐标轴的数目。如某型号的数控车床具有 X、Y、Z 三个坐标轴运动方向，而数控系统只能同时控制两个坐标（XY、YZ 或 XZ）方向的运动，则该机床的控制轴数为 3 轴（称为三轴控制），而联动轴数为 2 轴（称为两联动）。

控制功能是指 CNC 装置能够控制的，以及能够同时控制的轴数。控制功能是数控装置的主要性能指标之一。控制轴有移动轴和回转轴、基本轴和附加轴。控制轴数越多，特别是同时控制轴数越多，CNC 装置的功能越强，同时 CNC 装置就越复杂，编制零件加工程序也就越困难。

3．自动返回参考点功能

系统规定有刀具从当前位置快速返回至参考点位置的功能，其指令为 G28。该功能既适用于单坐标轴返回，又适用于 X 和 Z 两个坐标轴同时返回。

4．螺纹车削功能

螺纹车削功能可控制完成各种等螺距（公制或英制）螺纹的加工，如圆柱（右、左旋）、圆锥及端面螺纹等。

5. 固定循环切削功能

用数控车床加工零件时，一些典型的加工工序，如车削外圆、端面、圆锥面、镗孔、车螺纹等，所需完成的动作循环十分典型，可将这些典型动作预先编好程序并存储在存储器中，用 G 代码进行指令。由于固定循环中的 G 代码指令的动作程序要比一般的 G 代码指令的动作要多得多，因此使用固定循环功能，可以大大简化程序编制。

FANUC 数控系统具有以下一些循环切削功能。

（1）单一固定循环。单一固定循环包括车削外圆、端面的矩形循环和圆锥面的固定循环。

（2）多重复合循环。多重复合循环的形式很多，该系统有以下一些循环功能。

① 外圆、端面的粗车循环。外圆、端面的粗车循环均针对成组轮廓的粗车而设置，进给路线也不同于单一的矩形或锥形，编程也比较复杂，其方法是在已编好精车加工路线的程序段之后，将有关精车余量、每次进给的切削深度和退刀量等参数设定后，就可实现其粗车循环。

② 固定形状的粗车循环。固定形状和粗车循环的特点是每次循环进给的路线形式（由精车路线提供）均固定不变，只改变其循环起点的位置。该循环功能适用于已经过铸造或模锻等基本形成轮廓的坯件粗车。

③ 精车复合循环。精车复合循环加工的特点与固定形状的粗车循环相仿，但因适用于经粗车后的精车，故不需设定 X 轴和 Z 轴方向的总退刀量及循环次数等参数，而仅需指定精车路线中各程序段的第一条和最后一条程序段的顺序号即可。

④ 端面、钻孔复合循环。端面、钻孔复合循环功能用于断续切削端面及钻孔，使刀具冷却或排屑充分。

⑤ 外圆、车槽复合循环。外圆、车槽复合循环功能用于断续车削外圆或车外沟槽。例如，用刀宽较小的车槽刀断续车削 Z 向尺寸较宽的矩形外沟槽时，就可采用该循环功能。

6. 插补功能

CNC 装置是通过软件进行插补计算，连续控制时实时性很强，计算速度很难满足数控车床对进给速度和分辨率的要求。实际的 CNC 装置插补功能被分为粗插补和精插补。

进行轮廓加工的零件的形状，大部分是由直线和圆弧构成的，有的是由更复杂的曲线构成的，因此有直线插补、圆弧插补、抛物线插补、极坐标插补、螺旋线插补、样条曲线插补等。

实现插补运算的方法有逐点比较法和数字积分法等。

7. 辅助功能

辅助功能是数控加工中不可缺少的辅助操作，用地址 M 和它后续的数字表示。在 ISO 标准中，可有 M00～M99 共 100 种。辅助功能用来规定主轴的启动、停止，冷却液的开、关等。

8．刀具功能

刀具功能是用来选择刀具，用地址 T 和它后续的数值表示。刀具功能一般和辅助功能一起使用。

9．补偿功能

加工过程中由于刀具磨损或更换刀具，以及机械传动中的丝杠螺距误差和反向间隙，将使实际加工出的零件尺寸与程序规定的尺寸不一致，造成加工误差。因此数控车床 CNC 装置设计了补偿功能，它可以把刀具磨损、刀具半径的补偿量、丝杠的螺距误差和反向间隙误差的补偿量输入到 CNC 装置的存储器，按补偿量重新计算刀具的运动轨迹和坐标尺寸，从而加工出符合要求的零件。

10．字符显示功能

CNC 装置可以配置单色或彩色 CRT，通过软件和接口实现字符和图形显示。可以显示加工程序、参数、各种补偿量、坐标位置、故障信息、零件图形、动态刀具运动轨迹等。

11．自诊断功能

CNC 装置中设置了各种诊断程序，可以防止故障的发生或扩大。在故障出现后可迅速查明故障类型及部位，减少因故障而造成的停机时间。

12．通信功能

CNC 装置通常具有 RS232C 接口，有的还备有 DNC 接口。现在部分数控车床还具有网卡，可以接入因特网。

13．在线编程功能

在线编程功能可以在数控加工过程中进行程序的编辑，因此不占用机时。在线编程时使用的自动编程软件有人机交互式自动编程系统、APT 语言编程系统、蓝图直接编程系统等。

本章小结

本章主要介绍了数控车床的加工特点、组成、工作原理与过程，以及车床数控系统的主要功能。

数控车床与普通车床相比，在高难度加工、高精度加工、高效率完成加工方面更具特色。

数控车床是一种高度自动化的机床，在加工工艺与加工表面形成方法上，与普通车床是基本相同的，最根本的不同在于实现自动化控制的原理与方法上，数控车床通过数字化程序控制零件的自动加工。

习 题 1

1．数控车床与普通车床相比，具有哪些加工特点？

2．试简述数控车床工作控制原理与过程。

3．数控车床一般由哪几部分组成？各有何作用？

4．CNC 系统由哪几部分组成？

5．数控车床开环、半闭环和闭环控制系统各有何特点？

6．数控车床对进给伺服系统有哪些要求？

7．数控车床常用的位置检测装置有哪些？

8．数控车床的传动系统与普通车床的传动系统有哪些主要的差别？

9．试简述数控车床的换刀过程。

10．车床数控系统有哪些基本功能？其特别功能对数控车削加工有何作用？

项目练习

要求学生在学习本章之后，每人上交一份课题报告，报告应包含以下几方面的内容。

（1）绘制数控车床的工作原理简图，并说明其工作过程。

（2）绘制刀架或刀库的结构原理简图，给出简要的文字说明，并说明转位刀架与刀库在功能上有何区别。

（3）列举所见数控车床数控系统的主要部件，并简述其作用。

第 2 章

数控车削加工工艺基础

一名合格的数控车床操作工首先必须是一名合格的工序员，全面了解数控车削加工的工艺理论对数控编程和操作技能有极大的帮助，所以掌握数控车削加工工艺的主要内容、加工工艺规程的制定过程及刀具和夹具选择等是数控车削加工的前提条件。

知识目标

➤ 掌握数控车床加工工艺的基本特点。
➤ 掌握数控车床加工工艺的主要内容——零件图工艺性分析、定位与夹紧方案的确定、加工顺序的确定、刀具进给路线的确定、夹具的选择、刀具的选择、切削用量的选择。

技能目标

➤ 具备合理制定简单零件数控车削加工工序卡的能力。

2.1 数控车削加工工艺的内容

数控车床的加工工艺与通用车床的加工工艺有许多相同之处，但在数控车床上加工零件比在通用车床加工零件的工艺规程要复杂得多。在数控加工前，要将车床的运动过程、零件的工艺过程、刀具的选用、切削用量和走刀路线等都编入程序，这就要求程序设计人员具有多方面的知识基础。合格的程序员首先是一个合格的工艺人员，否则就无法做到全面周到地考虑零件加工的全过程，以及正确、合理地编制零件的加工程序。

2.1.1 数控车削加工的主要对象

对于一个零件来说，并非全部加工工艺过程都适合在数控车床上完成，而往往只是其中的一部分工艺内容适合数控加工。这就需要对零件图样进行仔细的工艺分析，选择那些最适合、最需要进行数控加工的内容和工序。在考虑选择内容时，应结合本企业设备的实际，立足于解决难题、攻克关键问题和提高生产效率，充分发挥数控加工的优势。

1. 适于数控车削加工的内容

（1）普通车床上无法加工的内容应作为优先选择的内容。

（2）普通车床难加工，质量也难以保证的内容应作为重点选择的内容。

（3）普通车床加工效率低、工人手工操作劳动强度大的内容，可在数控车床尚存在富余加工能力时选择。数控车削加工的主要对象是：精度要求高的回转体零件；表面粗糙度要求高的回转体零件；轮廓形状特别复杂的零件；带特殊螺纹的回转体零件等。

2. 不适于数控加工的内容

一般来说，上述这些加工内容采用数控加工后，在产品质量、生产效率与综合效益等方面都会得到明显提高。相比之下，下列一些内容不宜采用数控加工。

（1）占机调整时间长。例如，以毛坯的粗基准定位加工第一个精基准，需用专用工装协调的内容。

（2）加工部位分散，需要多次安装、设置原点。不能在一次安装中加工完成的其他零星部位，采用数控加工很麻烦，效果不明显，可安排普通车床补加工。

（3）按某些特定的制造依据（如样板、样件、模胎等）加工的型面轮廓。主要原因是获取数据困难，易于与检验依据发生矛盾，增加了程序编制的难度。

（4）必须按专用工装协调的孔及其他加工内容（主要原因是采集编程用的数据有困难，协调效果也不一定理想）。

此外，在选择和决定加工内容时，也要考虑生产批量、生产周期、工序间周转情况等。总之，要尽量做到合理，达到多、快、好、省的目的，防止把数控车床降格为通用车床使用。

■ 2.1.2 数控车削加工工艺的主要内容

数控加工与通用车床加工在方法与内容上有一些相似之处，也有许多不同，最大的不同表现在控制方式上。对于普通车床，就某道工序而言，其工步的安排，车床运动的先后顺序、位移量、走刀路线及有关切削参数的选择等，都是由操作者自行考虑和确定的，且是用手工操作方式来进行控制的。而在数控车床上加工时，情况就完全不同了。在数控加工前，我们要把原来在通用车床上加工时需要操作工人考虑和决定的操作内容及动作，例如，工步的划分与顺序、走刀路线、位移量和切削参数等，按规定的代码格式编制成数控加工程序，数控车床受控于程序指令，加工的全过程都是按程序指令自动进行的。

数控车床加工程序不仅包括零件的工艺过程，而且还要包括切削用量、走刀路线、刀具尺寸，以及车床的运动过程。因此，数控加工工艺主要包括以下几个方面的内容。

（1）通过数控加工的适应性分析选择并确定进行数控加工的零件内容。

（2）结合加工表面的特点和数控设备的功能对零件进行数控加工的工艺分析。

（3）进行数控加工的工艺设计。

（4）根据编程的需要，对零件图形进行数学处理和计算。

（5）编写加工程序单（自动编程时为源程序，由计算机自动生成目的程序——加工程序）。

（6）检验与修改加工程序。

（7）首件试加工以进一步修改加工程序，并对现场问题进行处理。

（8）编制数控加工工艺技术文件，如数控加工工序卡、程序说明卡，走刀路线图等。

2.1.3　数控车削加工工艺的基本特点

数控车削加工与普通车床加工相比较，许多方面遵循的原则基本一致。但由于数控车床本身自动化程度较高，控制方式不同，设备费用也高，使数控加工工艺相应形成了以下几个特点。

1. 工艺内容具体

在数控车床加工时，许多具体的工艺问题，如工艺中各工步的划分与安排、刀具的几何形状、走刀路线及切削用量等不仅仅成为数控工艺设计时必须认真考虑的内容，而且还必须做出正确的选择并编入加工程序中。

2. 工艺设计严密

数控车床虽然自动化程度较高，但自适性差。在数控加工的工艺设计中必须注意加工过程中的每一个细节。同时，在对零件图样进行数学处理、计算和编程时，都要求准确无误，以使数控加工顺利进行。在实际工作中，一个小的计算错误或输入错误都可能酿成重大车床事故和质量事故。

3. 注重加工的适应性

根据数控车削加工的特点，正确选择加工方法和加工对象，注重加工的适应性。由于数控加工自动化程度高、质量稳定、可多坐标联动、便于工序集中，但价格昂贵，操作技术要求高等特点均比较突出，加工方法、加工对象选择不当往往会造成较大损失。为了既能充分发挥出数控加工的优点，又能达到较好的经济效益，在选择加工方法和对象时要特别慎重，甚至有时还要在基本不改变工件原有性能的前提下，对其形状、尺寸、结构等做适应数控加工的修改。

2.2　数控车削加工工艺的制定

数控车削加工工艺制定得合理与否，对程序编制、机床的加工效率和零件的加工精度都有重要影响。在选择并决定数控车床加工零件及其加工内容后，应对零件的数控车床加工工艺进行全面、认真、仔细的分析。首先应熟悉零件在产品中的作用、位置、装配关系和工作条件，搞清楚各项技术要求对零件装配质量和使用性能的影响，找出主要的、关键的技术要求，然后再对零件图样、零件结构与毛坯等进行工艺性分析。

2.2.1　零件图样分析

分析零件图样是工艺准备中的首要工作，它包括工件轮廓的几何条件、尺寸、形状位置公差要求、表面粗糙度要求、毛坯、材料与热处理要求及件数要求的分析，这些都是制定合理工艺方案必须考虑的，也直接影响到零件加工程序的编制及加工的结果。分析零件图样主要包括以下几个内容。

（1）尺寸标注应符合数控加工的特点。在数控编程中，所有点、线、面的尺寸和位置都是以编程原点为基准的。因此零件图样上最好直接给出坐标尺寸，或尽量以同一基准标注尺寸。

（2）检查构成加工轮廓的几何要素是否完整、准确。在程序编制中，编程人员必须充分掌握构成零件轮廓的几何要素参数及各几何要素间的关系。因为在自动编程时要对零件轮廓的所有几何元素进行定义，手工编程时要计算出每个节点的坐标，无论哪一点不明确或不确定，编程都无法进行。但由于零件设计人员在设计过程中考虑不周或忽略，常常出现参数不全或不清楚，如圆弧与直线、圆弧与圆弧是相切还是相交或相离，图样上图线位置模糊、尺寸封闭等缺陷，这些缺陷不仅增加编程工作难度，有时甚至无法编程，或由于图样几何条件不清，造成加工失误，使零件报废，造成不必要的损失。

如图 2-1 所示，图样上给定的几何元素自相矛盾，各段长度之和不等于零件总长尺寸。

如图 2-2 所示，图样上所示圆弧的圆心位置是不确定的，不同的理解将得到完全不同的结果。

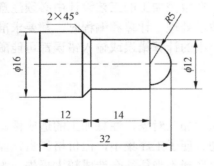

图 2-1　几何元素缺陷一

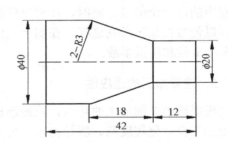

图 2-2　几何元素缺陷二

当发生了上述或其他图样上的各项缺陷时，应及时向图样的设计人员或技术管理人员反映，解决后方可进行程序的编制工作，不可凭自己盲目推断或想象来进行加工，以避免不必要的错误发生。

（3）分析尺寸公差、表面粗糙度要求。分析零件图样的尺寸公差要求和表面粗糙度要求，是确定机床、刀具、切削用量，以及确定零件尺寸精度的控制方法、手段和加工工艺的重要依据。在分析过程中，对不同精度的尺寸要求和表面粗糙度要求，在刀具选择、切削用量、走刀线路等方面进行合理的选择，并将这些选择在程序编制中予以应用。

（4）分析形状和位置公差要求。除了零件的尺寸公差和表面粗糙度要达到图样要求外，形状和位置公差也是保证零件精度的重要要求。在工艺准备过程中，应按图样的形状和位置公差要求来确定零件的定位基准、加工工艺，以满足其公差要求。

对于数控车床加工，零件形状和位置的公差要求主要受车床机械运动副精度和加工工艺的影响，例如，对于圆柱度、垂直度的公差要求，其车床本身在 Z 轴和 X 轴方向线与主轴轴线的平行度和垂直度的公差要小于其图样的形位公差要求，否则无法保证其加工精度，即车床机械运动副误差不得大于图样的形位公差要求。在机床精度达不到要求时，则需在工艺准备中，考虑进行技术性处理的相关方案。

（5）结构工艺性分析。零件的结构工艺性是指零件对加工方法的适应性，即所设计的零件结构有利于加工成型。在数控车床上加工零件时，应根据数控车削的特点，认真审视零件结构的合理性。在进行结构分析时，若发现问题，应向设计人员或有关部门提出修改意见。

■ 2.2.2　工序和装夹方式的确定

数控加工工艺路线制定与通用车床加工工艺路线制定的主要区别，在于它往往不是指从毛坯到成品的整个工艺过程，而仅是几道数控加工工序工艺过程的具体描述。在工艺路线制定中一定要注意到，由于数控加工工序一般都穿插于零件加工的整个工艺过程中，因此要与其他加工工艺衔接好。常见工艺流程如图 2-3 所示。

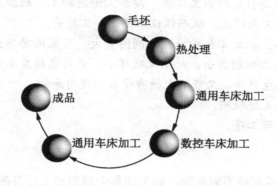

图 2-3　工艺流程

1．选择加工方法

进行数控加工的零件的结构形状是多种多样的，但它们都是由平面、外圆柱面、内圆柱面或曲面、成型面等基本表面组成的。在决定某个零件进行数控加工后，并不等于要把它所有的加工内容都包下来，而可能只是对其中的一部分进行数控车削加工，为此必须对零件图样进行仔细的工艺分析，根据零件的加工精度、表面粗糙度、材料、结构形状、尺寸及生产类型等因素，选用相应的加工方法和加工方案，选择那些适合、需要进行数控车削加工的内容和工序。在选择并做出决定时，应结合实际的生产加工，立足于解决难题、攻克关键点并提高生产效率，充分发挥数控加工的优势。

2．加工阶段的划分

当零件的加工质量要求较高时，往往不可能用一道工序来满足其要求，而要用几道工序逐步达到所要求的加工质量。为保证加工质量，合理地使用设备、人力。零件的加工过程通常按工序性质不同，可分为粗加工、半精加工、精加工和光整加工四个阶段。

（1）粗加工阶段。粗加工阶段的任务是切除毛坯上大部分多余的金属，使毛坯在形状和尺寸上接近零件成品。其主要目标是提高生产率。

（2）半精加工阶段。半精加工阶段的任务是使主要表面达到一定的精度，留有一定的精加工余量，为主要表面的精加工（如精车、精磨）做好准备，并可完成一些次要表面加工，如扩孔、攻螺纹、铣键槽等。

（3）精加工阶段。精加工阶段的任务是保证各主要表面达到规定的尺寸精度和表面粗糙度要求。其主要目标是全面保证加工质量。

（4）光整加工阶段。对零件的精度和表面粗糙度要求很高（IT6 级以上，表面粗糙度为 $Ra0.2\mu m$ 以下）的表面，需进行光整加工，其主要目标是提高尺寸精度，减小表面粗糙度，一般不用来提高位置精度。

 说明

划分粗、精加工阶段的目的：

（1）保证加工质量。工件在粗加工时，切除的金属层较厚，切削力和夹紧力都比较大，切削温度也比较高，会引起较大的变形。如果不划分加工阶段，粗、精加工混在一起，就无法避免上述原因引起的加工误差。按加工阶段加工，粗加工造成的加工误差可以通过半精加工和精加工来纠正，从而保证零件的加工质量。

（2）合理使用设备。粗加工余量大，切削用量大，可采用功率大、刚度好、效率高而精度低的车床。精加工切削力小，对车床破坏小，采用高精度车床。这样发挥了设备的各自特点，既能提高生产率，又能延长精密设备的使用寿命。

（3）便于及时发现毛坯缺陷。

（4）便于安排热处理工序。

3．工序的划分

工序的划分可以采用两种不同原则，即工序集中原则和工序分散原则。在数控车床上加工零件，应按工序集中的原则划分工序，在一次安装下尽可能完成大部分甚至全部的表面加工。根据零件的结构形状不同，通常选择外圆、端面或内孔、端面装夹，并力求设计基准、工艺基准和编程原点的统一。

在批量生产中，常用下列两种方法划分工序。

（1）按零件加工表面划分工序。将位置精度要求较高的表面安排在一次安装下完成，以免多次安装所产生的安装误差影响位置精度。如图 2-4 所示的轴承内圈，其内孔对小端面的垂直度、滚道与大挡边对内孔回转中心的角度差，以及滚道与内孔间的壁厚差均有严格的要求，精加工时划分成两道工序，用两台数控车床完成。第一道工序采用如图 2-4（a）所示的以大端面和大外径装夹的方案，将滚道、小端面及内孔等安排在一次安装下车出，很容易保证上述的位置精度。第二道工序采用如图 2-4（b）所示的以内孔和小端面装夹的方案，车削大外圆和大端面。

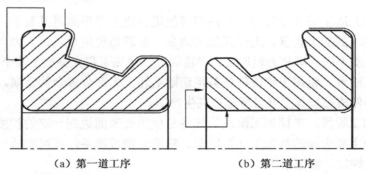

（a）第一道工序　　　　　　　　（b）第二道工序

图 2-4　轴承内圈加工方案

（2）按粗、精加工划分工序。对于易发生加工变形的零件，由于粗加工后可能发生较大的变形而需要进行校正，故一般来说，凡要进行粗、精加工的都要将工序分开。对于毛坯余量较大和精加工的精度要求较高的零件，应将粗车和精车分开，划分成两道或更多的工序。将粗车安排在精度较低、功率较大的数控车床上，将精车安排在精度较高的数控车床上。

下面以车削如图 2-5（a）所示手柄零件为例，说明工序的划分及装夹方式的选择。

该零件加工所用坯料为 ϕ32mm 棒料，批量生产，加工时用一台数控车床。工序的划分及装夹方式如下。

➢ 第一道工序（如图 2-5（b）所示，将一批工件全部车出，包括切断），夹棒料外圆柱面。先车出 ϕ12mm 和 ϕ20mm 两圆柱面及圆锥面（粗车 R42mm 圆弧的部分余量），换刀后按总长要求留下加工余量切断。

➢ 第二道工序，如图 2-5（c）所示，用 ϕ12mm 外圆及 ϕ20mm 端面装夹。先车削包含 SR7mm 球面的 30° 圆锥面，然后对全部圆弧表面半精车（留少量的精车余量），最后换精车刀将全部圆弧表面精车成型。

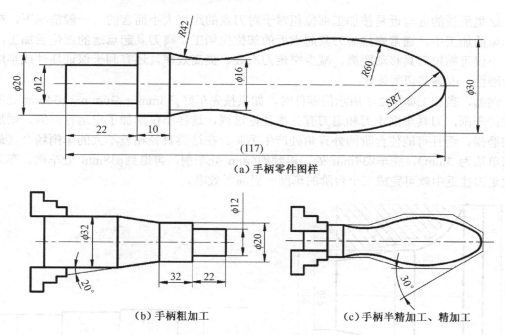

（a）手柄零件图样

（b）手柄粗加工　　　　　　　　（c）手柄半精加工、精加工

图 2-5　手柄加工示意图

（3）按同一把刀具加工的内容划分工序。有些零件虽然能在一次安装中加工出很多待加工表面，但考虑到程序太长，会受到某些限制，如控制系统的限制（主要是内存容量）、机床连续工作时间的限制（如一道工序在一个工作班内不能结束）等。此外，程序太长会增加出错与检索的困难。因此程序不能太长，一道工序的内容不能太多。

（4）按加工部位划分工序。对于加工内容很多的工件，可按其结构特点将加工部位分成几个部分，如内腔、外形、曲面或平面，并将每一部分的加工作为一道工序。

■ 2.2.3　加工顺序的安排

在分析了零件图样并确定了工序、装夹方式之后，接着要确定零件的加工顺序。制定零件车削加工顺序一般应遵循以下原则。

1．先粗后精

在车削加工中，应先安排粗加工工序。在较短的时间内，将毛坯的加工余量去掉，以提高生产效率，如图 2-6 中虚线内所示的部分。同时应尽量满足精加工的余量均匀性要求，以保证零件的精加工质量。

在对零件进行了粗加工后，应接着安排换刀后进行的半精加工和精加工。安排半精加工的目的：当粗加工后所留余量的均匀性满足不了精加工要求时，如图 2-6 所示的 R 圆弧处余量比其他处多，则可安排半精车作为过渡性工序，使精车的余量基本一致，便于精度的控制。

2．先近后远

这里所说的远与近是按加工部位相对于对刀点的距离大小而言的。一般情况下，在数控车床的加工中，通常安排离刀具起点近的部位先加工，离刀具起点远的部位后加工，这样，不仅可缩短刀具移动距离、减少空走刀次数、提高效率，还有利于保证坯件或半成品件的刚性，改善其切削条件。

例如，当加工如图 2-7 所示的零件时，如果按先车好 $\phi38mm \rightarrow \phi36mm \rightarrow \phi34mm$ 处的顺序安排车削，刀具车削走刀和退刀有三次往返过程，这样不仅增加了空运行时间，增加导轨的磨损，而且可能使台阶的外直角处产生毛刺。在这类直径相差不大的车削场合（最大切深单边为 3mm），先车 $\phi34mm$ 处，退到 $\phi36mm$ 处车削，再退到 $\phi38mm$ 处车削。车刀在一次走刀往返中就可完成三个台阶的车削，提高了效率。

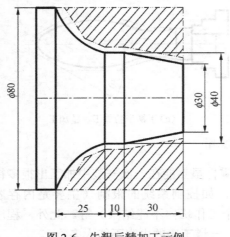

图 2-6　先粗后精加工示例

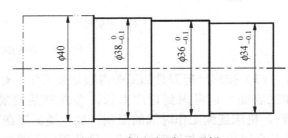

图 2-7　先近后远加工示例

3．先内后外

在加工既有内表面（内孔），又有外表面需加工的零件时，应先安排进行内外表面粗加工，后进行内外表面精加工，易控制其内外表面的尺寸和表面形状的精度。不可以将零件上一部分表面（外表面或内表面）粗精加工完毕后，再加工其他表面（内表面或外表面）。

2.2.4 进给路线的确定

进给路线是刀具在整个加工工序中的运动轨迹，即刀具从对刀点（或机床固定点）开始进给运动起，直到结束加工程序后退刀返回该点及所经过的路径，包括了切削加工的路径及刀具切入、切出等非切削空行程。加工路线是编写程序的重要依据之一。在确定加工路线时最好画一张工序简图，将已经拟定出的加工路线画上去（包括进、退刀路线），这样可为编程带来不少方便。

下面为常用的进给路线选择方法。

1. 最短的空行程路线

（1）巧用起刀点。如图 2-8 所示采用矩形循环方式进行粗车的一般情况示例，其对刀点 A 的设定是考虑到精车等加工过程中需方便地换刀，故设置在离工件较远的位置处。如图 2-8（a）所示，将起刀点 B 与其对刀点 A 重合在一起，图 2-8（b）则是将起刀点 B 与对刀点 A 分离，刀具从对刀点 A 快速移动至起刀点 B 后再开始进行循环粗加工。

显然，如图 2-8（b）所示的空行程路线短，进给路线也短，可大大节省在加工过程的执行时间。

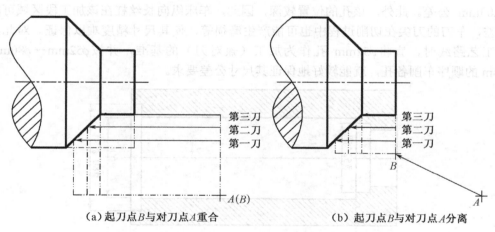

（a）起刀点B与对刀点A重合　　　　　　（b）起刀点B与对刀点A分离

图 2-8 巧用起刀点

（2）合理安排"回零"路线。在手工编制复杂轮廓的加工程序时，为简化计算过程，便于校核，程序编制者（特别是初学者）有时将每一刀加工完成后的刀具终点，通过执行"回零"指令，使其全部返回到对刀点，然后再执行后续程序。这样会增加走刀路线的距离，降低生产效率。因此，在合理安排"回零"路线时，应使前一刀的终点与后一刀的起点间的距离尽量短，或者为零，以满足最短进给路线要求。

2. 最短的切削进给路线

在粗加工时，毛坯余量较大，采取不同的循环加工方式，如轴向进刀、径向进刀或固定轮廓形状进给等，将获得不同的切削进给路线。在安排粗加工或半精加工的切削进给路线时，应在兼顾被加工零件的刚性及加工工艺性等要求下，采取最短的切削进给路线，减少空行程时间，可有效提高生产效率，降低刀具损耗。

3．零件轮廓精加工一次走刀完成

为保证工件轮廓表面加工后的粗糙度要求，精加工时，最终轮廓应安排在最后一次走刀连续加工出来。刀具的进退刀（切入与切出）路线要认真考虑，以尽量减少在轮廓处停刀，并避免切削力（大小、方向）突然变化造成弹性变形而留下刀痕。一般应沿着零件表面的切向切入和切出，尽量避免沿工件轮廓面垂直方向进、退刀而划伤工件。

此外，要选择工件在加工后变形较小的路线，例如，对细长零件或薄板零件，应采用分几次走刀加工到最后尺寸，或采用对称去余量法安排走刀路线。在确定轴向移动尺寸时，应考虑刀具的引入长度和超越长度。

4．特殊处理

（1）先精后粗。在特殊情况下，其加工顺序可能不按"先近后远"、"先粗后精"的原则考虑。如图 2-9 所示的长筒零件，若按一般情况安排最后加工孔的走刀路线为 $\phi80mm\rightarrow$ $\phi60mm\rightarrow\phi52mm$。这时，加工基准将由所车第一个台阶孔（$\phi80mm$）来体现，对刀时也以其为参考。由于该零件上的 $\phi52mm$ 孔要求与滚动轴承形成过渡配合，其尺寸公差较严，只有 0.03mm 公差。此外，该孔的位置较深，因此，车床纵向长丝杠在该加工段区域可能产生误差，车刀的刀尖在切削过程中也可能产生磨损等，使其尺寸精度难以保证。对此，在安排工艺路线时，宜将 $\phi52mm$ 孔作为加工（兼对刀）的基准，并按 $\phi52mm\rightarrow\phi80mm\rightarrow$ $\phi60mm$ 的顺序车削各孔，就能较好地保证其尺寸公差要求。

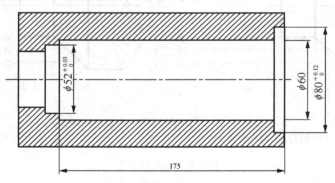

图 2-9　先精后粗加工工艺

（2）分序加工。在数控车床加工零件时，有的零件经过分序加工的特殊安排，其加工效率可明显提高。如图 2-10 所示的工件，在心轴上虽可一次加工完毕，但在加工 R 外圆时，由于其粗车余量太大，（大小径相差 $\phi40mm$），如在心轴上一次完成，由于心轴太小（只有 $\phi11mm$），受力情况较差，吃刀深度、走刀量都受到限制，影响加工效率。如果采用分序加工安排，先在数控车床上一夹一顶，完成其粗车（可大吃刀及大走刀），如图 2-11 所示形状，再利用如图 2-10 所示心轴装夹完成其半精车和精车的工序，则可大大提高加工的速度和安全性。在实际加工中，特别是批量生产中要认真分析、合理安排加工工序，才能充分发挥数控车床效能。

另外，在数控车床的加工中，特殊的情况较多，可根据实际情况，在进给方向的安排上、切削路线的选择上、断屑处理、刀具运用上等方面灵活处理，并在实际加工中注意分析、研究、总结，不断积累经验，提高制定加工方案的水平。

（3）程序段最少。在数控车床的加工中，在保证加工效率的前提下，总是希望以最少的程序段数实现对零件的加工，以使程序简洁，减少编程工作量和降低编程出错率，也便于程序的检查和修改。

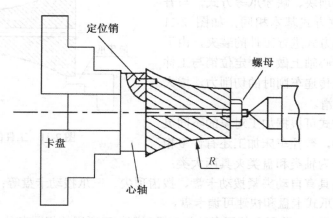

图 2-10 分序加工工艺

目前数控车床的编程功能日益完善，许多仿形、循环车削指令的车削线路是按最便捷的方式运行的。例如 FANUC 中 G70、G71、G73 等指令，在加工中都非常实用。选择正确加工工序、合理地运用各种指令，可大大简化程序编制工作。对重复的加工动作，可编写成子程序，由主程序调用，以简化编程，缩短程序长度。

■ 2.2.5　定位与夹紧方案的确定

在零件加工的工艺过程中，合理选择定位基准对保证零件的尺寸和相互位置精度起着决定性的作用。定位基准有两种：一种是以毛坯表面作为基准面的粗基准，另一种是以已加工表面作为基准面的精基准。在确定定位基准与夹紧方案时，应注意以下几点。

（1）力求设计基准、工艺基准与编程原点统一，以减小基准不重合误差和数控编程中的计算工作量。

（2）选择粗基准时，应尽量选择不加工表面或能牢固、可靠地进行装夹的表面，并注意粗基准不宜进行重复使用。

（3）选择精基准时，应尽可能采用设计基准或装配基准作为定位基准，并尽量与测量基准重合，基准重合是保证零件加工质量最理想的工艺手段。精基准虽可重复使用，但为了减小定位误差，仍应尽量减少精基准的重复使用（即多次调头装夹等）。

（4）设法减少装夹次数，尽可能做到一次定位装夹后能加工出工件上全部或大部分待加工表面，以减小装夹误差，提高加工表面之间的相互位置精度，充分发挥机床的效率。

（5）避免采用占机人工调整式方案，以免占机时间太多，影响加工效率。

2.2.6 夹具的选择

要充分发挥数控车床的加工效能，工件的装夹必须快速，定位必须准确，数控车床对工件的装夹要求：首先应具有可靠的夹紧力，以防止在加工过程中工件松动。其次应具有较高的定位精度，并便于迅速和方便地装、拆工件。

数控车床主要用三爪卡盘装夹，其定位方式主要采用心轴、顶块、缺牙爪等方式，与普通车床的装夹定位方式基本相同，如图 2-11 所示，采用心轴的方式进行工件的装夹，由于工件内孔较小，在心轴上做一个定位销与工件固定，通过销钉来传递车削时的切削力，增大扭矩并防止工件打滑。

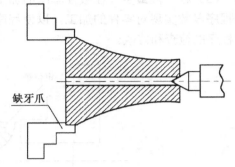

图 2-11　工件的装夹

工件的装夹方式可根据加工对象的不同灵活选用，除此之外，数控车床加工还有许多相应的夹具，主要分为轴类和盘类夹具两大类：用于轴类工件的夹具有自动夹紧拨动卡盘、拨齿顶尖、三爪拨动卡盘等；用于盘类工件装夹的主要有可调卡爪式卡盘和快速可调卡盘。

在数控车削加工中，除了可使用多种与普通车削加工所用的相同夹具（如三爪自定心卡盘、四爪单动卡盘和前、后顶尖等）外，还可使用拨齿顶尖和可调卡爪式卡盘等诸多夹具。

2.2.7 数控车削刀具的选择

在数控车床加工中，产品质量和劳动生产率在相当大的程度上，都受到刀具的制约，虽然其车刀的切削原理与普通车床基本相同。但由于数控车床加工的特性，因此在刀具的选择上，特别是切削部分的几何参数、刀具的形状上尚需进行特别的处理，才能满足数控车床的加工要求，充分发挥数控车床的效益。

1. 数控车床对刀具的要求

（1）刀具性能方面。

① 强度高。为适应刀具在粗加工或对高硬度材料的零件加工时，能大切深和快走刀，要求刀具必须具有很高的强度；对于刀杆细长的刀具（如深孔车刀），还应有较好的抗震性能。

② 精度高。为适应数控加工的高精度和自动换刀等要求，刀具及其刀夹都必须具有较高的精度。

③ 切削速度和进给速度高。为提高生产效率并适应一些特殊加工的需要，刀具应能满足高切削速度的要求。例如，采用聚晶金刚石复合车刀加工玻璃或碳纤维复合材料时，其切削速度高达 100 m/min 以上。

④ 可靠性好。要保证数控加工中不会因发生刀具意外损坏及潜在缺陷而影响到加工的顺利进行，要求刀具及与之组合的附件必须具有很好的可靠性和较强的适应性。

⑤ 耐用度高。刀具在切削过程中的不断磨损，会造成加工尺寸的变化，伴随刀具的磨损，还会因刀刃（或刀尖）变钝，使切削阻力增大，既会使被加工零件的表面精度大大下降，还会加剧刀具磨损，形成恶性循环。因此，数控车床中的刀具，不论在粗加工、精加工或特殊加工中，都应具有比普通车床加工所用刀具更高的耐用度，以尽量减少更换或修磨刀具及对刀的次数，从而保证零件的加工质量，提高生产效率。

耐用度高的刀具，至少应完成 1～2 个班次以上的加工。

⑥ 断屑及排屑性能好。有效地进行断屑的性能，对保证数控车床顺利、安全地运行具有非常重要的意义。

如果车刀的断屑性能不好，车出的螺旋形切屑就会缠绕在刀头、工件或刀架上，既可能损坏车刀（特别是刀尖），还可能割伤已加工好的表面，甚至会发生伤人和设备事故。为此，数控车削加工所用的硬质合金刀片上，常常采用三维断屑槽，以增大断屑范围，改善断屑性能。另外，车刀的排屑性能不好，会使切屑在前刀面或断屑槽内堆积，加大切削刃（刀尖）与零件间的摩擦，加快其磨损，降低零件的表面质量，还可能产生积屑瘤，影响车刀的切削性能。因此，应常对车刀采取减小前刀面（或断屑槽）的摩擦系数等措施（如特殊涂层处理及改善刃磨效果等）。对于内孔车刀，需要时还可考虑从刀体或刀杆的里面引入冷却液，并能从刀头附近喷出的冲排结构。

（2）刀具材料方面。刀具材料在这里主要是指刀具切削部分的材料，较多的指刀片材料。

刀具材料必须具备一些主要性能：较高的硬度和耐磨性；较高的耐热性；足够的强度和韧性；较好的导热性；良好的工艺性；较好的经济性。

为适应机械加工技术，特别是数控车床加工技术的高速发展，刀具材料也在大力发展之中，除了量大、面广的高速钢、硬质合金和涂层硬质合金刀片材料外，新型刀具材料正不断涌现。

① 高速钢。主要有通用型高速钢和高性能高速钢。高性能高速钢的耐用度是通用型的 3～15 倍，主要牌号为 W18Cr4V 和 W6Mo5Cr4V2，后者在强度、韧性方面优于前者，但热稳定性稍差。

② 硬质合金。其常用牌号有 YG 类、YT 类、YW 类，如 YW1 和 YW2 等，可广泛用于加工铸铁、有色金属、各种钢及其合金等。

③ 涂层刀具。涂层硬质合金刀片的耐用度至少可提高 1～3 倍，而涂层高速钢刀具的耐用度则可提高 2～10 倍。

④ 非金属材料刀具。用做刀具的非金属材料主要有：陶瓷、金刚石及立方氮化硼等。

2．数控车削常用车刀的种类和用途

数控车床车削的常用车刀一般可分为三类，即尖形车刀、圆弧形车刀、成型车刀。

（1）尖形车刀。以直线形切削刃为特征的车刀一般称为尖形车刀。这类车刀的刀尖（同时也为其刀位点）由直线形的主、副切削刃构成，如 90°内、外圆车刀，左、右端面车刀，切槽（断）车刀及刀尖倒棱很小的各种外圆和内孔车刀。

用这类车刀加工零件时，其零件的轮廓形状主要由一个独立的刀尖或一条直线形主切削刃位移后得到，它与圆弧形车刀、成型车刀加工时所得到零件轮廓形状的原理是截然不同的。

（2）圆弧形车刀。圆弧形车刀是较为特殊的数控加工用车刀。如图 2-12 所示，其特征

是构成主切削刃的刀刃形状为圆弧。该圆弧刃上每一点都是圆弧形车刀的刀尖，可见，刀位点不在圆弧刃上，而在该圆弧的圆心上。车刀圆弧半径理论上与被加工零件的形状无关，并可按需要灵活确定或经测定后再确认。圆弧形车刀可以用于车削内、外表面，特别适用于车削各种光滑连接（凹形）的成型面。

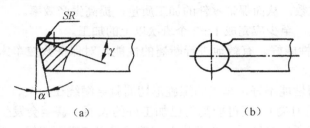

（a） （b）

图 2-12 圆弧形车刀

当某些尖形车刀或成型车刀（如螺纹车刀）的刀尖具有一定的形状时，也可作为这类车刀使用。

（3）成型车刀。成型车刀俗称样板车刀，加工零件的轮廓形状完全由车刀刀刃的形状和尺寸决定。数控车削加工中，常见的成型车刀有小半径圆弧车刀、非矩形车槽刀和螺纹车刀等。在数控加工中，应尽量少用或不用成型车刀，当确有必要选用时，则应在工艺准备的文件或加工程序单上进行详细说明。

3．数控车削机夹可转位车刀（标准化刀具）

在数控车削加工中，除了根据零件的形状、车刀的安装位置及加工方法等因素正确选用车刀外，为适应自动化加工的需要，减少换刀时间和方便对刀，便于实现机械加工的标准化，数控车削加工应尽量采用机夹刀和机夹刀片，即机夹可转位车刀。

（1）可转位刀具的组成。可转位刀具一般由刀片、刀垫、夹紧元件和刀体组成，如图 2-13 所示。

① 刀片：承担切削，形成被加工表面。

② 刀垫：保护刀体，确定刀片（切削刃）位置。

③ 夹紧元件：夹紧刀片和刀垫。

④ 刀体：刀体是刀垫及刀片的载体，承担和传递

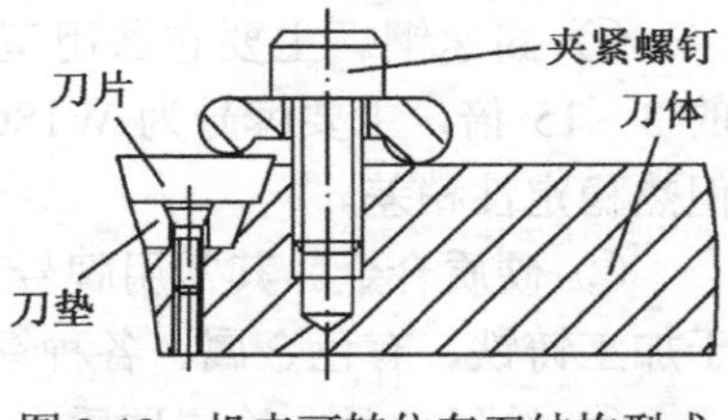

图 2-13 机夹可转位车刀结构型式

切削力及切削扭矩，完成刀片与刀架的连接。

（2）可转位车刀类型的选用。可转位刀具按工艺类别已有相应的 ISO 标准和 GB 国家标准。标准以若干位特定的英文字母代码和阿拉伯数字组合，表示该刀具的各项特征及尺寸。在选择之前需确定加工工艺类别，即外圆车削、内孔车削、切槽、铣削或是其他。

以外圆车削为例：刀片外形与加工的对象、刀具的主偏角、刀尖角和有效刃数等有关。一般外圆车削常用 80° 凸三边形（W 型），四方形（S 型）和 80° 菱形（C 型）刀片。仿形加工常用 55°（D 型）、35°（V 型）菱形和圆形（R 型）刀片。90° 主偏角常用三角形（T型）刀片。不同的刀片形状有不同的刀尖强度，一般刀尖角越大，刀尖强度越大，反之亦然。圆刀片（R 型）刀尖角最大，35° 菱形刀片（V 型）刀尖角最小，如图 2-14 所示。

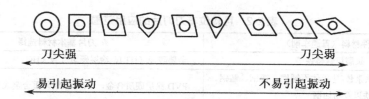

图 2-14 刀片形状与刀尖强度、切削振动示意图

从有效刃数来看，同等条件下，圆形刀片最多，菱形刀片最少，最近又出现了一种 80°的四边形刀片（Q 型），这种刀片比 80°菱形刀片的有效刃数增加了一倍。

从切削力考虑，主偏角越小，在车削中对工件的径向分力越大，越易引起切削振动。

此外，可转位车刀的选用还需根据加工对象、加工条件考虑选用刀片夹紧方式、刀杆头部形式、刀片后角、左右手刀柄的选择、切削刃长度、刀片精度等级、刀尖圆弧半径、断屑槽形状等方面。

（3）可转位车刀的选用要求。数控车床所采用的机夹可转位车刀，与通用车刀相比，一般无本质的区别，其基本结构、功能特点是相同的。但数控车床的加工工序是自动完成的，因此对可转位车刀的要求又有别于通用车床所使用的刀具，具体要求和特点如表 2-1 所示。

表 2-1 数控车床选用机夹可转位车刀的要求和特点

要　　　求	特　　　点	目　　　的
精度高	刀片采用 M 级或更高精度等级的； 刀杆多采用精密级的； 用带微调装置的刀杆在机外预调好	保证刀片重复定位精度，方便坐标设定，保证刀尖位置精度
可靠性高换刀迅速	采用断屑可靠性高的断屑槽型或有断屑台和断屑器的车刀； 采用结构可靠的车刀，采用复合式夹紧结构和夹紧可靠的其他结构	断屑稳定，不能有紊乱和带状切屑； 适应刀架快速移动和换位以及整个自动切削过程中夹紧不得有松动的要求
可靠性高换刀迅速	采用车削工具系统； 采用快换小刀夹	迅速更换不同形式的切削部件，完成多种切削加工，提高生产效率
刀片材料	刀片较多采用涂层刀片	满足生产节拍要求，提高加工效率
刀杆截形	刀杆较多采用正方形刀杆，但因刀架系统结构差异大，有的需采用专用刀杆	刀杆与刀架系统匹配

（4）可转位车刀刀片材料选择。目前，车削用刀片材料的主要范围是：涂层硬质合金（HC）、硬质合金（HW，非涂层碳化钨）、金属陶瓷（HT、HC，主要含碳化钛或氮化钛或两者均有）、陶瓷（CA、CN、CC）、立方氮化硼（BN）、聚晶金刚石（DP、HC）等。刀片牌号根据刀具材料的类型命名，其中各种硬质合金类型占主导地位。刀片材料的选择需考虑零件材料、所需的工序类型和切削工况等因素，这些因素将决定刀片类型、形状、尺寸、槽形、牌号和刀尖半径。其他更深层因素，例如材料工况、结构与局限性、刀柄匹配性、总体稳定性和最佳化目标等皆是影响刀片选择的因素。可转位车刀刀片的应用范围如表 2-2 所示。

表 2-2 可转位车刀刀片的应用范围

工件材料（普通车削）	刀片基本材料选择
P 类：钢、铸钢、长屑可锻铸铁等	金属陶瓷（HT）、涂层硬质合金（HC）
M 类：奥氏体/铁素体/马氏体不锈钢、铸钢、锰钢、合金铸铁、可锻铸铁以及易切钢	PVD 涂层硬质合金，CVD 涂层硬质合金（不锈钢加工）
K 类：铸铁、冷硬铸铁、短屑可锻铸铁	复合氧化铝陶瓷（CM）、立方氮化硼（BN）、氮化硅基陶瓷（CC）、CVD 涂层硬质合金（HC）
N 类：有色金属	非涂层碳化钨硬质合金、金刚石涂层硬质合金
S 类：优质耐热合金	氧化物陶瓷（CA）、CVD/PVD 涂层硬质合金（HC）
H 类：淬硬材料	立方氮化硼（BN），CVD 涂层硬质合金

2.2.8 切削用量的选择

数控车削加工中的切削用量是机床主运动和进给运动速度大小的重要参数，包括切削深度 a_p、主轴转速 $S(n)$ 或切削速度 v_c、进给量 f 或进给速度 F，并与普通车床加工中所要求的各切削用量基本一致。

加工程序的编制过程中，选择好切削用量，使切削深度、主轴转速和进给速度三者间能互相适应，形成最佳切削参数，是工艺处理的重要内容之一。

1. 切削深度 a_p 的确定

在车床主体—夹具—刀具—零件这一系统刚性允许的条件下，尽可能选取较大的切削深度，以减少走刀次数，提高生产效率。当零件的精度要求较高时，则应考虑适当留出精车余量，其所留精车余量一般比普通车削时所留余量小，常取 0.2～0.5mm。

2. 主轴转速 $S(n)$ 或切削速度 v_c 的确定

（1）非车削螺纹时主轴转速 n。主轴转速的确定方法，除螺纹加工外，其他与普通车削加工时一样，应根据零件上被加工部位的直径，并按零件和刀具的材料及加工性质等条件所允许的切削速度来确定。在实际生产中，主轴转速可用下式计算

$$n = 1\ 000 v_c / \pi d$$

式中　　n——主轴转速（r/min）；

　　　　v_c——切削速度（m/min）；

　　　　d——零件待加工表面的直径（mm）。

在确定主轴转速时，需要首先确定其切削速度，而切削速度又与切削深度和进给量有关。

（2）车螺纹时的主轴转速 n。在加工螺纹时，因其传动链的改变，原则上其转速只要能保证每转一周时，刀具沿主进给轴（多为 Z 轴）方向位移一个螺距即可，不受到限制。但数控车螺纹时，会受到以下几方面的影响。

① 螺纹加工程序段中指令的螺距值，相当于以进给量 f（mm/r）表示的进给速度 v_f，如果将机床的主轴转速选择过高，其换算后的进给速度（mm/min）则必定大大超过正常值。

② 刀具在其位移过程的始终，都将受到伺服驱动系统升降频率和数控装置插补运算速度的约束，由于升降频率特性满足不了加工需要等原因，则可能因主进给运动产生出的

"超前"和"滞后"而导致部分螺纹的螺距不符合要求。

③ 车削螺纹必须通过主轴的同步运行功能来实现，即车削螺纹需要有主轴脉冲发生器（编码器）。当其主轴转速选择过高，通过编码器发出的定位脉冲（即主轴每转一周时所发出的一个基准脉冲信号）将可能因"过冲"（特别是当编码器的质量不稳定时）而导致工件螺纹产生"乱牙"。

车削螺纹时，车床的主轴转速的选取将考虑到螺纹的螺距（或导程）大小、驱动电机的升降频率特性及螺纹插补运算速度等多种因素影响，故对于不同的数控系统，推荐用不同的主轴转速范围。

（3）切削速度 v_c。切削时，车刀切削刃上某一点相对待加工表面在主运动方向上的瞬时速度（v_c），单位为 m/min，又称为线速度（恒线速度）。

如何确定加工时的切削速度，除了可参考如表 2-3 所示的数值外，主要根据实践经验进行确定。

表 2-3　切削速度参考表

零件材料	刀具材料	a_p (mm)			
		0.38～0.13	2.40～0.38	4.70～2.40	9.50～4.70
		f (mm/r)			
		0.13～0.05	0.38～0.13	0.76～0.38	1.30～0.76
		v_c (m/min)			
低碳钢	高速钢		70～90	45～60	20～40
	硬质合金	215～365	165～215	120～165	90～120
中碳钢	高速钢	——	45～60	30～40	15～20
	硬质合金	130～165	100～130	75～100	55～75
灰铸铁	高速钢	——	35～45	25～35	20～25
	硬质合金	135～185	105～135	75～105	60～75
黄铜青铜	高速钢		85～105	70～85	45～70
	硬质合金	215～245	185～215	150～185	120～150
铝合金	高速钢	105～150	70～105	45～70	30～45
	硬质合金	215～300	135～215	90～135	60～90

3．进给量 f 或进给速度 F_f 的确定

进给量是指工件旋转一周，车刀沿进给方向移动的距离（mm/r），它与切削深度有着较密切的关系。粗车时一般取为 0.3～0.8mm/r，精车时常取 0.1～0.3mm/r，切断时宜取 0.05～0.2mm/r，具体选择时，可参考表 2-3。

进给速度主要是指在单位时间里，刀具沿进给方向移动的距离（如 mm/min）。有些数控车床规定可选用以进给量（mm/r）表示进给速度。

（1）确定进给速度的原则。

① 当工件的质量要求能够得到保证时，为提高生产效率，可选择较高（2 000mm/min 以下）的进给速度。

② 切断、车削深孔或用高速钢刀具车削时，宜选择较低的进给速度。

③ 刀具空行程，特别是远距离"回零"时，可设定尽量高的进给速度。

④ 进给速度应与主轴转速和切削深度相适应。

（2）进给速度的确定。

① 每分钟进给速度的计算。进给速度（F_f）包括纵向进给速度（F_z）和横向进给速度（F_x）。其每分钟进给速度的计算式为

$$F = nf \text{（mm/min）}$$

式中，进给量 f 可参考表 2-3 选择。

② 每转进给速度的换算。每转进给速度（mm/r）与每分钟进给速度可以相互进行换算，其换算式为

$$\text{mm/r} = \text{（mm/min）}/n$$

或

$$\text{mm/min} = n\text{（mm/r）}$$

③ 合成进给速度的确定。合成进给速度是指刀具的进给速度由刀具做成（斜线及圆弧插补等）运动的速度决定，即

$$\overline{F_H} = \overline{F_z} + \overline{F_x}$$

式中　F_H——合成进给速度（mm/min）。

合成速度的值为

$$F_H = \sqrt{F_z^2 + F_x^2}$$

由于计算合成进给速度的过程比较烦琐，所以，除特别需要外，在编制加工程序时，大多凭实践经验或通过试切确定其速度值。

2.3　轴类零件的数控车削加工工艺分析

2.3.1　零件的结构特点和技术要求

轴类零件是各种机械设备中最主要和最基本的典型零件，主要用于支承传动件（如齿轮、带轮、凸轮等）和传递扭矩，除承受交变弯曲应力外，还受冲击载荷作用。因此，轴类零件除了要求具有较高的综合机械性能外，还需具有较高的疲劳强度。

轴类零件的结构特点是均为长度大于直径的回转体，长径比小于 6 的称为短轴，大于 20 的称为细长轴。轴类零件一般由同轴线的外圆柱面、圆锥面、圆弧面、螺纹及键槽等组成。按结构形状的不同，轴类零件可分为光轴、阶梯轴、空心轴和曲轴四种，如图 2-15 所示。

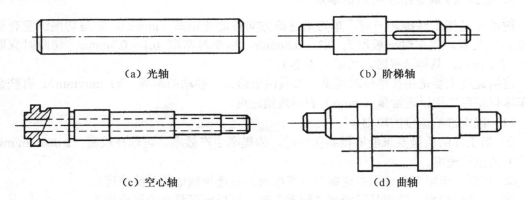

（a）光轴　　　　　　　　　　（b）阶梯轴

（c）空心轴　　　　　　　　　　（d）曲轴

图 2-15　典型轴类零件

轴类零件的技术要求是设计者根据轴的主要功用以及使用条件确定的,通常有以下几方面的内容。

1. 加工精度

轴的加工精度主要包括结构要素的尺寸精度、形状精度和位置精度。

(1)尺寸精度:主要指结构要素的直径和长度的精度。直径精度由使用要求和配合性质确定;对于主要支承轴颈,常为 IT9～IT6;特别重要的轴颈,也可为 IT5。轴的长度精度要求一般不严格,常按未注公差尺寸加工;要求较高时,其允许偏差为 0.05～0.2mm。

(2)形状精度:主要指轴颈的圆度、圆柱度等,因轴的形状误差直接影响与之相配合零件的接触质量和回转精度,一般限制在公差范围内;要求较高时可取直径公差的 1/2～1/4,或另外规定允许偏差。

(3)位置精度:包括装配传动件的配合轴颈对于支承轴颈的同轴度、圆跳动及端面对轴心线的垂直度等。普通精度的轴、配合轴颈对支承轴颈的径向圆跳动一般为 0.01～0.03mm,高精度的轴为 0.005～0.01mm。

2. 表面粗糙度

轴类零件主要工作表面的粗糙度,根据其运动速度和尺寸精度等级决定。支承轴颈的表面粗糙度 Ra 值一般为 0.8～0.2μm;配合轴颈的表面粗糙度 Ra 值一般为 3.2～0.8μm。

3. 其他要求

为改善轴类零件的切削加工性能或提高综合力学性能及使用寿命等,还必须根据轴的材料和使用条件,规定相应的热处理和平衡要求。

2.3.2 轴类零件的材料、毛坯及热处理

轴类零件大都用优质中碳钢(如 45#钢)制造;对于中等精度而转速较高的轴,可选用 40Cr、20CrMnTi 等低碳合金钢,这类钢以渗碳淬火处理后,心部保持较高的韧性,表面具有较高的耐磨性和综合力学性能,但热处理变形大。若选用 38CrMoAlA 经调质和表面渗碳,不仅具有优良的耐磨性和耐疲劳性,而且热处理变形小。常用的热处理工艺有正火、调质、表面淬火、渗碳淬火和氮化等。

轴类零件的毛坯类型和轴的结构有关。一般光轴或直径相差不大的阶梯轴可用热轧或冷拔的圆棒料;直径相差较大或比较重要的轴,大都采用锻件;少数结构复杂的大型轴,也有采用铸钢的。

2.3.3 轴类零件的加工工艺分析

1. 加工顺序的安排和工序的确定

具有空心和内锥特点的轴类零件,在考虑支承轴颈、一般轴颈和内锥等主要表面的加工顺序时,可有以下几种方案(深孔应在粗车外圆后就进行加工)。

(1)外表面粗加工→钻深孔→外表面精加工→锥孔粗加工→锥孔精加工。

（2）外表面粗加工→钻深孔→锥孔表面粗加工→锥孔表面精加工→外表面精加工。

（3）外表面粗加工→钻深孔→锥孔粗加工→外表面精加工→锥孔精加工。

如图 2-16 所示，针对 CA6140 型车床主轴的加工顺序来说，可进行如下的分析比较。

第一方案：在锥孔粗加工时，由于要用已精加工过的外圆表面作为精基准面，会破坏外圆表面质量，所以此方案不宜采用。

第二方案：在精加工外圆表面时，还要再插上锥堵，这样会破坏锥孔精度。另外，在加工锥孔时不可避免地会有加工误差（锥孔的磨削条件比外圆磨削条件差），加上锥堵本身的误差等就会造成外圆表面和内锥面的同轴度误差的增大，故此方案也不宜采用。

第三方案：在锥孔精加工时，虽然也要用已精加工过的外圆表面作为精基准面，但由于锥面精加工的加工余量已很小，磨削力不大；同时锥孔的精加工已处于轴加工的最终阶段，对外圆表面的精度影响不大；加上这一方案的加工顺序，可以采用外圆表面和锥孔互为基准，交替使用，逐步提高同轴度。

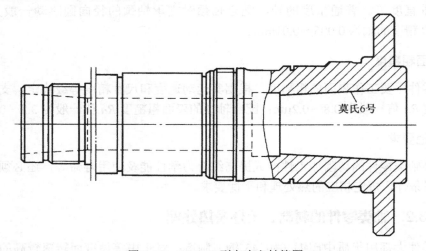

图 2-16　CA6140 型车床主轴简图

经过这一比较可知，像 CA6140 型车床主轴一类的轴件加工顺序，以第三方案为佳。

2. 大批量生产和小批量生产工艺过程的比较

如表 2-4 所示是大批量生产时加工 CA6140 型车床主轴的工艺过程，但对于小批量生产大体上也是适用的，区别较大的地方一般在于定位基准面、加工方法以及加工装备的选择。

表 2-4　不同生产类型的主轴加工基准面的选择

工序名称	定位基准	
	大批量生产	小批量生产
加工中心孔	毛坯外圆	画线
粗车外圆	中心孔	中心孔
钻深孔	粗车后的支承轴颈	夹一端，托另一端
半精车和精车	两端锥堵的中心孔	夹一端，顶另一端

工序名称	定位基准	
	大 批 量 生 产	小 批 量 生 产
粗、精车外锥	两端锥堵的中心孔	两端锥堵的中心孔
粗、精车外圆	两端锥堵的中心孔	两端锥堵的中心孔
粗、精磨锥孔	两支承轴颈外表面或靠近两支承轴颈的外圆表面	夹小端，托大端

在大批量生产时，主轴的工艺过程基本体现了基准重合、基准统一与互为基准的原则，而在单件小批量生产时，按具体情况有较多的变化。同样一种类型主轴的加工，当生产类型不同时，定位基准面的选择也会不一样，如表 2-4 所示可供参考。

轴端两中心孔的加工，在单件小批量生产时，一般在车床上通过画线找正中心，并经两次安装才加工出来，不但生产效率低，而且精度也低。在成批生产时，可在中心孔钻床上，一次安装加工出两个端面上的中心孔，生产率高，加工精度也高。若采用专用机床（如双面铣床）加工，则能在同一工序中铣出两端面并钻好中心孔，更可应用于大批量生产中。

外圆表面的车削加工，在单件小批量生产时，一般在普通车床上进行；而在大批量生产时，则广泛采用高生产率的多刀半自动车床或液压仿形车床等设备，其加工生产率高，但加工精度则要取决于调整精度（指多刀半自动车床加工）或机床本身的精度（如液压仿形车床时，主要取决于液压仿形系统的精度及靠模的精度）。大批量的生产通常都组成专用生产线（用专用车床或组合车床组成流水线或自动线）。

深孔加工，在单件小批量生产时，通常在车床上用麻花钻头进行加工，当钻头长度不够时，可用焊接的办法把钻头柄接长。为了防止引偏（钻歪），可以用几个不同长度的钻头分几次钻，先用短的后用长的。有时也可以从轴的两端分别钻孔，以减短钻孔深度，但在孔的接合部会产生台阶。在大批量生产中，可采用锻造的无缝钢管作为毛坯，从根本上免去了深孔加工工序；若是实心毛坯，可用深孔钻头在深孔钻床上进行加工；如果孔径较大，还可采用套料的先进工艺，不仅生产率高，还能节约大量金属材料。

花键轴加工，在单件小批量生产时，常在卧式铣床上用分度头以圆盘铣刀铣削；而在成批生产（甚至小批量生产）时，都广泛采用花键滚刀在专用花键铣床上加工。

前后支承轴颈以及与其有较严格的位置精度要求的表面精加工，在单件小批量生产时，一般在普通外圆磨床上加工；而在成批大量生产中则采用高效的组合磨床加工。

3．锥堵和锥堵心轴的作用

对于空心的轴类零件，在深孔加工后，为了尽可能使各工序的定位基准面统一，一般都采用锥堵或锥堵心轴的中心孔作为定位基准。

当主轴锥孔的锥度比较小时，例如，CA6140 型车床主轴的锥孔分别为 1∶20 和莫氏 6 号时就常用锥堵，如图 2-17 所示。

当锥堵较大时，例如，X6132 型卧式铣主轴锥孔是 7∶24，就用带锥堵的拉杆心轴，如图 2-18 所示。

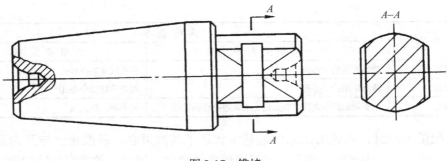

图 2-17 锥堵

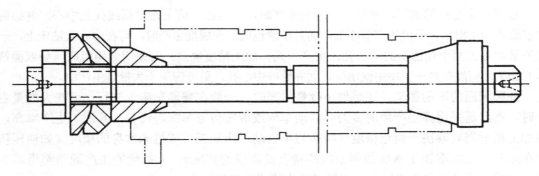

图 2-18 带有锥堵的拉杆心轴

 注意

（1）一般不要中途更换锥堵或锥堵心轴，也不要将同一锥堵或锥堵心轴卸下后再重新装上，因为不管锥堵或锥堵心轴的制造精度多高，其锥面和中心孔也会有程度不等的同轴度误差，因此必然会引起加工后的主轴外圆表面与锥孔之间的同轴度误差，使加工精度降低，特别在精加工时这种影响就更为明显。

（2）用锥堵心轴时，两个锥堵的锥面要求同轴度较高，否则拧紧螺母后会使工件变形。如图 2-18 所示的锥堵心轴结构比较合理，其特点是右端锥堵与拉杆心轴是一体的，其锥面与中心孔的同轴度较好，而左端有个球面垫圈，拧紧螺母时，能保证左端锥堵与锥孔配合良好，使锥堵的锥面和工件的锥孔以及拉杆心轴上的中心孔三者之间有较好的同轴度。

（3）装配锥堵或锥堵心轴时，不能用力过大，特别是对壁厚较薄的轴类零件，如果用力过大，会引起零件变形，使加工后出现圆度、圆柱度等误差。为防止这种变形，使用塑料或尼龙制造的锥堵心轴有良好的效果。

2.3.4 轴类零件的数控车削加工工艺分析案例

【案例 2.1】 如图 2-19 所示的典型轴类零件，毛坯直径 $\phi32$ mm×110 mm。材料 $45^{\#}$ 钢。未标注处倒角 1×45°，棱边倒钝 0.2×45°，要求在数控车床上完成加工，小批量生产。

（1）零件图工艺分析。该零件表面由圆柱、圆锥、顺圆弧、逆圆弧及普通螺纹等表面组成。其中多个直径尺寸有较严格的尺寸精度和表面粗糙度等要求；球面 $S\phi28$mm 的尺寸公差还兼有控制该球面形状（线轮廓）误差的作用。尺寸标注完整，轮廓描述清楚。零件材料为45#钢，无热处理和硬度要求。

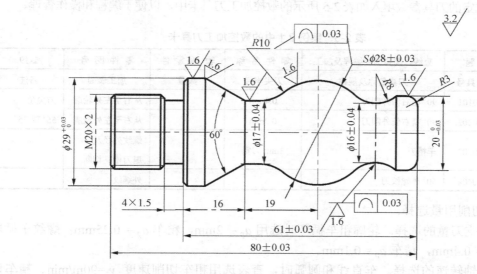

图 2-19　典型轴类零件

通过上述分析，采取以下几点工艺措施。

① 对图样上给定的几个精度要求较高的尺寸，因其公差数值较小，故编程时不必取平均值，而全部取其基本尺寸即可。

② 在轮廓曲线上，有两处为既过象限又改变进给方向的轮廓曲线，在加工时应进行机械间隙补偿，以保证轮廓曲线的准确性。

③ 为便于装夹，坯件左端应预先车出夹持部分，右端面也应先粗车出并钻好中心孔。毛坯选 φ32mm 棒料。

（2）确定装夹方案。确定坯件轴线和左端大端面（设计基准）为定位基准。左端采用三爪定心卡盘夹紧，右端采用活动顶尖支承的装夹方式。

（3）确定加工顺序及进给路线。按由粗到精、由近及远（由右到左）的原则确定。即先从右到左进行粗车（留 0.4mm 精车余量），换精车刀，然后从右到左进行精车；换切槽刀，采用车槽循环或端面车削方式粗、精加工普通螺纹大径，车削螺纹退刀槽，换螺纹刀，最后车削螺纹，切断工件。

数控车床具有粗、精车外圆循环和车螺纹循环功能，只要正确使用编程指令，机床数控系统就会自行确定其进给路线。

（4）刀具选择。

① 选用 φ4mm 中心钻钻削中心孔。

② 粗车外轮廓及平端面选用 90° 硬质合金偏刀，为防止副后刀面与工件轮廓干涉（可用作图法检验），副偏角不宜太小，选刀尖角为 35° 或 55°、刀尖圆弧半径 $r = 0.2$mm 的外圆车刀。

③ 精车外轮廓时采用刀尖角为 35°、刀尖圆弧半径 $r = 0.2$mm 的涂层刀或硬质合金刀。

④ 切削工件左边螺纹外径和退刀槽时采用车槽刀。

⑤ 粗车外螺纹选用硬质合金 60° 外螺纹车刀，刀尖圆弧半径应小于轮廓最大圆角半径，取 $r = 0.15 \sim 0.2$mm。

将所选定的刀具参数填入如表 2-5 所示的数控加工刀具卡中，以便于编程和操作管理。

表 2-5　案例 2.1 中的数控加工刀具卡

实 训 课 题	直线、圆弧插补编程及加工		零 件 名 称	轴类零件	零 件 图 号	2-19
序号	刀具号	刀具名称及规格	刀尖半径	数量	加工表面	备注
1	T0101	90°粗右偏外圆刀	0.4mm	1	从右至左外轮廓	刀尖角
2	T0202	90°精右偏外圆刀	0.2mm	1	从右至左外轮廓	55° 或 35°
3	T0303	车槽刀	3mm 刀宽	1	螺纹外径及退刀槽、切断	
4	T0404	60°外螺纹刀		1	外螺纹	

（5）切削用量选择。

① 背吃刀量的选择。轮廓粗车循环时选用 $a_p = 2$mm，精车 $a_p = 0.25$mm；螺纹车循环时选用 $a_p = 0.4$mm，精车 $a_p = 0.1$mm。

② 主轴转速的选择。车直线和圆弧时，查表选用粗车切削速度 v_c=90m/min、精车切削速度 v_c=120mm/min。然后利用公式计算主轴转速（粗车工件直径 $D = 60$mm，精车工件直径取平均值）：粗车 500r/min、精车 1200r/min。车螺纹时，主轴转速 $n = 320$r/min。

③ 进给速度的选择。先查表 2-3 选择粗车、精车每转进给量分别为 0.4mm/r 和 0.15mm/r，粗车、精车进给速度分别为 180mm/min 和 120mm/min。

如表 2-6 所示，为编制加工程序的主要依据和操作人员配合数控程序进行数控加工的指导性文件，主要内容包括：工步顺序、工作内容、各工步所用的刀具及切削用量等。

表 2-6　案例 2.1 工序和操作清单

材料	45#钢	零件号		2-19	系统	FANUC	工序号	075
操作序号	工步内容（走刀路线）		G功能	T刀具	切削用量			
					转速 $S(n)$ (r/min)	进给速度 F (mm/min)	切削深度 a_p (mm)	
	夹住棒料一头，留出长度大约 90 mm（手动操作），对刀，找 G50							
（1）	加工工件端面		G01	T0101	600	100	0.5	
（2）	粗车工件外轮廓		G73	T0101	600	140	1.5	
（3）	精车工件外轮廓		G70	T0202	1 200	50	0.25	
（4）	粗、精车螺纹大径表面		G94/G75	T0303	400	20		
（5）	车削螺纹前后退刀槽		G01/G94	T0303	400	20	4×1.5	
（6）	车削螺纹 2 处倒角		G94	T0303	400	20	1×45°	
（7）	车削外螺纹 M20×2		G76/G92	T0404	600	螺距	1.3	
（8）	切断		G01	T0404	500	20		
（9）	检测、校核							

本章小结

　　本章全面介绍了数控车削加工工艺的主要内容、数控车削加工工艺的制定过程，从零件图样的工艺分析入手，确定工序和装夹方式，安排加工顺序，确定进给路线，选择定位方法与夹具，选择数控车削刀具并选取切削用量。

　　本章列举了在数控车床操作中最常见的轴类零件车削加工工艺的制定实例，以加深对数控车削加工工艺的理解。

　　为了突出数控车床操作工岗位职业能力的培养，在项目练习中设计了一个开放性的课题，要求学生将所学的工艺理论知识应用于实践中，完成一份项目报告书。

习 题 2

1．适于数控加工的内容主要有哪些？不适于数控加工的内容主要有哪些？
2．数控车削加工工艺主要包括哪些方面？数控加工工艺具备哪些特点？
3．数控车削加工阶段是怎样划分的？
4．为什么加工过程中要划分粗、精加工阶段？
5．工序的划分原则是什么？数控车床上加工零件应按什么原则划分工序？
6．制订零件车削加工顺序一般应遵循哪些原则？
7．确定走刀路线的依据是什么？
8．在确定定位基准与夹紧方案时，应注意哪些问题？
9．数控车削中常用的夹具有哪些？
10．数控车床对刀具有哪些性能要求？对刀具材料性能有哪些要求？
11．目前常用的刀具材料有哪些？
12．数控车削与普通车削所使用的刀具有哪些不同？如何正确选择数控车削用车刀？
13．可转位车刀一般按照哪些特征选择刀具类型？
14．可转位车刀与通用车床所使用的刀具相比具有哪些特点？
15．选择切削用量的一般原则是什么？
16．数控加工中大批量生产、小批量生产、单件加工在加工工艺安排上有何不同？

项目练习

【项目内容】

　　提供一份较典型的轴类零件图纸，如图 2-20 所示，按照实施任务中五个方面要求，按顺序编写，包括图纸的重新绘制（尽可能用 CAD 绘制）。卷面要求：采用 A4 纸、16 开纸、B5 纸，条件允许应上交打印文稿（Word 文档），设计封面，如果不具备计算机条件，也可以手写，但必须工整。

【学习目标】

　　培养学生自主学习、分析问题、解决问题的方法能力和相关的社会能力，突出本专业岗位的综合职业能力培训：合格的工艺员—编程员—操作工，达到数控车中级工编程与操作技术水平。

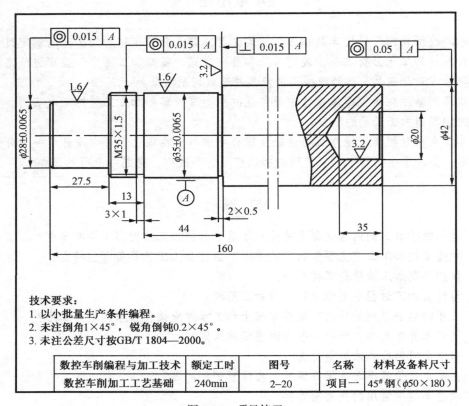

技术要求:
1. 以小批量生产条件编程。
2. 未注倒角1×45°，锐角倒钝0.2×45°。
3. 未注公差尺寸按GB/T 1804—2000。

数控车削编程与加工技术	额定工时	图号	名称	材料及备料尺寸
数控车削加工工艺基础	240min	2–20	项目一	45# 钢（φ50×180）

图2-20 项目练习

【实施内容】

1. 数控车削加工工序卡的制定。

（1）工件图纸工艺分析。

（2）确定装夹方案。

（3）确定加工顺序及走刀路线。

（4）工件轮廓节点坐标值计算（包括计算过程）。

（5）刀具和切削用量选择（参考表2-5，要求画出刀头简图和刀位位置）。

（6）编写数控加工工序卡（参考表2-6）。

（7）加工程序清单（此处暂略，学完第11章后再继续完成）。

（8）程序的校验或仿真加工（暂不要求）。

2. 工、量、刃、夹具等准备（暂不要求）。

3. 工件加工操作过程（暂不要求）。

4. 项目质量评定。

5. 总结。

6. 谈谈本人对此课题项目学习活动的想法。

数控车削编程基础知识

不同的数控系统都有自己的编程指令代码，尽管各有异同，但是每种数控系统程序编制的内容和基本方法都是相同的，了解数控车床编程的基础知识可以为掌握不同的数控系统的编程打下基础。

知识目标

➤ 掌握数控车削编程的内容、种类和方法。
➤ 数控编程中程序的构成和常用的程序段格式。
➤ 了解典型数控系统的指令代码及部分指令的编程要点。

3.1　数控车削编程概述

■ 3.1.1　数控编程的内容

通常程序的编制工作主要包括以下几个方面的内容。

1．分析零件图、确定加工工艺

编程人员首先要根据加工零件的图纸及技术文件，对零件的材料、几何形状、尺寸精度、表面粗糙度、热处理要求等进行分析，从而确定零件加工工艺过程及设备、工装、加工余量、切削用量等。

2．数值计算

根据零件图中的加工尺寸和确定的工艺路线，建立工件坐标系，计算出零件粗、精加工运动的轨迹。加工形状简单零件的轮廓，要计算出几何元素的起点、终点、圆弧的圆心、两几何元素的交点或切点的坐标值。加工非圆曲线、曲面组成的零件，要计算直线段或圆弧段逼近零件轮廓时的节点坐标。

3．编写零件加工程序单

根据加工路线、工艺参数、刀具号、辅助动作，以及数值计算的结果等，按所使用的机床数控系统规定的功能指令及程序段格式，编写零件加工程序单。此外，还应附上必需的加工示意图、刀具布置图、机床调整卡、工序卡及必需的说明等。

4．程序输入数控系统

将编制好的程序单上的内容记录通过一定的方法输入数控系统。常用的输入方法有下面几种。

（1）手动数据输入。按所编程序单的内容，通过操作数控系统的键盘进行逐段输入，同时利用 CRT 显示内容来进行检查。

（2）利用控制介质输入。控制介质多为穿孔带、磁带、磁盘等，可分别用光电纸带阅读机、磁带收录机、磁盘软驱等装置将程序输入数控系统。

（3）通过车床通信接口输入。将计算机编制好的程序，通过与车床控制通信接口连接直接输入车床的控制系统。

5．程序校对和首件试切

输入的程序必须进行校验，校验的方法有下面几种。

（1）启动数控车床，按照输入的程序进行空运转，即在车床上用笔代替刀具（主轴不转），坐标纸代替工件，进行空运转画图，检查车床运动轨迹的正确性。

（2）在具有 CRT 屏幕图形显示功能的数控车床上，进行工件图形的模拟加工，检查工件图形的正确性。

（3）用易加工材料，如塑料、木材、石蜡等，代替零件材料进行试切削。

当发现问题时，应分析原因，调整刀具或改变装夹方式，或进行尺寸补偿。首件试切之后，方可进行正式切削加工。

3.1.2 数控编程的种类

数控编程有三种方法，即手工编程、自动编程和 CAD/CAM 编程，采用哪种编程方法应视零件的难易程度而定。

1．手工编程

手工编程就是从分析零件图样、确定加工工艺过程、数值计算、编写零件加工程序单、程序输入数控系统到程序校验都由人工完成。对于加工形状简单、计算量小、程序不多的零件（如点位加工或由直线与圆弧组成的轮廓加工），采用手工编程较容易，而且经济、快捷。对于形状复杂的零件，特别是具有非圆曲线、曲面组成的零件，用手工编程就有一定困难，出错的概率增大，有时甚至无法编出程序，必须用自动编程的方法编制程序。

手工编程的缺点：手工计算、验证等所需的时间较长，错误率较高，不能确认刀具路径等。手工编程的优点：需要程序员全身心地投入，对编程技术进行最详细的了解，同样程序员可以随心所欲地构建程序结构，始终知道程序运行过程中发生了什么以及它们为什么会发生。掌握手工编程的方法绝对是有效管理 CAD/CAM 编程的本质所在，可以将编程技能直接应用到 CAD/CAM 编程中。

2．自动编程

自动编程是由编程人员将加工部位和加工参数以一种限定格式的语言写成源程序，然后由专门的软件转换成数控程序。常用的有 APT 语言，APT 是一种自动编程工具（Automatically Programmed Tools）的简称，是一种对工件、刀具的几何形状及刀具相对于工件的运动等进行定义所用的一种接近于英语的符号语言。把用 APT 语言书写的零件加工程序输入计算机，经计算机的 APT 语言编程系统编译产生刀位文件，然后进行数控后置处理，生成数控系统能接受的零件加工程序的过程，称为 APT 语言编程。自动编程使得一些计算烦琐、手工编程困难或无法编出的程序能够顺利地完成。

3．CAD/CAM 编程

计算机辅助数控编程是以待加工零件 CAD 模型为基础的一种集加工工艺规划及数控编程为一体的自动编程方法。目前，以 CAD/CAM 一体化集成形式的软件已成为数控加工自动编程系统的主流。这些软件可以采用人机交互方式，进行零件几何建模（绘图、编辑和修改），对车床与刀具参数进行定义和选择，确定刀具相对于零件的运动方式、切削加工参数，自动生成刀具轨迹和程序代码。最后经过后置处理，按照所使用车床规定的文件格式生成加工程序。通过串行通信的方式，将加工程序传送到数控车床的数控单元。

■ 3.1.3　程序的构成

1．基本的编程术语

数控编程中使用四个基本术语：字符→字→程序段→程序。

（1）字符。字符是 CNC 程序中最小的单元。它有三种形式：数字、字母和符号。

（2）字。程序字是由字母和数字字符（在数字前可缀以符号"+"、"−"）组成的，它定义了控制单元和机床的单个指令。程序字一般以大写字母开头，后面紧跟表示程序代码或实际值的数值。典型的字表示轴的位置、进给率、速度、准备功能、辅助功能以及许多其他的定义。例如，G17、T01、X318.503、Y−170.891。

根据各种数控装置的特性，程序字基本上可以分为尺寸字和非尺寸字两种。例如，上述"G17，T01"就是非尺寸字。非尺寸字地址有如下字母，如表 3-1 所示。尺寸字地址有如下字母，如表 3-2 所示。

表 3-1　非尺寸字地址字母表

机　能	地　址	意　义
程序段顺序号	N	顺序地址符字母
准备功能	G	由 G 后面两位数字决定该程序段意义
进给功能	F	刀具进给功能
主轴转速功能	S	指定主轴转速
刀具功能	T	指定刀具号
辅助功能	M	指定车床上的辅助功能

表 3-2　尺寸字地址字母表

机　能	地　址	意　义
尺寸字 地址字母	X、Y、Z	坐标轴地址指令
	U、V、W	附加轴地址指令
	A、B、C	附加回转轴地址指令
	I、J、K	圆弧起点相对于圆弧中心的坐标指令

（3）程序段。字在 CNC 系统中作为单独的指令使用，而程序段则作为多重指令使用。输入控制系统的程序由单独的以逻辑顺序排列的指令行组成，每一行（称为顺序排列的程序段）由一个或几个字组成，每一个字由两个或多个字符组成。

（4）程序。不同控制系统的程序结构不一样，编程人员必须严格按照 CNC 车床的控制器进行编程。但是逻辑方法并不随控制器的不同而变化，一个完整的程序，一般由程序号、程序内容和程序结束三部分组成。

例如：

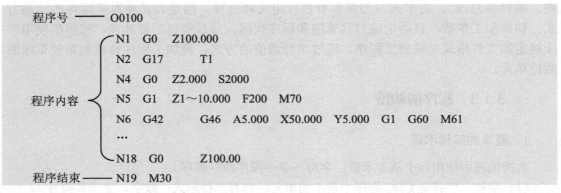

上面的程序中，O0100 表示加工程序号，N1～N18 程序段是程序内容，N19 程序段是程序结束。

① 程序号。程序号是程序的开始部分，每个独立的程序都要有一个自己的程序编号，在编号前采用程序编号地址码。FANUC 系列数控系统中，程序编号地址是用英文字母 "O" 表示；SIEMENS 系列数控系统中，程序编号地址是用符号 "%" 表示。

② 程序内容。程序内容包含加工前车床状态要求和刀具加工零件时的运动轨迹。

- 加工前车床状态要求。该部分一般由程序前面几个程序段组成，通过执行该部分的程序完成指定刀具的安装、刀具参数补偿、旋转方向及进给速度，以什么方式、什么位置切入工件等一系列刀具切入工件前的车床状态的切削准备工作。

- 刀具加工零件时的运动轨迹。该部分用若干程序段描述被加工工件表面的几何轮廓，完成被加工工件表面轮廓的切削加工。

③ 程序结束。结束程序内容是当刀具完成对工件的切削加工后，刀具以什么方式退出切削，退出切削后刀具停留在何处，车床处在什么状态等，并以 M02 或 M30 结束整个程序。

2. 编程格式

在上例中，每一行程序为一个程序段。程序段中包含：程序刀具指令、车床状态指令、车床坐标轴运动方向（即刀具运动轨迹）指令等各种信息代码。

数控车床有三种程序段格式，即固定程序段格式、带分隔符的固定程序段格式及字地址可变程序段格式。前两种出现最早，现在基本不再使用。

字地址可变程序段格式如下：

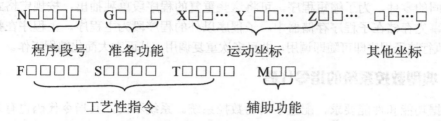

可见每个程序段的开头是程序段的序号，以字母 N 和 4 位（有的数控系统不用 4 位）数字表示，接着是准备功能指令，由 G 和两位数字组成。再接着是运动坐标；如有圆弧半径 R 等尺寸，放在其他坐标位置；在工艺指令中，F 指令为进给速度，S 指令为主轴转速，T 指令为刀具号，M 为辅助功能指令；还可以有其他的附加指令。

程序段通常具有以下一些特点。

（1）程序长度可变。

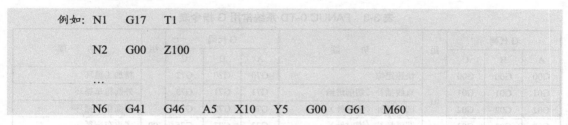

例如：	N1	G17	T1					
	N2	G00	Z100					
	...							
	N6	G41	G46	A5	X10	Y5	G00	G61 M60

上述 N1、N2 程序段中仅由两个字构成，而 N6 程序段却由 8 个字组成，即这种格式写出的各个程序段长度是可变的。

（2）不同组的代码在同一个程序段内可同时使用。例如，（1）中 N6 程序段中的 G41、G46、G00、G61 代码，由于其含义不同，可在同一程序段内同时使用。

（3）不需要的或与上一段程序相同功能的字可省略不写。

例如：%1				%2		
N1	G00	Z100		N1	G00	Z100
N2	G17	T1		N2	G17	T1
N3	G00	Z2	S1000	N3	G00	Z2 S1000
N4	G00	X50	Y70	N4	X50	Y70
N5	G01	Z–10	F200	N5	G01	Z–10 F200
N6	G01	X100		N6	X100	
N7	G01	X100	Y–40	N7	Y–40	
N8	G01	X0	Y–40	N8	X0	

程序%1 和%2 两条程序是等效的。对这两条程序，%1 中的 N5 程序段已经给出 G01 指令，而后面各段也均执行 G01 指令，故在 N6～N8 程序中可省略 G01，如程序%2。

同样 N2 程序段中的 T1，N3 程序段中的 S1000，N5 程序段中的 F200，在下面的程序段中都是指 T1 刀具，使用的是 1 000r/min 转速及 200mm/min 的进给量，故可省略。

3. 主程序和子程序

在一个加工过程中，如果有多个程序段完全相同，例如，在一块较大的材料上加工多个形状和尺寸相同的零件，为了缩短程序，可将这些重复的程序段单独抽出，按规定格式编成子程序，并事先储存在子程序存储器中。子程序以外的程序段为主程序。主程序在执行过程中，如需执行该子程序即可随即调用，并可多次重复调用，从而大大简化编程工作。

3.1.4 典型数控系统的指令代码

数控车床根据功能和性能要求，配置不同的数控系统。系统不同，其指令代码也有差别，世界上典型的数控系统主要有 FANUC（日本）、SIEMENS（德国）、FAGOR（西班牙）等公司的数控系统及相关产品，在数控车床行业占据主导地位。我国的数控产品有华中数控、广州数控、航天数控、沈阳高精、大连大森等。

1. FANUC 公司的主要数控系统

FANUC 0-TD 系统常用 G 指令表如表 3-3 所示。

表 3-3 FANUC 0-TD 系统常用 G 指令表

| G 代码 | | | 组 | 功　能 | G 代码 | | | 组 | 功　能 |
A	B	C			A	B	C		
G00	G00	G00		快速定位	G70	G70	G72		精加工循环
G01	G01	G01	01	直线插补（切削进给）	G71	G71	G73		外圆粗车循环
G02	G02	G02		圆弧插补（顺时针）	G72	G72	G74		端面粗车循环
G03	G03	G03		圆弧插补（逆时针）	G73	G73	G75	00	多重车削循环
G04	G04	G04		暂停	G74	G74	G76		排屑钻端面孔
G10	G10	G10	00	可编程数据输入	G75	G75	G77		外径/内径钻孔循环
G11	G11	G11		可编程数据输入方式取消	G76	G76	G78		多头螺纹循环
G20	G20	G70	06	英制输入	G80	G80	G80		固定循环取消
G21	G21	G71		公制输入	G83	G83	G83		钻孔循环
G27	G27	G27	00	返回参考点检查	G84	G84	G84		攻丝循环
G28	G28	G28		返回参考点位置	G85	G85	G85	10	正面镗循环
G32	G33	G33	01	螺纹切削	G87	G87	G87		侧面循环
G34	G34	G34		变螺距螺纹切削	G88	G88	G88		侧镗丝循环
G36	G36	G36	00	自动刀具补偿 X	G89	G89	G89		侧镗循环
G37	G37	G37		自动刀具补偿 Z	G90	G77	G20		外径/内径车削循环
G40	G40	G40		取消刀尖半径补偿	G92	G78	G21	01	螺纹车削循环
G41	G41	G41	07	刀尖半径左补偿	G94	G79	G24		端面车削循环
G42	G42	G42		刀尖半径右补偿	G96	G96	G96		恒表面切削速度控制
G50	G92	G92	00	坐标系或主轴最大速度设定	97	97	97	02	恒表面切削速度控制取消
G52	G52	G52	00	局部坐标系设定	G98	G94	G94	05	每分钟进给
G53	G53	G53		车床坐标系设定	G99	G95	G95		每转进给
G54～G59			14	选择工件坐标系 1～6	—	G90	G90	03	绝对值编程
G65	G65	G65	00	调用宏指令	—	G91	G91		增量值编程

FANUC 数控系统性能高、功能全，适用于各种车床，在市场上占有率最大。

（1）高可靠性的 Power Mate 0 系统：用于控制 2 轴的小型车床，取代步进电机的伺服系统；配有中文显示的 CRT/MDI。

（2）普及型 CNC 0-D 系列：0-MD 用于铣床及小型号加工中心。

（3）全功能型的 0-C 系列：0-TC 用于通用车床、自动车床，0-MC 用于铣床、钻床加工中心。

（4）0i 系统：0i-MB/MA 用于加工中心和铣床，4 轴四联动；0i-mate MA 用于铣床，3 轴三联动；0i-mate TA 用于车床，2 轴两联动。

（5）具有网络功能的超小型、超薄型 CNC 16i/18i/21i 系统。

2．SIEMENS 公司的主要数控系统

SIEMENS 数控系统稳定性高，广泛应用于我国数控行业，主要包括 802、810、840 等系列。

（1）SINUMERIK 802S/C：用于车床、铣床等，可控 3 个进给轴和 1 个主轴。802S 适于步进电机驱动，802C 适于伺服电机驱动，具有数字 I/O 接口。

（2）SINUMERIK 802D：控制 4 个数字进给轴和 1 个主轴，PLC I/O 模块，具有图形式循环编程，车削/钻削工艺循环。

（3）SINUMERIK 810D：用于数字闭环驱动控制，最多可控 6 轴（包括 1 个主轴和 1 个辅助主轴）。

（4）SINUMERIK 840D：全数字模块化数控设计，用于复杂机床、模块化旋转加工机床和传送机，最大可控 31 个坐标轴。

3．华中数控系统

华中数控以"世纪星"系列数控单元为典型产品，HNC-21T 为车削系统，最大联动轴数为 4 轴；HNC-21/22M 为铣削系统，最大联动轴数为 4 轴，采用开放式体系结构，内置嵌入工业 PC。

3.2 数控车床的坐标系统

数控车床的坐标系统包括直角坐标系、坐标原点和运动方向。建立车床的坐标系是为了确定刀具或工件在车床中的位置，确定车床运动部件的位置及其运动范围。

1．右手笛卡儿直角坐标系

数控车床的坐标系采用右手笛卡儿直角坐标系，如图 3-1 所示。基本坐标轴为 X、Y、Z，相对于每个坐标轴的旋转运动坐标轴为 A、B、C。大拇指方向为 X 轴的正方向；食指为 Y 轴的正方向；中指为 Z 轴的正方向。

2．坐标轴及其运动方向

普通数控车床有两个坐标轴：X 轴和 Z 轴，两轴相互垂直，X 轴表示切削刀具的横向运动，Z 轴表示它的纵向运动。数控车床工作时，一律假定工件静止，刀具在工件坐标系

内相对于工件运动。从操作者的位置看卧式车床的传统轴定向是：X 轴为上下运动，Z 轴为左右运动。

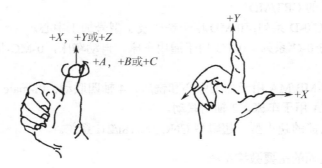

图 3-1　右手笛卡儿直角坐标系

（1）Z 轴的确定。Z 轴定义为平行于车床主轴的坐标轴，其正方向为从工作台到刀具夹持的方向，即刀具远离工作台的运动方向。

（2）X 轴的确定。X 轴为水平的、平行于工件装夹面的坐标轴，对于车床 X 坐标的方向在工件的径向上，且平行于横滑座。刀具离开工件旋转中心的方向为 X 轴正方向。

（3）Y 轴的确定。Y 轴垂直于 X、Z 坐标轴。当 X 轴、Z 轴确定之后，按笛卡儿直角坐标系右手定则法来确定。

（4）旋转坐标轴 A、B 和 C。旋转坐标轴 A、B 和 C 的正方向相应地在 X、Y、Z 坐标轴正方向上，按右手螺旋前进的方向来确定。

如图 3-2 所示为数控车床上两个运动的正方向。

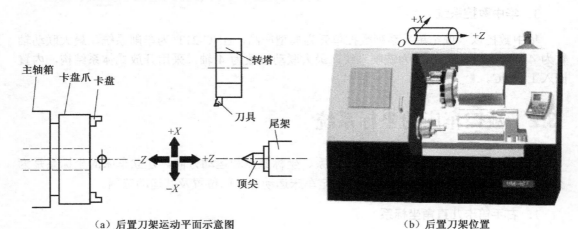

（a）后置刀架运动平面示意图　　　　　　　　（b）后置刀架位置

图 3-2　斜床身数控车床车床运动方向—后置刀架式

3．坐标原点

（1）机床原点。机床原点又称机械原点，它是车床坐标系的原点。该点是车床上的一个固定的点，是车床制造商设置在车床上的一个物理位置，通常不允许用户改变。机床原点是工件坐标系、车床参考点的基准点。机床原点为主轴旋转中心与卡盘后端面的交点，如图 3-3 所示的 O 点。

（2）车床参考点。车床参考点是机床制造商在机床上用行程开关设置的一个物理位置，与机床原点的相对位置是固定的，车床出厂之前由机床制造商精密测量确定。

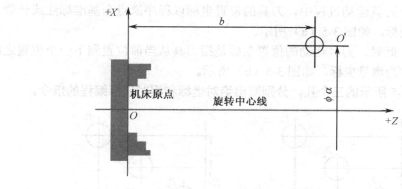

图 3-3　车床的机床原点

 注意

　　使用 G28（返回参考点）代码：指令轴经过中间点自动返回参考点；而 G29（从参考点返回）代码：指令轴由参考点经过中间点移动到被指令的位置。

（3）程序原点。程序原点是编程员在数控编程过程中定义在工件上的几何基准点，一般也称为工件原点，是由编程人员根据情况自行选择的。在车床上工件原点如图 3-4 所示。

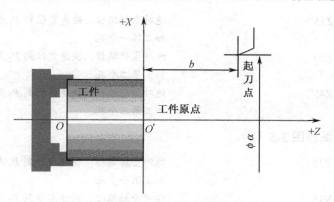

图 3-4　车床的工件原点

（4）选择工件原点的原则。

① 选在工件图样的基准上，以利于编程。

② 选在尺寸精度高、粗糙度值低的工件表面上。

③ 选在工件的对称中心上。

④ 便于测量和验收。

 提示

　　数控车床程序原点一般用 G50 代码设置。

4．绝对坐标与相对坐标

FANUC 0-TD 系统可用绝对坐标（X，Z）、相对坐标（U，W）或混合坐标（X/U，Z/W）进行编程。

（1）绝对坐标。刀具运动过程中，刀具的位置坐标以程序原点为基准标注或计量，这种坐标值称为绝对坐标，如图 3-5（a）所示。

（2）相对坐标。此时，刀具运动的位置坐标是指刀具从当前位置到下一个位置之间的增量。相对坐标也称为增量坐标，如图 3-5（b）所示。

例：加工如图 3-5 所示的三个孔，分别写出绝对坐标和相对坐标编程的指令。

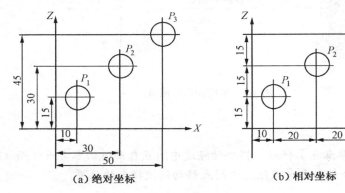

图 3-5　绝对坐标和相对坐标

（1）绝对坐标编程图 3-5（a）。

G00　X10　Z15		绝对坐标编程，快速定位到 P_1 点
…		加工第一个孔
G00　X30　Z30		绝对坐标编程，快速定位到 P_2 点
…		加工第二个孔
G00　X50　Z45		绝对坐标编程，快速定位到 P_3 点
…		加工第三个孔

（2）相对坐标编程图 3-5（b）。

G00　X10　Y15		绝对坐标编程，快速定位到 P_1 点
…		加工第一个孔
G00　U20　V15		相对坐标编程，快速定位到 P_2 点
…		加工第二个孔
G00　U20　V15		相对坐标编程，快速定位到 P_3 点
…		加工第三个孔

3.3　部分指令的编程要点

1．主轴功能（S 功能）

S 功能也称主轴转速功能，用 S 指令编程。S 指令后的数值为主轴转速，要求为整数，速度范围从 1 到最大的主轴转速。单位为转速单位（r/min）。例如，S500 表示主轴转速为 500r/min。

（1）线速度控制（G96）。当数控车床的主轴为伺服主轴时，可以通过指令 G96 来设定恒线速度控制。系统执行 G96 指令后，便认为用 S 指令的数值表示切削速度。例如，G96 S180 表示切削速度为 180m/min。

（2）主轴转速控制（G97）。G97 是取消恒线速度控制指令，S 指定的数值表示主轴每分钟的转速。例如，G97 S1500，表示主轴转速为 1 500r/min。

（3）最高速度限制（G50）。G50 除有坐标系设定功能外，还有主轴最高转速设定功能。例如，G50 S2000 表示把主轴最高转速设定为 2 000r/min。用恒定速度控制进行切削加工时，为了防止出现事故，必须限定主轴转速。

对如图 3-6 中所示的零件，为保持 A、B、C 各点的线速度在 150 m/min，则各点在加工时的主轴转速分别计算如下。

A 点：$n = 1\ 000 \times 150 \div (\pi \times 40) = 1\ 193$r/min

B 点：$n = 1\ 000 \times 150 \div (\pi \times 60) = 795$r/min

C 点：$n = 1\ 000 \times 150 \div (\pi \times 70) = 682$r/min

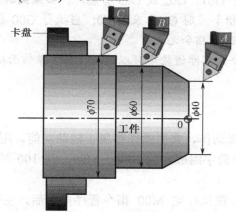

图 3-6　恒线速度切削方式

 注意

（1）有些数控车床没有伺服主轴，即采用机械变速装置，编程时可以不编写 S 功能。
（2）在零件加工之前一定要先启动主轴运转（M03 或 M04）。

2．刀具功能（T 功能）

T 功能用于选择刀具库中的刀具，其编程格式因数控系统不同而异，主要格式有以下几种。

（1）采用 T 指令编程。由地址功能码 T 和其后面的若干位数字组成。

例如：T0202 表示选择第 2 号刀，2 号偏置量。

　　　 T0300 表示选择第 3 号刀，刀具偏置取消。

（2）采用 T、D 指令编程。利用 T 功能可以选择刀具，利用 D 功能可以选择相关的刀偏。在定义这两个参数时，其编程的顺序为 T、D。T 和 D 可以编写在一起，也可以单独编写。例如：T3D11 表示选择 3 号刀，采用刀具偏置表 11 号的偏置尺寸。

3．进给功能（F 功能）

F 功能就是刀具在切削运动中的进给速度，用 F 指令编程。F 指令后面的数值表示刀具的运动速度，单位为 mm/min（直线进给率）或 mm/r（旋转进给率），含义如图 3-7 所示。

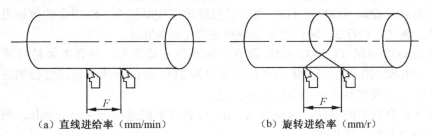

（a）直线进给率（mm/min）   （b）旋转进给率（mm/r）

图 3-7　刀具进给速度

 注意

（1）在程序启动第一个 G01、G02 或 G03 功能时，必须同时启动 F 功能。

（2）如果没有编写 F 指令，则 CNC 采用 F0；当执行 G00 指令时，车床将按设定的快速进给率移动，与编写的 F 指令无关。

（3）F 功能为模态指令，实际进给率可以通过 CNC 操作面板上的进给倍率旋钮，在 0～120% 之间调整。

4．辅助功能（M 功能）

数控机床各种顺序逻辑动作、典型操作都属于辅助功能，用 M 指令编程。M 指令由地址代码 M 和其后的两位数字组成，从 M00～M99，共 100 种。常用的 M 指令有以下几种。

（1）M00：程序停止。在执行完 M00 指令程序段之后，主轴停转、进给停止、冷却液关闭、程序停止。当重新按下车床控制面板上的"循环启动"按钮之后，继续执行下一程序段。

（2）M02：程序结束。该指令用于程序全部结束，命令主轴停转、进给停止及冷却液关闭，常用于车床复位。

（3）M03、M04、M05：分别为主轴顺时针旋转、主轴逆时针旋转及主轴停转。

（4）M06：换刀。用于具有刀库的数控车床（如加工中心）的换刀。

（5）M08：冷却液开。

（6）M09：冷却液关。

（7）M30：程序结束并返回。在完成程序段的所有指令后，使主轴停转、进给停止并关闭冷却液，将程序指针返回到第一个程序段并停下来。

5．尺寸单位

工程图纸中的尺寸标注有公制和英制两种形式，可利用 G21/G20 代码进行公制尺寸或英制尺寸的转换，系统加电后，车床处在 G21 状态。

3.4 程序编制中的数学处理

根据被加工零件图样，按照已经确定的加工工艺路线和允许的编程误差，计算数控系统所需要输入的数据，称为数学处理。

对图形的数学处理一般包括两个方面：一方面要根据零件图给出的形状、尺寸和公差等直接通过数学方法（如三角、几何与解析几何法等）计算出编程时所需要的有关各点的坐标值、圆弧插补所需要的圆弧圆心、圆弧端点的坐标；另一方面，按照零件图给出的条件还不能直接计算出编程时所需要的所有坐标值，也不能按零件图给出的条件直接根据工件轮廓几何要素的定义来进行自动编程时，那么就必须根据所采用的具体工艺方法、工艺装备等加工条件，对零件原图形及有关尺寸进行必要的数学处理或改动，才可以进行各点的坐标计算和编程工作。

1. 数值换算

（1）选择原点、换算尺寸。原点是指编制加工程序时所使用的编程原点。加工程序中的字大部分是尺寸字，这些尺寸字中的数据是程序的主要内容。由于同一个零件，同样的加工，如果原点选择不同，尺寸字中的数据就不一样，所以，编程之前首先要选定原点。从理论上讲，原点选在任何位置都是可以的。但实际上，为了换算尽可能简便以及尺寸较为直观（至少让部分点的指令值与零件图上的尺寸值相同），应尽可能把原点的位置选得合理些。

车削件的编程原点 X 向应取在零件的回转中心，即车床主轴的轴心线上，原点的位置只在 Z 向做选择。原点 Z 向位置一般在工件的左端面或右端面两者中做选择。如果是左右对称的零件，Z 向原点应选在对称平面内，这样同一个程序可用于调头前后的两道加工工序。对于轮廓中有椭圆之类非圆曲线的零件，Z 向原点取在椭圆的对称中心较好。

（2）标注尺寸换算。在很多情况下，因其图样上的尺寸基准与编程所需要的尺寸基准不一致，故应首先将图样上的基准尺寸换算为编程坐标系中的尺寸，再进行下一步数学处理工作。

① 直接换算。直接通过图样上的标注尺寸，即可获得编程尺寸的一种方法。进行直接换算时，可对图样上给定的基本尺寸或极限尺寸取平均值，经过简单的加、减运算后即可完成。

例如，如图 3-8（b）所示，除尺寸 42.1mm 外，其余均属直接按如图 3-8（a）所示的标注尺寸经换算后得到编程尺寸。其中，ϕ59.94mm、ϕ20mm 及 ϕ140.8mm 三个尺寸为分别取两极限尺寸平均值后得到的编程尺寸。

在取极限尺寸中值时，如果遇到有第三位小数值（或更多位小数），基准孔按照"四舍五入"的方法处理，基准轴则将第三位进上一位。

例如：当孔尺寸为 $\phi20^{+0.052}_{0}$ mm 时，其中值尺寸值取 ϕ20.03mm；

当轴尺寸为 $\phi16^{0}_{-0.07}$ mm 时，其中值尺寸取 ϕ15.97mm；

当孔尺寸为 $\phi16^{+0.07}_{0}$ mm 时，其中值尺寸取 ϕ16.04mm。

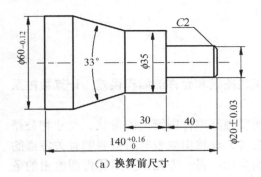
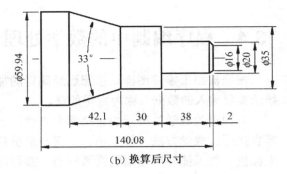

（a）换算前尺寸　　　　　　　　　　　（b）换算后尺寸

图 3-8　标注尺寸换算

② 间接换算。需要通过平面几何、三角函数等计算方法进行必要解算后，才能得到其编程尺寸的一种方法。

用间接换算方法所换算出来的尺寸，是直接编程时所需的基点坐标尺寸，也可以是为计算某些基点坐标值所需要的中间尺寸。如图 3-8（b）所示的尺寸 42.1mm 就是间接换算后得到的编程尺寸。

③ 尺寸链解算。如果仅仅为得到其编程尺寸，只需按上述方法即可。但在数控加工中，除了需要准确地得到其编程尺寸外，还需要掌握控制某些重要尺寸的允许变动量，这就需要通过尺寸链解算才能得到。

2．基点与节点

（1）基点。一个零件的轮廓曲线可能由许多不同的几何要素所组成，如直线、圆弧、二次曲线等。各几何要素之间的连接点称为基点。例如，两条直线的交点，直线与圆弧的交点或切点，圆弧与二次曲线的交点或切点等。基点坐标是编程中需要的重要数据，可以直接作为其运动轨迹的起点或终点，如图 3-9（a）所示。

（2）节点。当被加工零件轮廓形状与车床的插补功能不一致时，如在只有直线和圆弧插补功能的数控车床上加工椭圆、双曲线、抛物线、阿基米德螺旋线或用一系列坐标点表示的列表曲线时，就要用直线或圆弧去逼近被加工曲线。这时，逼近线段与被加工曲线的交点就称为节点。如图 3-9（b）所示的曲线当用直线逼近时，其交点 A、B、C、D 等为节点。

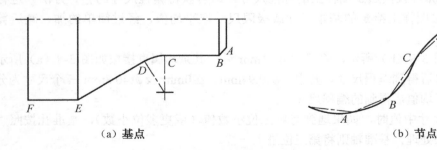

（a）基点　　　　　　　　　　　　（b）节点

图 3-9　零件轮廓上的基点和节点

在编程时，要计算出节点的坐标，并按节点划分程序段。节点数目的多少，由被加工曲线的特性方程（形状）、逼近线段的形状和允许的插补误差来决定。

显然，当选用的数控车床系统具有相应几何曲线的插补功能时，编程中的数值计算是最简单的，只需求出基点坐标，而后按基点划分程序段就行了。但一般数控车床不具备二次曲线与列表曲线的插补功能，因此就要用逼近法加工，这就需要求出节点的数目及其坐标值。为了编程方便，一般都采用直线段去逼近已知的曲线，这种方法称为直线逼近，或称线性插补。常用的逼近方法主要有切线逼近法、弦线逼近法、割线逼近法和圆弧逼近法等。

3．坐标值常用的计算方法

在手工编程的数值计算工作中，除了非圆曲线的节点坐标值需要进行较复杂和烦琐的几何计算及其误差的分析计算外，其余各种计算均比较简单，通常借助具有三角函数运算功能的计算器即可进行。所需数学基础知识也仅仅为代数、三角函数、平面几何、平面解析几何中较简单的内容。常用的坐标值计算方法如图 3-10 所示。

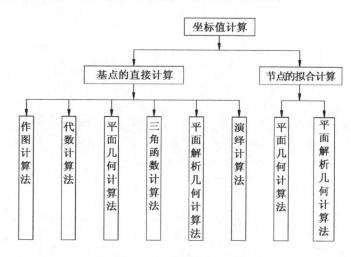

图 3-10　常用的坐标值计算方法

本章小结

　　本章主要讲述了数控编程的方法、种类及程序的构成，介绍了数控车床中常见的 FANUC 0-TD 和 SIEMENS 802S/C 数控系统程序指令。

　　以 FANUC 0-TD 数控系统为例，介绍了 S 功能、F 功能、T 功能、M 功能、G 功能部分指令的编程要点，介绍了数控车床坐标系、车床参考点、程序原点的确定，对车床的对刀原理、对刀方法进行了说明，为后阶段理论与实践一体化的学习和实训打下了基础。

习 题 3

1．数控程序的编制工作主要包括哪几个方面的内容？
2．数控车床的坐标系及其方向是如何定义的？
3．选择工件原点的原则是什么？
4．简述绝对坐标和相对坐标如何使用。

5．简述 S 指令、T 指令、F 指令、M 指令的功能。

6．数控车床的坐标轴是怎样规定的？试按笛卡儿坐标系确定数控车床坐标系中 Y 坐标轴的位置及方向。

 项目练习

1．简述 FANUC 0-TD 数控系统的编程指令体系和编程方法。

2．通过查阅书籍或上网等搜集目前较流行数控系统的相关技术资料，介绍另外一种数控系统的编程指令体系和编程方法，并且与 FANUC 0-TD 相比较有何异同之处。

第4章

数控车床基本操作

掌握数控车床正确的操作步骤是操作者必须具备的基本技能。

知识目标

➤ 掌握对刀原理，了解不同的对刀方法。
➤ 正确建立车床坐标系（机械坐标系）与工件坐标系之间的区别及联系。

技能目标

➤ 了解数控车床控制面板及 CRT/MDI 面板各功能键的作用，并能正确使用。
➤ 能正确完成数控车床主轴、刀塔的手动操作、程序编辑、刀具参数设置等车床操作。

4.1 相关知识概述

▪ 4.1.1 数控车床控制面板的操作（FANUC 0-TD 系统）

1. 车床控制面板结构

如图 4-1 所示为福硕精机公司的车床控制面板。虽然各车床生产厂家所设置按键的功能与编排方式都不一样，但操作方式大同小异。

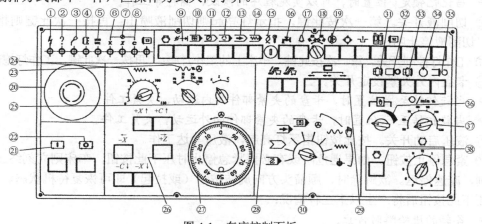

图 4-1　车床控制面板

（1）车床状态指示灯（从左向右）。

① 电源指示灯，此灯亮表示电源进入 CNC 控制器。

② 故障报警（ALARM）指示灯，此灯亮表示有故障报警，请依据 CNC 信息指示检查，排除后方可继续操作机器。

③ 润滑油不足指示灯，此灯亮表示润滑油机中的润滑油位不足，添加润滑油后方可再继续操作机器。

④ 主轴油压夹头位置指示灯，此灯亮表示主轴油压夹头处于夹紧位置。

⑤ M00/M01 指示灯，NC 执行到 M00 或 M01 指令时再配合此键可使程序暂停，此灯亮表示程序暂停，按启动键可继续执行。

⑥、⑦、⑧ 分别为 X、Z、C 轴原点复位指示灯，X、Z、C 轴原点复位完成时，指示灯亮；但在手动模式原点复位时，指示灯闪烁直到原点复位完毕，才持续亮起。

（2）车床开关（从左向右）。

⑨ 行程极限解除开关。当 X 轴或 Z 轴碰触行程极限开关时，需同时按下该按钮与液压启动钮，待液压系统启动后，释放液压启动钮，移动超程的 X 轴或 Z 轴离开行程极限。

⑩ 单步操作开关。按下此按钮时内部指示灯亮，再按一次循环启动按钮，则仅执行一个程序段的指令动作，动作结束后停止。如果需再启动时，则须再按一次循环启动按钮。

⑪ 程序段跳开关。按下此按钮时内部指示灯亮，对于程序开头有"/"符号的程序段被跳过不执行；反之，"/"符号无效。

⑫ 选择停止开关。当按下此按钮时内部指示灯亮，程序中有"M01"选择停止的指令时，机器作暂时的停止，动作与"M00"相同。如果要继续执行下面的程序，则按下循环启动按钮即可；反之，"M01"选择停止指令功能无效。

⑬ 机器锁定开关。当按下此按钮时内部指示灯亮，在自动运转或手动运转时，机器各轴均固定不动，但 CRT 屏幕上的位置显示仍然照样进行。常用于新程序的测试或校对程序内容的场合。

⑭ 空运行开关（DRYRUN）。按下此按钮，程序运行时，F 代码无效，滑板的移动速度由"进给倍率"调整钮来控制，且快速进给速度有效；反之，F 代码有效，程序正常运作。

⑮ 钥匙开关。

➢ 当记忆锁定 位置时，存储器内的程序及参数资料皆被锁定，无法更改。

➢ 当记忆锁定 位置时，可以实施程序的修改、储存等工作。

⑯ 切削液开关。第一次按此键，指示灯亮起则切削液喷出；再按一次此键则指示灯熄灭，切削液停止喷出。

⑰ 工作灯控制开关。第一次按此键，车床上的工作灯亮；再按一次此键，工作灯熄灭。

⑱ 卡盘内外夹紧设定开关。

➢ 当旋钮转至 位置时，卡盘的夹紧部件向内运动，夹紧工件；

➢ 当旋钮转至 位置时，卡盘的夹紧部件向外运动，夹紧工件。

⑲ 液压启动开关。按此按钮指示灯亮起，液压马达工作。

⑳ 紧急停止按钮。如果遇危险或有必要紧急停止时压下此按钮，车床则立刻终止所有的控制，减速停运。欲解除时，顺箭头方向旋转按钮（或拉起）即可恢复待机状态。

压下此按钮后将产生以下三种情况：

➢ 各轴的进给瞬时停止；

➤ 主轴回转中止场合，主轴停转；

➤ 数值控制装置同 RESET 状态。

 注意

解除紧急停止后，机器必须实施原点复位后方可继续操作。

㉑ 循环启动按钮。在自动运转操作时，按下此按钮，其内装的指示灯亮，即开始执行程序指令。

㉒ 进给暂停按钮。在自动操作中按下此按钮后，各轴减速停止，此时内部的指示灯亮，成为自动运转休止状态。当再按循环启动按钮后，又可继续执行未完的指令。

㉓ 切削进给倍率调整开关。在自动运行时，由 F 代码指定的进给速度可以用此按钮开关调整，调整的范围为 0～150%，当处于 100% 时，进给速度与 F 代码的指令值相同。

㉔ 快速进给倍率调整开关。此开关可调整 G00 快速移动的速率，分为四个调整范围：0，25%，50%，100%。在手轮模式时，用于调整手轮倍率×0，×1，×10，×100，即×1 为 0.001mm，×10 为 0.01mm，×100 为 0.1mm。

㉕ 手轮轴选择开关。此开关用于手轮模式下移动轴的选择。

㉖ 手动快速模式开关。在手动快速模式中，可用方向指示键，使 X、Z、C 各轴沿不同方向运动。

㉗ 进给控制手轮（手摇脉冲发生器）。往顺时针方向转动手轮，则滑板将沿被选轴的正方向移动；反之，则滑板将沿被选轴的负方向移动。

㉘ 切屑输送机控制按钮。按下 按钮，切屑输送机反转；松开此按钮切屑输送机即停止。按下 按钮，切屑输送机正转，再按一次此按钮切屑输送机停止。

㉙ 尾座心轴控制按钮。

➤ 按下 "←" 按钮，尾座心轴前进至定位处。

➤ 按下 "← ←" 按钮，尾座点动前进至定位处。

➤ 按下 "→" 按钮，尾座心轴后退至定位处。

㉚ 操作模式选择开关。此开关用于选择车床的某一种工作模式。操作者在实施自动运转及手动运转等时，必须先依不同的场合选择相应的操作模式，方能操作车床。

➤ 程序编辑模式（EDIT）：用于实现加工程序编辑、修改、删除等功能。

➤ 纸带执行模式（TAPE）：以穿孔纸带输入程序时，应选择此功能。此外，该模式也可进行 DNC 程序传送加工。

➤ 自动运行模式（AUTO）：用于运行 CNC 系统内已经存在的程序。

➤ 手动数据输入模式（MDI）：选择此模式时，可通过 MDI 键盘直接将程序段输入 CNC 系统，并立即运行。

➤ 手轮（手摇脉冲发生器）操作模式（HANDLE）：选择此模式时，可通过转动手轮使滑板移动。操作之前，要先调整手轮倍率，再通过手轮轴选择开关选择好位移轴（X 轴或 Z 轴），方能顺时针（或逆时针）转动手轮。

➤ 手动快速进给模式（RAPID）：选择此模式，操作者按下手动快速模式开关（+X、+Z、−X、−Z），可控制刀具按 G00 的移动速度移动。

➤ 点动进给模式（JOG）：选择此模式，操作者按下手动快速模式开关（+X、+Z、−X、−Z），可控制刀具移动（按着不放），刀具移动的速度由切削进给倍率调整开关来控制。

➢ ⊕ **手动返回机床参考点模式（ZRM）**：选择此模式，依次按下手动快速进给模式开关+X与+Z，则刀塔按指定方向返回车床参考点。

㉛ **主轴正转开关。** 在手动模式中，按下该开关即可执行主轴正转功能。

㉜ **主轴停转开关。** 在手动模式中，按下该开关即可执行主轴停转功能。

㉝ **主轴反转开关。** 在手动模式中，按下该开关即可执行主轴反转功能。

㉞ **手动主轴定位开关。** 在手动模式时按下该开关，即可执 行主轴定位，其定位角度可由参数设定。

㉟ **主轴点动开关。** 在手动模式中，按下该开关即可执行主轴点动功能。

㊱ **主轴转速微调模式调整钮。** 在手动模式中，主轴的转速可通过此旋钮来微调控制，由左至右转速由（0～6 000）r/min 逐渐增高。通常主轴刚启动时，应将旋钮旋至最低，以减轻主轴的旋转负荷。

㊲ **主轴转速调整开关。** 在自动操作时，旋转此开关可调整主轴的转速，其调整范围为50%～120%，但在攻螺纹时此开关无效。

㊳ **手动换刀开关。** 在手动模式中，用于换刀。操作时，先选择刀具号码，再按刀塔旋转键，刀塔即将所需刀具换至规定的位置。

2. CRT/MDI 面板结构

如图 4-2 所示为 FANUC 0-TD 的 CRT/MDI 面板，它由 CRT 显示器和 MDI 键盘组成。CRT 显示器用于显示车床参考点坐标、刀具起始点坐标、刀具补偿量数据、数控指令数据、报警信号、自诊断结果、滑板快速运动速度和间隙补偿值等。

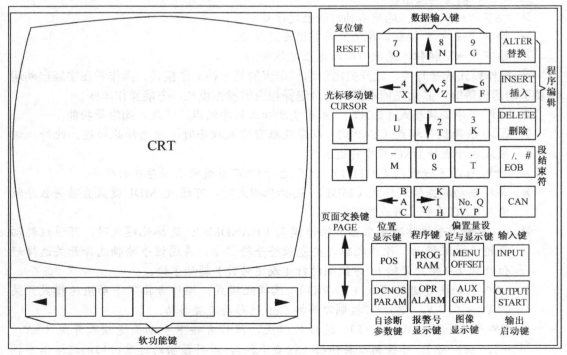

图 4-2　FANUC 0-TD 的 CRT/MDI 面板

如表 4-1 所示为 CRT/MDI 面板功能键作用。

表 4-1　CRT/MDI 面板功能键作用

功　能　键	作　　用
POS	坐标显示页面功能键：按该键并结合扩展功能键，可显示各坐标位置的机床坐标、绝对坐标和增量坐标值，以及程序执行过程中坐标轴距指定位置的剩余移动量
PROGRAM	程序显示页面功能键：在编辑模式下，可进行程序的编辑、修改、查找，可进行 CNC 系统与外部计算机进行程序传输；在 MDI 模式下，可显示程序内容
OFFSET	加工参数页面功能键：结合扩展功能键可进行刀具长度补偿、刀具半径补偿值设定，刀具磨损补偿值及工件坐标系设定
PARAM	参数设置页面功能键：可进入 CNC 系统参数和诊断参数值设定页面，这些参数仅供维修人员使用，通常情况下禁止修改，以免出现设备故障
ALARM	报警信息显示页面功能键
GRAPH	刀具路径图形模拟页面功能键：可进入动态刀具路径显示、坐标值显示以及刀具路径模拟有关参数设定页面
CURSOR ↑ ↓	光标移动功能键：在执行数据修改、删除、输入操作时用于指定编辑数据的位置
RESET	复位键：终止 CNC 的一切输出命令，CNC 恢复到初始状态
INPUT	数据输入键：输入刀补参数值、工件坐标、MDI 指令值、参数设置等
OUTPUT	数据输出键：MDI 模式下，输出当前指令，控制机床执行相应的动作，输出 CNC 内存程序、刀具参数以及系统参数至外部计算机
PAGE ↑ ↓	页面显示翻页键
字符与数字键	用来写入程序指令和各种参数值
扩展功能键	主功能模式下的扩展功能页面键，用 CRT 下的软键操作来实现
程序编辑键	在程序编辑模式下进行程序编辑
ALTER	在程序中光标指定位置进行修改
INSERT	在程序中光标指定位置进行插入字符或数字
DELETE	删除程序中光标指定位置的字符或数字
CAN	取消键：删除写入续存区的字符
EOB	分隔号键：程序段结束符号

■ 4.1.2 工件的装夹

1．工件夹持方式

普通车床的工件夹持方式在数控车床上都可以使用，如三爪卡盘、四爪卡盘、花盘、角铁、中心架、跟刀架等。然而，考虑数控加工的高效性与经济性，现数控车床夹持工件以液压卡盘最为普遍，其种类主要有两爪油压卡盘、三爪液压卡盘、四爪液压卡盘和三爪公用液压卡盘。如图4-3所示为工件常用的装夹方式。

（a）液压卡盘　　　　　　　　　　　（b）一夹一顶装夹

图4-3　数控车床上工件常用的装夹方式

2．刀具的安装

数控车床所使用的切削刀具现多为数控专用车刀，大致可分为外径车刀和内径车刀两大类。选择好合适的刀片和刀杆后，首先将刀片安装在刀杆上，再将刀杆依次安装到回转刀架上，之后通过刀具干涉图和加工行程图检查刀具安装尺寸。安装刀具时要注意主轴旋向与刀杆方向间的关系，如图4-4所示为内孔车削刀具的安装方式。

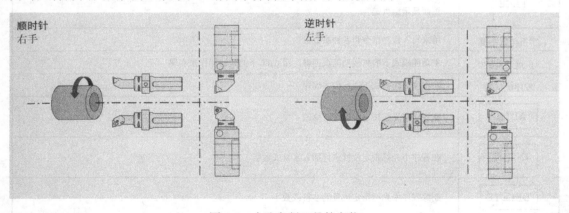

图4-4　内孔车削刀具的安装

■ 4.1.3 数控车床的对刀

数控车削加工中，应首先确定零件的加工原点，以建立准确的加工坐标系，同时考虑刀具的不同尺寸对加工的影响。这些都需要通过对刀来解决。

对刀是数控加工中比较复杂的工艺准备工作之一。对刀的精度将直接影响到加工程序的编制及零件的尺寸精度。通过对刀或刀具预调，还可同时测定其各号刀的刀位偏差，有利于设定刀具补偿量。

1. 刀位点

刀位点是指在加工程序编制中表示刀具特征的点，也是对刀和加工的基准点。对于车刀，各类车刀的刀位点如图 4-5 所示。

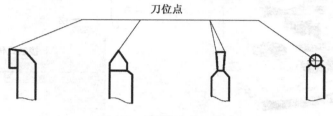

图 4-5　各类车刀的刀位点

2. 对刀

对刀是数控加工中的主要操作，在加工程序执行前，调整每把刀的刀位点，使其尽量重合于某一理想基准点，这一过程称为对刀。理想基准点可以设定在刀具上，如基准刀的刀尖上；也可以设定在刀具外，如光学对刀镜内的十字刻线交点上。对刀的方法，主要有以下几种。

（1）一般对刀（手动对刀）。一般对刀是指在机床上使用相对位置检测手动对刀，如图 4-6 所示。手动对刀是基本对刀方法，但它还是没跳出传统车床的"试切—测量—调整"的对刀模式，占用较多在机床上的时间。目前大多数经济型数控车床采用手动对刀，其基本方法有以下几种。

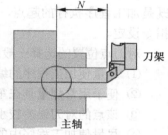

图 4-6　相对位置检测手动对刀

① 定位对刀法。定位对刀法的实质是按接触式设定基准重合原理而进行的一种粗定位对刀方法，其定位基准由预设的对刀基准点来体现。该方法简便易行，因而得到较广泛的应用，但其对刀精度受到操作者技术熟练程度的影响，一般情况下其精度都不高，还须在加工或试切中修正。

② 光学对刀法。光学对刀法是一种按非接触式设定基准重合原理而进行的对刀方法，其定位基准通常由光学显微镜（或投影放大镜）上的十字基准刻线交点来体现。这种对刀方法比定位对刀法的对刀精度高，并且不会损坏刀尖，是一种推广采用的方法。

③ 试切对刀法。在以上各种手动对刀方法中，均因可能受到手动和目测等多种误差的影响以致其对刀精度十分有限，往往需要通过试切对刀，来得到更加准确和可靠的结果。

（2）机外对刀仪对刀。机外对刀的本质是测量出刀具假想刀尖点到刀具台基准之间 X 及 Z 方向的距离。利用机外对刀仪可将刀具预先在机床外校对好，以便装上机床后将对刀长度输入相应刀具补偿号即可以使用，如图 4-7 所示。

（3）自动对刀。自动对刀是通过刀尖检测系统实现的，刀尖以设定的速度向接触式传感器接近，当刀尖与传感器接触并发出信号，数控系统立即记下该瞬间的坐标值，并自动修正刀具补偿值。自动对刀过程如图 4-8 所示。

图 4-7　机外对刀仪对刀

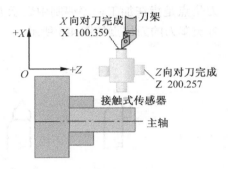

图 4-8　自动对刀

3．对刀点和换刀点的位置确定

（1）对刀点的位置确定。用以确定工件坐标系相对于机床坐标系之间的关系，并与对刀基准点相重合（或经刀补后能重合）的位置，称为对刀点。

在编制加工程序时，其程序原点通常设定在对刀点位置上。在一般情况下，对刀点既是加工程序执行的起点，也是加工程序执行后的终点，该点的位置可由 G00、G50 等指令设定。

对刀点位置的选择一般遵循下面的原则。

① 尽量使加工程序的编制工作简单、方便。

② 便于用常规量具在车床上进行测量，便于工件装夹。

③ 该点的对刀误差较小，或可能引起的加工误差为最小。

④ 尽量使加工程序中的引入（或返回）路线短，并便于换（转）刀。

⑤ 应选择在与车床约定机械间隙状态（消除或保持最大间隙方向）相适应的位置上，避免在执行其自动补偿时造成"反向补偿"。

（2）换刀点位置的确定。换刀点是指在编制数控车床多刀加工的加工程序时，相对于车床固定原点而设置的一个自动换刀的位置。

换刀点的位置可设定在程序原点、车床固定原点或浮动原点上，其具体的位置应根据工序内容而定。为了防止换刀时碰撞到被加工零件或夹具、尾座而发生事故，除特殊情况外，其换刀点几乎都设置在被加工零件的外面，并留有一定的安全区。

4．数控车床的坐标系统

数控车床的坐标系统分为机床坐标系和工件坐标系（编程坐标系）。无论哪种坐标系都规定与车床主轴轴线平行的方向为 Z 轴，且规定从卡盘中心至尾座顶尖中心的方向为正；在水平面内与车床主轴轴线垂直的方向为 X 轴，且规定刀具远离主轴旋转中心的方向为正方向。

（1）机床坐标系。以机床原点为坐标原点建立起来的 X, Z 轴直角坐标系，称为机床坐标系。机床坐标系是车床固有的坐标系，它是制造和调整机床的基础，也是设置工件坐标系的基础。机床坐标系在出厂前已经调整好，一般情况下，不允许用户随意变动。

机床原点为机床上的一个固定的点。车床的机床原点为主轴旋转中心与卡盘后的端面的交点（O 点）。

参考点也是车床上的一个固定点，该点是刀具退离到一个固定不变的极限点。

（2）工件坐标系（编程坐标系）。工件坐标系是编程时使用的坐标系，又称为编程坐标系。数控编程时，应该首先确定工件坐标系和工件原点。

4.2 操作实训

4.2.1 数控车床的手动操作

开机前，应先做好车床外观的例行检查及日常的保养工作，确定即将操作的机械部件一切状况正常，才能正常开机工作。

1. 开机及回车床参考点

（1）打开车床主电源开关。

（2）打开 CNC 控制器面板电源开关（顺时针方向旋转"紧急停止旋钮"），使其跳起。

（3）等待机器运转 3～5min（暖机）后，开始进行回车床参考点的操作。

步骤

① 将操作模式选择开关旋至 ⊕ 手动返回车床参考点（ZRM）模式。

② 按轴向选择键（+X），则 X 轴即作车床参考点回归动作。待 X 轴的参考点指示灯亮，即表示 X 轴已完成返回车床参考点操作。

③ 按轴向选择键（+Z），则 Z 轴即作车床参考点回归动作。待 Z 轴的参考点指示灯亮，即表示 Z 轴也已完成返回车床参考点操作。

2. 车床手动控制

数控车床通过面板的手动操作，可完成进给运动、主轴旋转、刀具转位、冷却液开或关、排屑器启停等动作。

（1）进给运动操作。进给运动操作包括连续、点动方式的选择、进给量的设置、进给方向控制。

进给运动中连续进给和点动进给的区别是：在连续进给状态下，按下坐标进给键，进给部件连续移动，直到松开坐标进给键为止；在点动状态下，每按一次坐标进给键，进给部件只移动一个预先设定的距离。

（2）主轴及冷却操作。在手动、点动状态下，可设置主轴转速，启动主轴正、反转和停转，冷却液开、关等。

（3）手动换刀。对于有自动换刀装置的数控车床，可通过程序指令使刀架自动转位，也可通过面板手动控制刀架换刀。

（4）排屑器控制。按下相应的按钮可以控制排屑器的正转、反转和停转。正转用于排屑，当铁屑将排屑器卡住时，可用反转脱开。

3. 加工程序编辑

操作模式选择开关旋至程序编辑（EDIT）位置，按下 CRT/MDI 面板的 PROGRAM 键。输入新的程序号码，再按 INSERT 键输入，按 EOB 键，再按 INSERT 键，完成新程序号码的建立。陆续利用程序编辑键 ALTER、INSERT、DELETE、EOB 及消除键 CAN，完成全部程序指令的编辑工作。

4.2.2 数控车床的试切对刀练习

各种切削工具，因其刀尖位置至程序原点的直径与距离各不相同，所以要对每一刀具的位置差异进行设置。

 步骤

（1）按控制器面板下方的（OFFSET）键，再按屏幕下方的软功能（形状）键，则显示如图 4-9 所示的画面。

```
工具补正/形状                        O0001   N0005
番号        X          Z          R        T
G 01      0.000      0.000      0.000      0
G 02      0.000      0.000      0.000      0
G 03      0.000      0.000      0.000      0
G 04      0.000      0.000      0.000      0
G 05      0.000      0.000      0.000      0
G 06      0.000      0.000      0.000      0
G 07      0.000      0.000      0.000      0
G 08      0.000      0.000      0.000      0
现在位置（相对坐标）
    U 0.000                      W0.000

ADRS                            S O T
  [磨耗]  [形状]    [工件移]  [MDI]  [      ]
```

图 4-9 显示器画面

（2）将光标移至即将设置补偿的刀号位置，即 01、02、03、04、…、11、12 等。

（3）通常以手轮（MPG）操作外圆精车刀车削端面，设定 Z 轴补偿值。

（4）车削端面后，刀具应仅能移动 X 轴，退出工件，通过 INPUT 键输入，设定 Z 轴补偿值；将工件外圆表面车一刀，然后保持刀具在横向上的尺寸不变，从纵向退刀，停止主轴转动，再量出工件车削后的直径值，通过 INPUT 键输入，设定 X 轴补偿值。

例：如图 4-10 所示，设置数控车床上所装刀具的刀具补偿量。要求外圆粗车刀安装在 01 号刀位，外圆精车刀安装在 03 号刀位，外圆切槽刀安装在 05 号刀位，外螺纹刀安装在 07 号刀位。

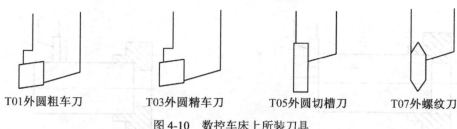

T01外圆粗车刀　　　T03外圆精车刀　　　T05外圆切槽刀　　　T07外螺纹刀

图 4-10　数控车床上所装刀具

 步骤

（1）外圆粗车刀。

① 车削工件端面，设定 Z 轴补偿值，如图 4-11 所示。

② 车削工件外径，设定 X 轴补偿值，如图 4-12 所示。

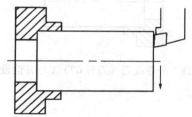

图 4-11　外圆粗车刀（刀号 01）Z 轴补偿设定　　　图 4-12　外圆粗车刀（刀号 01）X 轴补偿设定

 注意

设定刀具补偿值后，应退出工件，在安全的位置换刀，不可碰触到工件。

（2）外圆精车刀。

① 车削工件端面，设定 Z 轴补偿值，如图 4-13 所示。

② 车削工件外径，设定 X 轴补偿值，如图 4-14 所示。

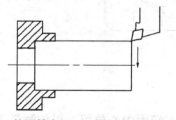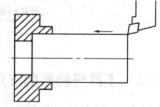

图 4-13　外圆精车刀（刀号 03）Z 轴补偿设定　　　图 4-14　外圆精车刀（刀号 03）X 轴补偿设定

（3）外圆切槽刀。

① 接触工件端面，设定 Z 轴补偿值，如图 4-15 所示（主轴须处于正转状态）。

② 接触工件外径，设定 X 轴补偿值，如图 4-16 所示（主轴须处于正转状态）。

（4）外螺纹刀。

① 目测刀尖对正工件端面，设定 Z 轴补偿值，如图 4-17 所示。

② 接触工件外径，设定 X 轴补偿正值，如图 4-18 所示（主轴须处于正转状态）。

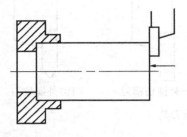
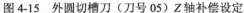

图 4-15　外圆切槽刀（刀号 05）*Z* 轴补偿设定

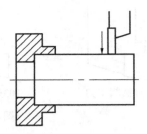

图 4-16　外圆切槽刀（刀号 05）*X* 轴补偿设定

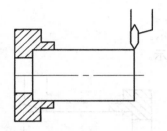

图 4-17　外螺纹刀（刀号 07）*Z* 轴补偿设定

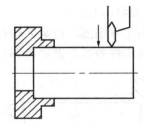

图 4-18　外螺纹刀（刀号 07）*X* 轴补偿设定

刀具补偿值设置完成后，补偿值将如图 4-19 所示。

工具补正/形状			O0001	N0005
番号	X	Z	R	T
G 01	−199.854	−186.242	0.800	3
G 02	0.000	−215.523	0.000	0
G 03	−200.148	−187.257	0.400	3
G 04	−186.245	−142.263	0.400	2
G 05	−187.326	−201.316	0.000	0
G 06	0.000	0.000	0.000	0
G 07	−193.952	−187.326	0.000	0
G 08	0.000	0.000	0.000	0
现在位置（相对坐标）				
U 0.000		W0.000		
ADRS			S O T	
[磨耗] [形状]	[工件移] [MDI]	[　　]		

图 4-19　刀具补偿值

4.2.3　工件坐标系的建立

数控车床加工程序的工件原点一般设定于工件的右端面中心位置，以便测量工件的长度和直径。程序工件原点的设定方式，一般有以下三种方法，常用的是利用刀具补偿量来进行设定。

1. 直接用刀具试切对刀

（1）用外圆车刀先试车一外圆，记住当前 *X* 坐标，测量外圆直径后，用 *X* 坐标减外圆直径，所得值输入 OFFSET 界面的几何形状 *X* 值中。

（2）用外圆车刀先试车一外圆端面，记住当前 *Z* 坐标，输入 OFFSET 界面的几何形状

Z 值中。

2．用 G50 设置工件零点

（1）用外圆车刀先试车一外圆，测量外圆直径后，把刀沿 Z 轴正方向退去，切端面到中心（X 轴坐标减去直径值）。

（2）选择 MDI 方式，输入 G50 X0 Z0，启动 START 键，把当前点设为零点。

（3）选择 MDI 方式，输入 G0 X150 Z150，使刀具离开工件进刀加工。

（4）这时程序开头：G50 X150 Z150……。

 注意

> 用 G50 设定坐标系，对刀后将刀移动到 G50 设定的位置才能加工。对刀时先对基准刀，其他刀的刀偏都是相对于基准刀的。例如：G50 X150 Z150，起点和终点必须一致，即 X150 Z150，这样才能保证重复加工不乱刀。

3．用 G54～G59 设置工件零点

（1）用外圆车刀先试车一外圆，测量外圆直径后，把刀沿 Z 轴正方向退去，切端面到中心。

（2）把当前的 X 和 Z 坐标直接输入到 G54～G59 中，程序直接调用，如 G54 X50 Z50……。

 注意

> 可用 G53 指令清除 G54～G59 工件坐标系。

本章小结

> 作为一名数控车床操作工，在加工工件之前必须熟练掌握数控车床的基本操作和辅助操作，养成安全生产与文明生产的良好习惯。
>
> （1）基本操作：面板的操作、手动方式的操作、自动方式的操作、参数设置的操作等。
>
> （2）辅助操作：零件工艺路线的确定、程序的输入、车刀的磨削与安装、对刀与刀偏设置、工件坐标系的设置、首件试切等。

习 题 4

1．为什么每次启动系统后要进行"回车床参考点"操作？

2．以右偏刀、切断刀、螺纹刀为例，简述试切对刀的过程。

3．换刀点设置一般遵循哪些原则？

4．试绘图表示数控车床中坐标系之间的关系。

5．数控车床常用的对刀方式有几种？各有何特点？

6．数控系统可以设定换刀点的方式有几种？各适用于什么场合？

第 **5** 章

简单轴类零件的编程及精加工

进行轮廓加工的零件的形状，大部分由直线和圆弧构成。计算机辅助设计自动编程得出的程序也主要由 G00、G01、G02/G03 指令组成。直线插补 G01、圆弧插补 G02/G03 和快速定位 G00 四个指令是构成数控编程的最基本的加工动作单元，因此，作为初学者，必须熟练运用直线、圆弧插补指令进行程序编制和加工。

知识目标

➢ 掌握 G00、G01 和 G02/03 指令的编程格式及特点。
➢ 掌握简单形面的程序设计思想和方法。

技能目标

➢ 通过对简单零件的加工，能熟练使用数控车床面板的各功能键。
➢ 通过车削带圆柱、圆锥、倒角、倒圆及圆弧的工件，培养学生基本操作技能，养成安全、文明生产的习惯。

5.1 基础知识

5.1.1 简单轴类零件的加工工艺

1. 轴类零件车削工艺分析

车削轴类零件，如果毛坯余量大且不均匀，或精度要求较高，应将粗车和粗车分开进行。另外，根据工件的形状特点、技术要求、数量多少和装夹方法，应对轴类工件进行车削工艺分析，一般考虑以下几个方面：

（1）车短小的工件，一般先车某一端面，这样便于确定长度方向的尺寸，车铸锻件时，最好先适当倒角后再车削，这样刀尖就不易碰到型砂和硬皮，可避免车刀损坏。

（2）轴类工件的定位基准通常选用中心孔。加工中心孔时，应先车端面后钻中心孔，以保证中心孔的加工精度。

（3）在轴上车槽，一般安排在粗车或半精车之后、精车之前进行。如果工件刚度高或精度要求不高，也可在精车之后再车槽。

（4）工件车削后还需磨削时，只需粗车或半精车，并注意留磨削余量。

2．车轴类零件用的数控车刀参数选择

轴类零件加工是用单点刀具生成圆柱、圆锥等形状，尽管为单切削刃加工，由于工件形状和材料、工序类型、工况、要求、成本等等决定了许多车削刀具选择因素。目前从刀具材料到可转位刀片的基本形状和夹紧，再到刀柄、刀柄类型、或模块化刀柄以及今天的金属材料动力学，刀具的发展是多种多样。

轴类零件的基本切削可分为：纵向车削、车端面、仿形车削、内仿形、外仿形和车台肩。因此，在确定好刀具材料时，根据实际加工因素选择刀具各几何参数。

（1）选择合适的主偏角，可使刀具获得较高的可达性，以便使刀具能够以多种进给方向进行切削，从而使刀具具有多功能性和降低所需刀具的数量。通常，主偏角的范围为45°至90°，但对于仿形车削而言，更大的主偏角是有益的。此外，还可以使用较大圆角半径的主切削刃强度，在刀具切入及切出工件时，提供足够的刀具强度，并能够通过分解切削力的方向，以提高加工的稳定性，如图5-1所示。

从粗加工到精加工的外圆切削　　小、长和细长零件的外圆切削

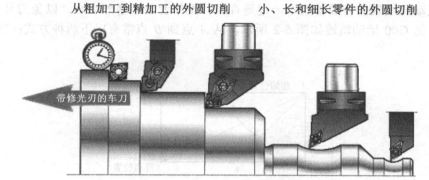

带修光刃的车刀

图 5-1　外圆车削刀具主偏角的选择

（2）刀片形状和刀尖半径。刀片具有基本形状和尖角处的圆弧。刀片的基本形状有很多种，刀尖角从小至35°到大至100°，甚至圆刀片，在此之前，有方刀片、三角形刀片以及刀尖角分别为55°、80°的菱形刀片。不同的刀尖角决定了刀片的应用特性，大的刀尖角适合于重载粗加工，而最尖的刀尖角具有最好的仿形加工能力。

使用大刀尖角、高强度切削刃进行长接触切削，将导致加工过程中的振动趋势以及高功率要求。在切削中使用可达性高的刀片，则意味着刀片强度很弱，因此，必须综合考虑加工的平衡性。

刀尖半径在许多车削工序中是关键因素，由于它会影响到被加工表面粗糙度以及切削刃强度，因此，需正确选择刀尖半径。一种刀片可能有多种刀尖半径，理论上最小的刀尖半径等于零，但是，通常最小刀尖半径为0.2mm，最大的刀尖半径为2.4mm。

刀具进给率与刀尖半径之间互相影响。大刀尖半径提供了高强度切削刃，刀尖与工件接触长度一定时，可以使用最高进给率。小刀尖半径意味着低强度，但精加工能力强。在车削加工工序中，所获得的表面质量是由刀尖半径和进给率影响的。

（3）选择刀具时，考虑是否将其中几种加工组合在一起，以保持最小刀具数量，但仍可保证最佳的性能。

■ 5.1.2 直线、圆弧插补指令简介

1. 快速定位 G00

G00 指令是在工件坐标系中以快速移动速度移动刀具到达由绝对或增量指令指定的位置，在绝对指令中用终点坐标值编程，在增量指令中用刀具移动的距离编程。

指令格式：N_ G00 X(U)_ Z(W)_

式中 X、Z——绝对编程时，目标点在工件坐标系中的坐标；

U、W——增量编程时，刀具移动的距离。

（1）G00 一般用于加工前快速定位或加工后快速退刀。G00 指令刀具相对于工件以各轴预先设定的速度，从当前位置快速移动到程序段指令的定位目标点。

（2）G00 指令中的快移速度由机床参数"快移进给速度"对各轴分别设定，所以快速移动速度不能在地址 F 中规定。快移速度可由面板上的快速修调按钮修正，机床操作面板上的快速移动修调倍率由 0%～100%。

（3）在执行 G00 指令时，由于各轴以各自的速度移动，不能保证各轴同时到达终点，因此联动直线轴的合成轨迹不一定是直线，操作者必须格外小心，以免刀具与工件发生碰撞。常见 G00 运动轨迹如图 5-2 所示，从 A 点到 B 点常有以下两种方式：直线 AB、折线 AEB。

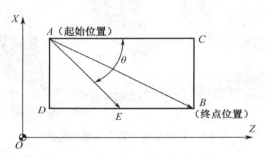

图 5-2 G00 定位轨迹图

（4）G00 为模态功能，可由 G01、G02、G03 等功能注销。目标点位置坐标可以用绝对值，也可以用相对值，甚至可以混用。如果目标点与起点有一个坐标值没有变化，此坐标值可以省略。例如，需将刀具从起点 S 快速定位到目标点 P，如图 5-3 所示，其编程方法如表 5-1 所示。

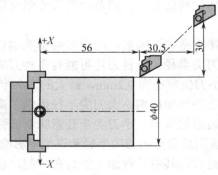

图 5-3 绝对、相对、混合编程实例

表 5-1 绝对、相对、混合编程方法表

绝对编程（G90）	G00	X40	Z56
相对编程	G00	U-30	W-30.5
混合编程	G00	U-30	Z56
	G00	X40	W-30.5

在后面的编程中，目标点坐标值编程使用方法相同。

如图 5-4（a）所示，刀尖从换刀点（刀具起点）A 快进到 B 点，准备车外圆；其 G00 的程序段如图 5-4（b）所示。

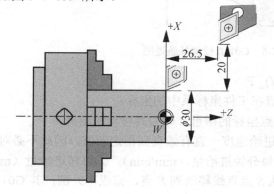

G00功能示例程序

绝对坐标编程：
G00 X30 Z2
相对坐标编程：
G00 U-20 W-26.5

（a）进刀步骤   （b）程序段

图 5-4　G00 功能示例

2. 直线插补 G01

数控车床的运动控制中，工作台（刀具）X、Y、Z 轴的最小移动单位是一个脉冲当量。因此，刀具的运动轨迹是具有极小台阶所组成的折线（数据点密化），如图 5-5 所示。例如，用数控车床加工直线 OA、曲线 OB，刀具是沿 X 轴移动一步或几步（一个或几个脉冲当量Δx），再沿 Y 轴方向移动一步或几步（一个或几个脉冲当量Δy），直至到达目标点。从而合成所需的运动轨迹（直线或曲线）。数控系统根据给定的直线、圆弧（曲线）函数，在理想的轨迹上的已知点之间，进行数据点密化，确定一些中间点的方法，称为插补。

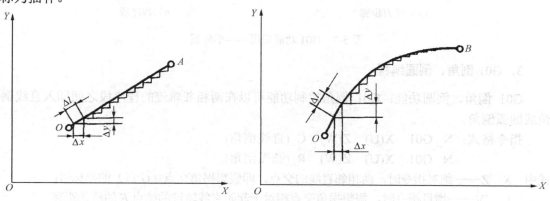

图 5-5　插补原理

G01 代码用于刀具直线插补运动。功能：G01 指令使刀具以一定的进给速度，从所在点出发，直线移动到目标点（车削端面、圆柱、圆锥等），如图 5-6 所示。

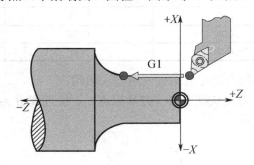

图 5-6　G01 直线插补轨迹图

指令格式：N_ G01　X(U)_ Z(W)_ F

式中　X、Z——绝对编程时，目标点在工件坐标系中的坐标；

U、W——增量编程时，目标点坐标的增量（即刀具移动的距离）；

F——进给速度。F 中指定的进给速度一直有效直到指定新值，因此不必对每个程序段都指定 F。F 有两种表示方法：①每分钟进给量（mm/min）；②每转进给量（mm/r）。

如图 5-7（a）所示，要求刀尖从 S 点直线移动到 E 点，完成车外圆；其 G01 程序段如图 5-7（b）所示。

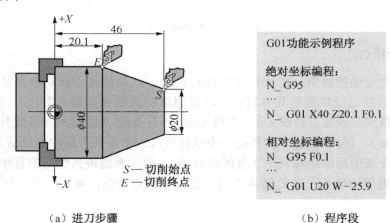

S—切削始点
E—切削终点

（a）进刀步骤　　　　　　　　　　　　（b）程序段

G01 功能示例程序

绝对坐标编程：
N_ G95
…
N_ G01 X40 Z20.1 F0.1

相对坐标编程：
N_ G95 F0.1
…
N_ G01 U20 W−25.9

图 5-7　G01 功能应用——车外圆

3．G01 倒角、倒圆编程

G01 倒角、倒圆功能：G01 倒角控制功能可以在两相邻轨迹的程序段之间插入直线倒角或圆弧倒角。

指令格式：N_ G01　X(U)　Z(W)　C_(直线倒角)

　　　　　　N_ G01　X(U)　Z(W)　R_(圆弧倒角)

式中　X、Z——绝对指令时，两相邻直线的交点，即假想拐角交点（G 点）的坐标值；

U、W——增量指令时，假想拐角交点相对于起始直线轨迹的始点 E 的移动距离。

C——假想拐角交点（*G* 点）相对于倒角始点（*F* 点）的距离；*R* 值是倒圆弧的半径值，如图 5-8 所示。

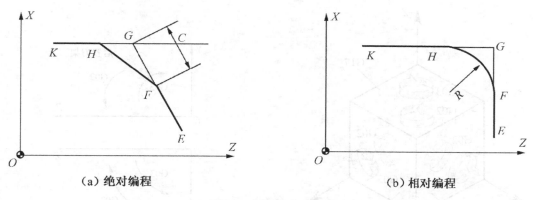

（a）绝对编程　　　　　　　　　　　　　（b）相对编程

图 5-8　倒角指令示意图

如图 5-9 所示，可用 G01 倒角、倒圆指令加工该零件的轮廓。

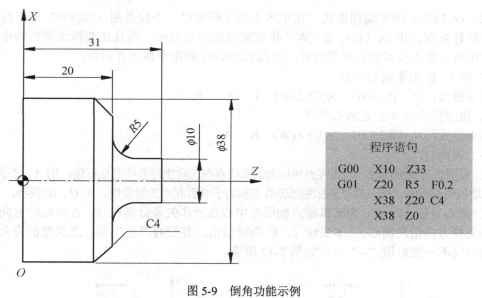

程序语句		
G00	X10	Z33
G01	Z20	R5　F0.2
	X38	Z20　C4
	X38	Z0

图 5-9　倒角功能示例

4．顺/逆时针圆弧插补 G02/G03

圆弧插补指令使刀具在指定平面内按给定的 *F* 进给速度作圆弧运动，切削出圆弧轮廓。

（1）圆弧顺、逆的判断。圆弧插补指令分为顺时针圆弧插补指令 G02 和逆时针圆弧插补指令 G03。圆弧插补的顺、逆可按如图 5-9、5-10 所示的方向判断：沿圆弧所在平面（如 *X-Z* 平面）的垂直坐标轴的负方向（–*Y*）看去，顺时针方向为 G02，逆时针方向为 G03。数控车床是两坐标的机床，只有 *X* 轴和 *Z* 轴，那么如何判断圆弧的顺、逆呢？应按右手定则的方法将 *Y* 轴也加上去来考虑。观察者让 *Y* 轴的正方向指向自己（即沿 *Y* 轴的负方向看去），站在这样的位置上就可正确判断 *X-Z* 平面上圆弧的顺、逆了。圆弧的顺、逆方向可按如图 5-10 所示的方向判断：沿与圆弧所在平面（如 *X-Z* 平面）相垂直的另一坐标轴的负方向（–*Y*）看出，顺时针为 **G02**，逆时针为 **G03**，如图 5-11 所示为车床上圆弧的顺逆方向。

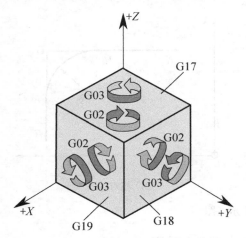

图 5-10　右手直角笛卡尔坐标系

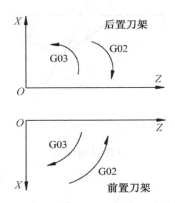

图 5-11　数控车床圆弧的顺、逆方向

（2）G02/G03 指令编程格式。在车床上加工圆弧时，不仅要用 G02/G03 指出圆弧的顺、逆时针方向，用 X（U），Z（W）指定圆弧的终点坐标，而且还要指定圆弧的中心位置。常用指定圆心位置的方式有两种，因而 G02/G03 的指令格式有两种：

① 用 I、K 指定圆心位置：

指令格式：N_ G02/G03　X(U) Z(W)　I　K　F

② 用圆弧半径 *R* 指定圆心位置：

指令格式：N_ G02/G03　X(U) Z(W)　R　F

（3）说明。

① 采用绝对值编程时，圆弧终点坐标为圆弧终点在工件坐标系中的坐标值，用 *X*、*Z* 表示。当采用增量值编程时，圆弧终点坐标为圆弧终点相对于圆弧起点的增量值，用 *U*、*W* 表示。

② 圆心坐标（*I*，*K*）为圆弧起点到圆弧中心点所作矢量分别在 *X*、*Z* 坐标轴方向上分矢量（矢量方向指向圆心）。本系统 *I*、*K* 为增量值，并带有"±"号，当矢量的方向与坐标轴的方向不一致时取"–"号，如图 5-12 所示。

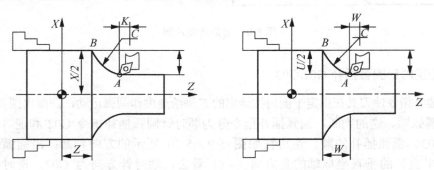

图 5-12　G02 圆弧插补指令说明（直径编程）

③ *R* 为圆弧半径，不与 I、K 同时使用。当用半径 *R* 指定圆心位置时，由于在同一半径 *R* 的情况下，从圆弧的起点到终点有两个圆弧的可能性，为区别两者，规定圆心角

$\alpha < 180°$ 时，用 "+R" 表示；$\alpha > 180°$ 时，用 "−R" 表示。用半径 R 指定圆心位置时，不能描述整圆。

④ F 为进给速度，是模态量。如图 5-13（a）、图 5-14（a）所示，刀尖从圆弧起点 A 移动至终点 B，其圆弧插补的程序段如图 5-13（b）、图 5-14（b）所示。

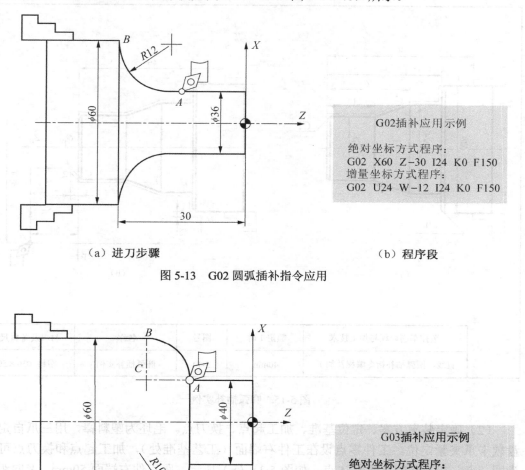

G02插补应用示例

绝对坐标方式程序：
G02 X60 Z−30 I24 K0 F150
增量坐标方式程序：
G02 U24 W−12 I24 K0 F150

（a）进刀步骤　　　　　　　　　（b）程序段

图 5-13　G02 圆弧插补指令应用

G03插补应用示例

绝对坐标方式程序：
G03 X60 Z−25 I0 K−10 F150
增量坐标方式程序：
G03 U20 W−10 I0 K−10 F50

（a）　　　　　　　　　　　　　（b）

图 5-14　G03 圆弧插补指令应用

5.2 操作实训——圆弧插补实例

【案例 5.1】　如图 5-15（a）所示的零件，各加工面已完成了粗车，右端面已车平，试设计一个精车程序，在 ϕ30mm 的塑料棒上加工出该零件。

1．零件图工艺分析

（1）技术要求分析。如图 5-15 所示，零件包括圆柱面、圆锥面、倒角等加工。零件材料为塑料棒。

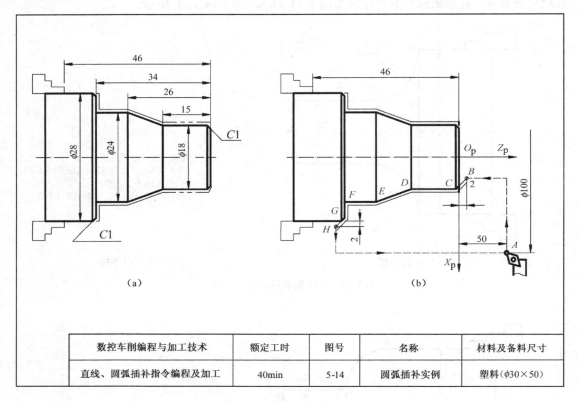

数控车削编程与加工技术	额定工时	图号	名称	材料及备料尺寸
直线、圆弧插补指令编程及加工	40min	5-14	圆弧插补实例	塑料(ϕ30×50)

图 5-15　圆弧插补实例一

（2）确定装夹方案、定位基准、加工起点、换刀点。毛坯为塑料棒，用三爪自定心卡盘软卡爪夹紧定位。工件零点设在工件右端面（工艺基准处），加工起点和换刀点可以设为同一点，在工件的右前方 A 点，如图 5-15（b）所示，距工件右端面 50mm，X 向距轴心线 50mm 的位置。

（3）制定加工工艺路线，确定刀具及切削用量。加工刀具的确定如表 5-2 所示。

表 5-2　案例 5.1 刀具卡

实 训 课 题	直线、圆弧插补指令编程及加工		零 件 名 称	简 单 形 面	零 件 图 号	图 5-15
序号	刀具号	刀具名称及规格	刀尖半径	数量	加工表面	备注
1	T0101	90°粗、精车外圆刀	0.4mm	1	外圆、锥面等	

（4）确定刀具加工工艺路线。如图 5-15（b）所示，刀具从起点 A（换刀点）出发，加工结束后再回到 A 点，走刀路线为：$A \rightarrow B \rightarrow C \rightarrow D \rightarrow E \rightarrow F \rightarrow G \rightarrow H \rightarrow A$。

2. 数值计算

（1）设定程序原点，以工件右端面与轴线的交点为程序原点建立工件坐标系。

（2）计算各节点位置坐标值。根据图 5-15（b）得各点绝对坐标值为：

$A(100, 50)$、$B(12, 2)$、$C(18, -1)$、$D(18, -15)$；

$E(24, -26)$、$F(24, -34)$、$G(26, -34)$、$H(30, -36)$。

3. 工件参考程序与加工操作过程

（1）工件的参考程序如表 5-3 所示。

表 5-3　案例 5.1 程序卡（供参考）

数控车床 程序卡	编程原点	工件右端面与轴线交点		编写日期	
	零件名称	简单形面	零件图号	图 5-15	材料	塑料棒
	车床型号	CAK6150DJ	夹具名称	三爪卡盘	实训车间	数控中心
程序号		O1001		编程系统	FANUC 0-TD
序 号	程 序			简 要 说 明	
N010	G50　X100　Z50			建立工件坐标系	
N020	M03　S800　T0101			主轴正转，选择 1 号外圆刀	
N030	G99			进给速度为 mm/r	
N040	G00　X12　Z2			刀具快进（$A \to B$）	
N050	G01　X18　Z-1　F0.1			车倒角（$B \to C$）	
N060	G01　Z-15			车外圆（$C \to D$）	
N070	G01　X24　Z-26			车锥面（$D \to E$）	
N080	G01　Z-34			车外圆（$E \to F$）	
N090	G01　X26　Z-34			车平面（$F \to G$）	
N100	G01　X30　Z-36			车倒角（$G \to H$）	
N110	G00　X100　Z50			1 号刀返回刀具起始点 A	
N120	M05			停主轴	
N130	M30			程序结束	

（2）输入程序。

（3）数控编程模拟软件对加工刀具轨迹或数控系统图形的仿真加工，进行程序校验及修整。

（4）安装刀具，对刀操作，建立工件坐标系。

（5）启动程序，自动加工。

（6）停车后，按图纸要求检测工件，对工件进行误差与质量分析。

4. 安全操作和注意事项

（1）装刀时，刀尖与工件中心高对齐，对刀前，先将工件端面车平。

（2）为保证精加工尺寸准确性，可分半精加工、精加工。通过改变起刀点位置或刀偏值，就可以利用程序分别进行半精加工、精加工。

【案例 5.2】 车削如图 5-16 所示的球头手柄。试设计一个精车程序，在 $\phi 25mm$ 的塑料棒上加工出该零件。

1. 零件图工艺分析

（1）技术要求分析。如图 5-16 所示，零件主要包括凹凸圆弧面、圆柱面。零件材料为塑料棒。

（2）确定装夹方案、定位基准、加工起点、换刀点。毛坯为塑料棒，用三爪自定心卡盘软卡爪夹紧定位。工件零点设在距工件右端面 45mm 处，加工起点和换刀点可以设为同一点，在工件的右前方 M 点，如图 5-16 所示，距工件右端面 Z 向 55mm，X 向距轴心线 50mm 的位置。

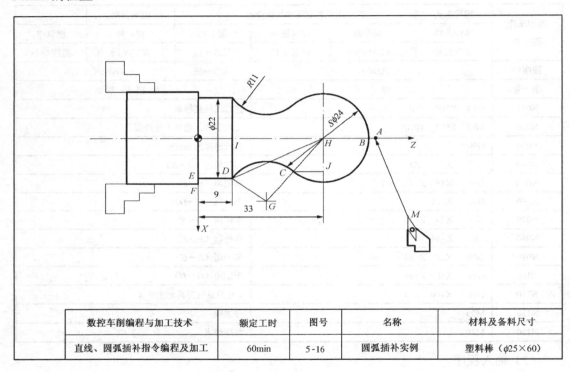

数控车削编程与加工技术	额定工时	图号	名称	材料及备料尺寸
直线、圆弧插补指令编程及加工	60min	5-16	圆弧插补实例	塑料棒（$\phi 25 \times 60$）

图 5-16 圆弧插补实例二

（3）制定加工工艺路线，确定刀具及切削用量。加工刀具的确定如表 5-4 所示。

表 5-4 案例 5.2 刀具卡

实训课题		直线、圆弧插补指令编程及加工	零件名称	简单形面	零件图号	图 5-16
序号	刀具号	刀具名称及规格	刀尖半径	数量	加工表面	备注
1	T0101	刀尖角 35° 精车外圆刀	0.4mm	1	外圆、圆弧面等	

（4）确定刀具加工工艺路线。如图 5-16 所示，刀具从起点 M（换刀点）出发，加工结束后再回到 M 点，走刀路线为：$M \rightarrow A \rightarrow B \rightarrow C \rightarrow D \rightarrow E \rightarrow F \rightarrow M$。

2．数值计算

（1）设定程序原点，以工件右端面与轴线的交点为程序原点建立工件坐标系。

（2）计算各节点位置坐标值。

① 计算圆弧起点、终点坐标。如图 5-16 所示，两圆弧相切于 C 点。

在直角三角形 Rt$\triangle DIH$ 中：

$$DH^2 = HI^2 + DI^2 = 24^2 + 11^2$$
$$DH = 26.401$$
$$\sin\angle DHI = DI/DH = 11/26.401$$
$$\angle DHI = 24.62°$$

根据余弦定理：$DG^2 = GH^2 + HI^2 - 2DG \times HI \times \cos\angle DHG$

$$11^2 = 26.401^2 + 23^2 - 2 \times 26.401 \times 12 \times \cos\angle DHG$$
$$\angle DHG = 24.51°$$

所以，$\angle CHJ = 90° - \angle DHI - \angle DHG = 90° - 24.62° - 24.51° = 40.87°$

$$HJ = CH \times \cos\angle CHJ = 12 \times \cos 40.87° = 9.075$$
$$CJ = CH \times \sin\angle CHJ = 12 \times \sin 40.87° = 7.852$$

所以 $X(C) = 2HJ = 18.15$，$Z(C) = 33 - CJ = 25.148$

圆弧切点 C 坐标为（X18.15，Z25.148）。

② 根据图 5-16 得各点绝对坐标值为：

M（100，100）、A（0，47）、B（0，45）、C（18.15，25.148）；
D（22，9）、E（22，0）、F（26，0）。

3．工件参考程序与加工操作过程

（1）工件的参考程序，如表 5-5 所示。

表 5-5　案例 5.2 程序卡（供参考）

数控车床程序卡	编程原点	工件右端面与轴线交点		编写日期	
	零件名称	圆弧插补实例	零件图号	图 5-16	材　料	塑料棒
	车床型号	CAK6150DJ	夹具名称	三爪卡盘	实训车间	数控中心
程序号	O6001		编程系统	FANUC 0-TD		
序　号	程　　序			简 要 说 明		
N010	G50　X100　Z100			建立工件坐标系		
N020	M03　S800　T0101			主轴正转，选择 1 号外圆刀		
N030	G99			进给速度为 mm/r		
N040	G00　X0　Z47			刀具快进（$M{\rightarrow}A$）		
N050	G01　Z45　F0.1			正常进给到圆弧起点（$A{\rightarrow}B$）		
N060	G03　X18.15　Z25.148　R12			车凸圆（$C{\rightarrow}D$）		
N070	G02　X22　Z9　R11			车凹圆（$D{\rightarrow}E$）		
N080	G01　Z0			车外圆（$E{\rightarrow}F$）		

续表

数控车床 程序卡	编程原点		工件右端面与轴线交点		编写日期	
	零件名称	圆弧插补实例	零件图号	图 5-16	材 料	塑料棒
	车床型号	CAK6150DJ	夹具名称	三爪卡盘	实训车间	数控中心
程序号	O6001			编程系统	FANUC 0-TD	
序 号	程 序			简 要 说 明		
N090	G01　X26			车平面（$F \rightarrow A$）		
N110	G00　X100　Z100			1 号刀返回刀具起始点 M		
N120	M05			停主轴		
N130	M30			程序结束		

注：刀尖圆弧半径忽略不计。

（2）输入程序。

（3）数控编程模拟软件对加工刀具轨迹仿真，或数控系统图形仿真加工，进行程序校验及修整。

（4）安装刀具，对刀操作，建立工件坐标系。

（5）启动程序，自动加工。

（6）停车后，按图纸要求检测工件，对工件进行误差与质量分析。

4．安全操作和注意事项

（1）选刀时，刀尖角一定要控制在 40° 以下，如果刀尖角过大，凹圆弧将过切。

（2）装刀时，刀尖与工件中心高对齐，对刀前，先将工件端面车平。

（3）为保证精加工尺寸准确性，可分半精加工、精加工。

（4）由于暂不计刀尖圆弧半径，因此实际圆弧存有过切或欠切现象。希望学习者通过后面的课题学习完刀尖圆弧半径补偿之后，采用刀尖圆弧半径补偿方法编制零件精加工程序。

本章小结

所有不同型号的数控车床、铣床都必须用到 G00、G01、G02、G03 指令，这四个指令在所有数控系统中都通用。在数控车、铣床自动编程中，任何平面、曲面加工的路径最后都是由直线、圆弧插补组成。所以说，这四个指令是数控编程的最基本组成单元。

用 G02、G03 指令加工圆弧面时，要注意顺、逆方向及圆弧半径和圆心坐标编程的不同之处。

通过实训项目的学习，了解数控车床对刀与工件坐标系之间的关系；通过半精加工、精加工掌握如何控制工件尺寸。

习题 5

1．简述插补原理。

2．试述 G00 与 G01 有何不同之处。

3．在 G02/G03 指令中，采用圆弧半径编程和圆心坐标编程有何不同之处？

项目练习

1．在 φ30 的塑料棒上加工出如图 5-17 所示的零件。
（1）试计算各节点坐标；
（2）编制零件加工程序。

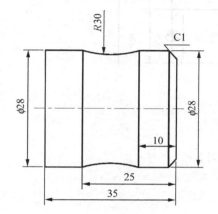

程　　　序	说　　明

图 5-17　项目练习 1

2．如图 5-18（a），（b）所示，工件材料：φ30mm 的塑料棒。要求如下：

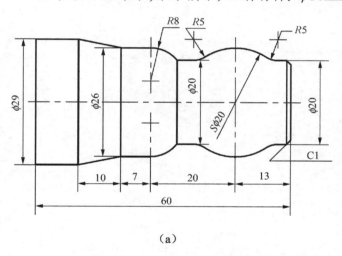

（a）

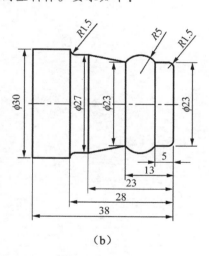

（b）

图 5-18　项目练习 2

（1）确定零件的定位基准、装夹方案；
（2）选择刀具及切削用量；
（3）制定加工方案，确定对刀点；
（4）计算并注明有关基点、节点等的坐标值；
（5）填写精加工程序单，并作必要的工艺说明。

3．如图 5-19 所示，试采用 G01 倒直角、圆角功能编制精加工程序。

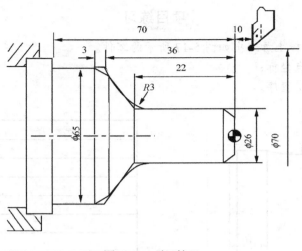

图 5-19　项目练习 3

第 **6** 章

简单套类零件的编程及加工

简单套类零件主要由内外圆柱面、圆锥面、端面等形状构成，采用前面所学的 G01～G03 基本指令编程，程序比较冗长，如果学习使用 G90、G94 单次切削循环指令编程，则可使编程简化，提高编程效率。

本章主要讲述了简单套类零件加工工艺，及内/外圆柱面、圆锥面及端面加工时单次切削循环指令编程格式、特点。

知识目标

➤ 掌握简单套类零件内孔车削加工工艺。
➤ 了解 G90、G94 指令的编程格式及特点。

技能目标

➤ 掌握指令 G90、G94 编程技能技巧。
➤ 简单锥套的编程与加工的程序设计思想。
➤ 能合理选用数控车削加工中的切削用量。
➤ 培养学生独立操作能力。

6.1 基础知识

■ 6.1.1 套类零件内孔加工工艺分析

在机械零件中，一般把轴套、衬套等零件称为套类零件。为了与轴类工件相配合，套类工件上一般有加工精度要求较高的孔，尺寸精度为 IT7～IT8，表面粗糙度要求达到 $Ra0.8～1.6$，一般还有形位公差的要求。

内孔车削可以用大多数外圆车削的工艺方法进行，但是进行外圆车削时，工件长度及所选的刀柄尺寸不会对刀具悬伸产生影响。进行镗削和内孔车削时，由于孔深决定了悬伸，因此，零件的孔径和长度对刀具选择有极大的限制。如图 6-1 所示为内孔加工示意图。

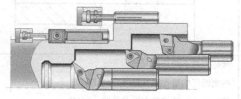

图 6-1　内孔加工示意图

1. 套类零件内孔加工的主要特点和要求

（1）内孔加工是在工件内部进行的，尤其是加工又深又小的孔时，观察切削情况比较困难；刀柄由于受孔径和孔深的限制，不能做得太粗或太短，因此刚度不足；排屑和冷却较困难；孔径测量比较困难。

（2）孔加工的一般规则：总是使用刀具悬伸最小并选择尽可能大的刀具尺寸，以便获得最高的稳定性和精度。当使用大直径镗孔刀杆时，稳定性便得以增强，但是，由于受零件孔径所允许的空间限制，这种可能性也常受到限制，因为，必须考虑到排屑和刀具径向移动。

2. 刀具对镗削加工的影响

（1）镗削加工中的切削力。孔加工时，切向切削力和径向切削力将使刀具偏斜，而使用刀具远离工件，刀具远离中心线，同时还将减少刀具的后角。当镗削小直径孔时，必须保持足够大的后角以避免刀具和孔壁的干涉。同时，任何径向偏差意味着应降低切削深度，即减少切屑厚度（导致振动趋势）。刀具和夹紧的稳定性将决定振动的等级。

（2）刀具槽形。刀片槽形对镗削过程有着决定性的影响，因为较大的正前角槽形切削力较低。

（3）刀具的主偏角。刀具的主偏角影响径向力、轴向力以及合成力的方向和大小。较大的主偏角会产生较大的轴向切削力，而较小的主偏角则产生较大径向切削力。但是，轴向切削力不会对加工带来的较大的影响，因为轴向切削力朝着镗杆方向。因此，较大的主偏角有利于切削加工，尽可能选择接近 90° 的主偏角，一般不要小于 75°。

（4）刀尖圆弧半径。在镗削加工中，刀尖圆弧半径一般是首选。一方面，加在刀尖半径，会加大径向和切向切削力，还会增大振动趋势。另一方面，刀具在径向上的偏斜会受到切削深度与刀尖半径之间相对关系的影响。当切削深度小于刀尖半径时，径向切削力随着切削深度的加深而不断增加，切削深度等于刀尖半径时，则径向偏斜由主偏角决定。

（5）内孔刀的镗杆。镗杆的刚性取决于镗杆材料、直径、悬伸、径向和切向切削力以及镗杆在机床中的夹紧。现代高性能镗杆在夹紧时应该具有高稳定性，以达到在系统中不会存在任何薄弱环节。目前镗杆主要有整体式和预调减振式，对于普通镗杆而言，整体支撑要优于螺钉直接夹紧在镗杆上。如表 6-1 所示为整体式镗杆和预调减振式镗杆的夹紧要求。

表 6-1　整体式镗杆和预调减振式镗杆

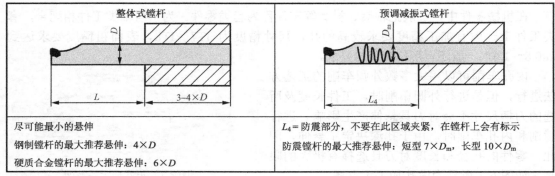

整体式镗杆	预调减振式镗杆
尽可能最小的悬伸 钢制镗杆的最大推荐悬伸：$4 \times D$ 硬质合金镗杆的最大推荐悬伸：$6 \times D$	L_4＝防震部分，不要在此区域夹紧，在镗杆上会有标示 防震镗杆的最大推荐悬伸：短型 $7 \times D_m$，长型 $10 \times D_m$

6.1.2 单一固定切削循环指令 G90、G94 简介

1. 单一切削循环指令 G90

G90 是单一形状固定循环指令，该循环主要用于轴类零件的外圆、锥面的加工。

（1）外圆切削循环指令 G90。

指令格式：G90 X(U)_Z(W)_F_

式中 X、Z——圆柱面切削终点坐标值；

U、W——圆柱面切削终点相对循环起点的坐标分量。

如图 6-2 所示的循环，刀具从循环起点开始按矩形 1R→2F→3F→4R 循环，最后又回到循环起点。图中虚线表示按 R 快速移动，实线表示按 F 指定的工件进给速度移动。

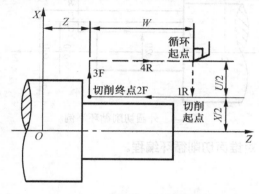

图 6-2 外圆切削循环

（2）锥面切削循环指令 G90。

指令格式：G90 X(U)_Z(W)_R_F_

式中 X、Z——圆锥面切削终点坐标值；

U、W——圆锥面切削终点相对循环起点的坐标分量；

R——圆锥面切削始点与圆锥面切削终点的半径差，有正、负号。

如图 6-3 所示的循环，刀具从循环起点开始按梯形 1R→2F→3F→4R 循环，最后又回到循环起点。图中虚线表示按 R 快速移动，实线表示按 F 指定的工件进给速度移动。

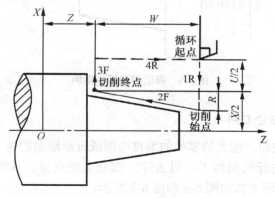

图 6-3 锥面切削循环

在相对编程中，地址 U、W 和 R 后的数值的符号与刀具轨迹之间的关系可用下面两个例子解释。

例：如图 6-4 所示，对外圆切削循环编程。

【程序语句】

G90 X40 Z20 F30	$A \rightarrow B \rightarrow C \rightarrow D \rightarrow A$
X30	$A \rightarrow E \rightarrow F \rightarrow D \rightarrow A$
X20	$A \rightarrow G \rightarrow H \rightarrow D \rightarrow A$

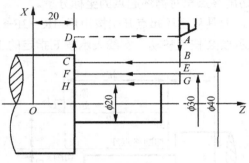

图 6-4　外圆切削循环举例

例：如图 6-5 所示，对锥面切削循环编程。

【程序语句】

G90 X40 Z20 R–5 F30	$A \rightarrow B \rightarrow C \rightarrow D \rightarrow A$
X30	$A \rightarrow E \rightarrow F \rightarrow D \rightarrow A$
X20	$A \rightarrow G \rightarrow H \rightarrow D \rightarrow A$

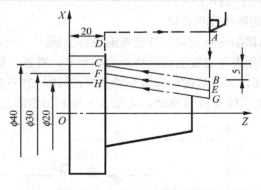

图 6-5　锥面切削循环举例

2. 端面切削循环指令 G94

G94 指令用于一些短、面大的零件的垂直端面或锥形端面的加工，直接从毛坯余量较大或棒料车削零件时进行的粗加工，以去除大部分毛坯余量。其程序格式也有加工圆柱面、圆锥面之分。其循环方式如图 6-6 和图 6-7 所示。

（1）车大端面循环切削指令 G94。

指令格式：G94 X(U)_ Z(W)_ F_

式中 X、Z——端面切削终点坐标值；

  U、W——端面切削终点相对循环起点的坐标分量。

（2）车大锥型端面循环切削指令 G94。

指令格式：G94 X(U)_ Z(W)_ R_ F_

式中 X、Z——端面切削终点坐标值；

  U、W——端面切削终点相对循环起点的坐标分量；

  R——端面切削始点至终点位移在 Z 轴方向的坐标增量。

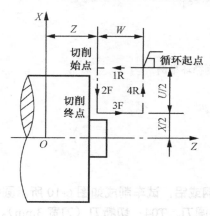

图 6-6 端面切削循环

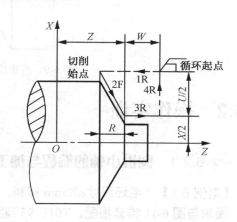

图 6-7 带锥度的端面切削循环

例：如图 6-8 所示，对端面切削循环编程。

G94 X50 Z16 F30	A→B→C→D→A
Z13	A→E→F→D→A
Z10	A→G→H→D→A

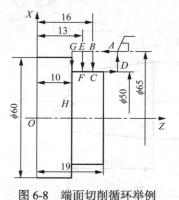

图 6-8 端面切削循环举例

例：如图 6-9 所示，对带锥度的端面切削循环编程。

G94 X 15 Z33.48 R−3.48 F30	A→B→C→D→A
Z31.48	A→E→F→D→A
Z28.78	A→G→H→D→A

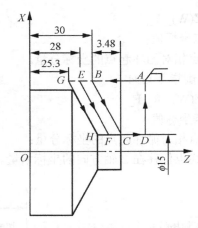

图 6-9 带锥度的端面切削循环举例

6.2 操作实训

6.2.1 圆锥小轴的编程与加工

【案例 6.1】 毛坯尺寸 ϕ32mm 棒料，材料 45#钢或铝，试车削成如图 6-10 所示圆锥小轴，要求与图 6-11 锥套相配。T01：93°粗、精车外圆刀，T04：切断刀（刀宽 3mm）。

1. 零件图工艺分析

（1）技术要求分析。如图 6-10 所示，包括圆锥面、圆柱面、端面、切断等加工。零件材料为 45#钢或铝，无热处理和硬度要求。

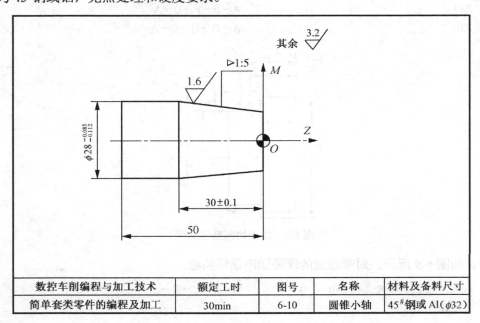

数控车削编程与加工技术	额定工时	图号	名称	材料及备料尺寸
简单套类零件的编程及加工	30min	6-10	圆锥小轴	45#钢或 Al（ϕ32）

图 6-10 圆锥小轴

（2）确定装夹方案、定位基准、加工起点、换刀点。由于毛坯为棒料，用三爪自定心卡盘夹紧定位。由于工件较小，为了使加工路径清晰，加工起点和换刀点可以设为同一点，放在 Z 向距工件右端面 100mm，X 向距轴心线 50mm 的位置。

（3）制定加工方案，确定各刀具及切削用量。加工刀具的确定如表 6-2 所示，加工方案的制定如表 6-3 所示。

表 6-2　案例 6.1 刀具卡

实训课题		简单套类零件的编程与加工	零件名称	圆锥小轴	零件图号	6-10
序号	刀具号	刀具名称及规格	刀尖半径	数量	加工表面	备注
1	T0101	93°粗、精右偏外圆刀	0.2mm	1	外表面、端面	
2	T0404	B=3mm 切断刀（刀位点为左刀尖）	0.3mm	1	切断	

表 6-3　案例 6.1 工序和操作清单

材料	45#钢或 Al		零件图号	6-10	系统	FANUC	工序号	061
操作序号	工步内容（走刀路线）		G功能	T刀具	切削用量			
					转速 S(n)(r/min)	进给速度 F(mm/r)	切削深度 a_p(mm)	
主程序 1	夹住棒料一头，留出长度大约 70 mm（手动操作），调用主程序 1 加工							
（1）	车端面		G94	T0101	640	0.1		
（2）	自右向左粗车圆柱表面		G90	T0101	640	0.3	2	
（3）	自右向左粗加工圆锥表面		G90	T0101	640	0.3	1.5	
（4）	自右向左精加工圆锥面、圆柱面		G01	T0101	900	0.1	0.2	
（5）	切断		G01	T0404	335	0.1		
（6）	检测、校核							

2．数值计算

（1）设定程序原点，以工件右端面与轴线的交点为程序原点建立工件坐标系。

（2）计算各节点位置坐标值，略。

（3）当加工锥面的 Z 向起始点为 Z2，计算精加工圆锥面时，切削起始点的直径 d。根据公式 $C = \dfrac{D-d}{L}$，即 $C = \dfrac{1}{5} = \dfrac{28-d}{32}$，得 d=21.6，若采用 G90 指令进行加工，则

$$R = \frac{21.6 - 28}{2} = -3.2 。$$

3．工件参考程序与加工操作过程

（1）工件的参考程序如表 6-4 所示。

表 6-4　案例 6.1 程序卡（供参考）

数控车床 程序卡	编程原点	工件右端面与轴线交点		编写日期	
	零件名称	圆锥小轴	零件图号	6-10	材料	45#钢或 Al
	车床型号	CAK6150DJ	夹具名称	三爪卡盘	实训车间	数控中心
程序号	O6001		编程系统		FANUC 0-TD	
序　号	程　　序			简 要 说 明		
N010	G50 X100 Z100			建立工件坐标系		
N020	M03 S640 T0101			主轴正转，选择 1 号外圆刀		
N030	G99			进给速度为 mm/r		
N040	G00 X35 Z2			快速定位至 ϕ35mm 直径，距端面正向 2 mm		
N050	G94 X0 Z0.2 F0.2			加工端面		
N060	Z 0 F0.1					
N070	G90 X28.4 Z–53 F0.3			粗加工 ϕ28mm 外圆，留 0.2mm 精加工余量		
N080	X32 Z–30 R–3.2 F0.3			粗加工锥面，留 0.2mm 精加工余量		
N090	X28.4					
N100	G00 X21.6 Z2			快速定位至（X21.6，Z2），即精加工锥面的切削始点		
N110	G01 X28 Z–30 F0.1			精加工圆锥面		
N120	Z–53			精加工 ϕ28mm 圆柱面		
N130	X35			径向退出		
N140	G00 X100 Z100 T0100 M05			返回程序起点，取消刀补，停主轴		
N150	M01			选择停止，以便检测工件		
N160	M03 S335 T0404			换切断刀，主轴正转		
N170	G00 X35 Z–53			快速定位至（X35，Z–53）		
N180	G01 X0 F0.1			切断		
N190	G00 X35			径向退刀		
N200	G00 X100 Z100 T0400 M05			返回刀具起始点，取消刀补，停主轴		
N210	T0100			1 号刀返回刀具起始点，取消刀补		
N220	M30			程序结束		

（2）输入程序。

（3）数控编程模拟软件对加工刀具轨迹仿真，或数控系统图形仿真加工，进行程序校验及修整。

（4）安装刀具，对刀操作，建立工件坐标系。

（5）启动程序，自动加工。

（6）停车后，按图纸要求检测工件，对工件进行误差与质量分析。

4．安全操作和注意事项

（1）对刀时，切槽刀左刀尖作为编程的刀位点。

（2）设定循环起点时要注意循环中快进到位时不能撞刀。

（3）为了使圆锥、圆柱面连接处无毛刺，可在最后精加工时连续加工圆锥、圆柱面。

（4）车削内外相配表面，轴应车至靠近下偏差，孔应车至靠近上偏差尺寸，才易满足配合要求。

（5）车锥面时刀尖一定要与工件轴线等高，否则车出工件圆锥母线不直，呈双曲线形。

6.2.2 内、外圆锥套的编程与加工

【案例 6.2】 毛坯尺寸 $\phi 40mm$ 的棒料，已加工毛坯孔 $\phi 18$，材料 $45^\#$ 钢，试车削成如图 6-11 所示零件，T01：93° 粗、精车外圆刀，T02：镗孔刀，T04：切断刀（刀宽 3 mm）。

1. 零件图工艺分析

（1）技术要求分析。如图 6-11 所示，包括内圆锥面、内外圆柱面、端面、切断等加工。零件材料为 $45^\#$ 钢，无热处理和硬度要求。

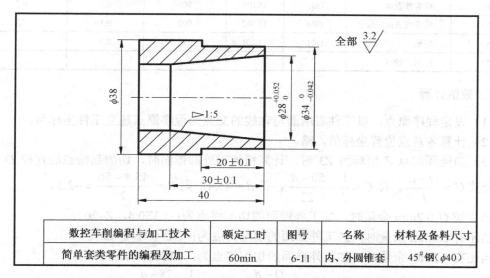

数控车削编程与加工技术	额定工时	图号	名称	材料及备料尺寸
简单套类零件的编程及加工	60min	6-11	内、外圆锥套	$45^\#$ 钢（$\phi 40$）

图 6-11 内、外图锥套

（2）确定装夹方案、定位基准、加工起点、换刀点。由于毛坯为棒料，用三爪自定心卡盘夹紧定位。由于工件较小，为了使加工路径清晰，加工起点和换刀点可以设为同一点，放在 Z 向距工件前端面 200mm，X 向距轴心线 100mm 的位置。

（3）制定加工方案，确定各刀具及切削用量。加工刀具的确定如表 6-5 所示，加工方案的制定如表 6-6 所示。

表 6-5 案例 6.2 刀具卡

实训课题		简单套类零件的编程与加工	零件名称	内外锥套	零件图号	6-11
序号	刀具号	刀具名称及规格	刀尖半径	数量	加工表面	备注
1	T0101	93° 外圆车刀	0.2 mm	1	端面、外圆	
2	T0202	镗孔刀	0.2mm	1	内孔	
3	T0404	B=3mm 切断刀（刀位点为左刀尖）	0.3mm	1	切断	
4		$\phi 20mm$ 麻花钻头		1	钻孔	

表 6-6　案例 6.2 工序和操作清单

材料	45#钢	零件图号	6-11	系统	FANUC	工序号	063
操作序号	工步内容 （走刀路线）	G 功能	T 刀具	切削用量		
				转速 $S(n)$ (r/min)	进给速度 F (mm/r)	切削深度 a_p (mm)
主程序 1	夹住棒料一头，留出长度大约 65 mm（手动操作用 ϕ20mm 麻花钻头钻孔深 45mm），调用主程序 1 加工					
（1）	车端面	G94	T0101	475	0.1	
（2）	粗车外表面	G90	T0101	475	0.3	2
（3）	粗镗内表面	G90	T0202	640	0.3	1
（4）	精车外表面	G01	T0101	900	0.1	0.2
（5）	精镗内表面	G01	T0202	900	0.1	0.2
（6）	切断	G01	T0404	236	0.1	
（7）	检测、校核					

2．数值计算

（1）设定程序原点，以工件右端面与轴线的交点为程序原点建立工件坐标系。

（2）计算各基点位置坐标值，略。

（3）当循环起点 Z 坐标为 Z3 时，计算精加工外圆锥面时，切削起始点的直径 D 值。根据公式 $C=\dfrac{D-d}{L}$，即 $C=\dfrac{1}{5}=\dfrac{50-d}{23}$，得 $d=45.4$，则 $R=\dfrac{45.4-50}{2}=-2.3$。

当 X 留有 0.2mm 余量时，加工外锥面的切削终点为：（X50.4，Z–20）；

当还有 2.2mm 余量时，加工外锥面的切削终点为：（X54.4，Z–20）；

当还有 4.2mm 余量时，加工外锥面的切削终点为：（X58.4，Z–20）。

（4）内锥小端直径：根据公式 $C=\dfrac{D-d}{L}$，即 $C=\dfrac{1}{5}=\dfrac{28-d}{30}$，得 $d=22$。

（5）当加工内锥孔循环起点 Z 坐标为 Z2 时，计算精加工内圆锥面时，切削起始点的直径 D 值。根据公式 $C=\dfrac{D-d}{L}$，即 $C=\dfrac{1}{5}=\dfrac{D-22}{32}$，得 $D=28.4$。则 $R=\dfrac{28.4-22}{2}=3.2$。

当留有 0.2mm 余量时，加工内锥面的切削终点为：（X21.6，Z–30）；

当留有 1.2mm 余量时，加工内锥面的切削终点为：（X19.6，Z–30）；

当留有 2.2mm 余量时，加工内锥面的切削终点为：（X17.6，Z–30）。

3．工件参考程序与加工操作过程

（1）工件的参考程序如表 6-7 所示。

（2）输入程序。

（3）数控编程模拟软件对加工刀具轨迹仿真，或数控系统图形仿真加工，进行程序校核及修整。

（4）安装刀具，对刀操作，建立工件坐标系。

（5）启动程序，自动加工。

（6）停车后，按图纸要求检测工件，对工件进行误差与质量分析。

表 6-7　案例 6.2 程序卡（供参考）

数控车床程序卡	编程原点		工件右端面与轴线交点		编写日期	
	零件名称	内外锥套	零件图号	6-11	材料	45#钢
	机床型号	CAK6150DJ	夹具名称	三爪卡盘	实训车间	数控中心
程序号	O6003			编程系统	FANUC	
序　号	程　　序			简要说明		
N010	G50 X100 Z100			建立工件坐标系		
N020	M03 S475 T0101			主轴正转，选择 1 号外圆刀		
N030	G99			设定进给速度单位为 mm/r		
N040	G00 X40 Z3			快速定位至 φ40mm 直径，距端面正向 3 mm		
N050	G94 X0 Z0.5 F0.1			加工端面		
N060	Z0					
N070	G90 X39 Z–43 F0.3			粗加工 φ38mm 外圆，留精加工余量 0.2mm		
N080	X38.4					
N090	G90 X36.4 Z–20			粗加工外锥面，每次切深 2mm，留精加工余量 0.2mm		
N100	X34.4					
N110	G00 X100 Z100 T0100 M05			返回刀具起始点，取消刀补，停主轴		
N120	M00			选择停止，以便检测工件		
N130	M03 S640 T0202			主轴正转，换镗孔刀		
N140	G00 X16 Z2			定位至 φ16mm 直径外，距端面正向 2 mm		
N150	G90 X21.6 Z–43 F0.3			粗加工 φ22mm 孔，留 0.2mm 的余量		
N160	X17.6 Z–30 R3.2			粗加工锥孔，每次切深 1mm，留 0.2mm 的精加工余量		
N170	X19.6					
N180	X21.6					
N190	G00 X100 Z100 T0200 M05			返回刀具起始点，取消刀补，停主轴		
N200	M01			选择停止，以便检测工件		
N210	M03 S1200 T0101			换速，主轴正转，选 1 号外圆刀		
N220	G00 X34 Z3			快速定位至 φ34mm 直径，即精加工外圆的始点		
N230	G01 Z–20 F0.1			精加工外锥面		
N240	X38			精加工 φ38mm 外圆右台阶面		
N250	Z–43			精加工 φ38mm 外圆		
N260	X70			径向退刀		
N270	G00 X100 Z100 T0100 M05			返回刀具起始点，取消刀补，停主轴		
N280	M01			选择停止，以便检测工件		
N290	M03 S1200 T0202			主轴正转，换速，选 2 号镗刀		
N300	G00 X28.4 Z2			快速定位（X31，Z3）的位置，即精加工锥孔的起始点		
N310	G01 X22 Z–30 F 0.1			精加工锥孔		
N320	Z–43			精加工 φ22mm 内圆		
N330	X18			径向退刀		
N340	G00 Z3			轴向退刀，快速退出工件孔		
N350	G00 X100 Z100 T0200 M05			返回刀具起始点，取消刀补，停主轴		
N360	M01			选择停止，以便检测工件		
N370	M03 S236 T0404			换切断刀，主轴正转		
N380	G00 X40 Z–43			快速定位至（X70，Z–43）		

续表

数控车床 程序卡	编程原点	工件右端面与轴线交点		编写日期	
	零件名称	内外锥套	零件图号	6-11	材料	45#钢
	机床型号	CAK6150DJ	夹具名称	三爪卡盘	实训车间	数控中心
程序号	O6003		编程系统		FANUC
序　号	程　序		简 要 说 明		
N390	G01 X15 F0.1		切断		
N400	G00 X40		径向退刀		
N410	G00 X100 Z100 T0400 M05		返回刀具起始点，取消刀补，停主轴		
N420	T0100		1 号基准刀返回，取消刀补		
N430	M30		程序结束		

4. 安全操作和注意事项

（1）毛坯用棒料时，ϕ20mm 孔可在普通车床上加工。

（2）对刀时，切断刀左刀尖作为编程刀位点。

（3）加工内孔时应先使刀具向直径缩小的方向退刀，再 Z 向退出工件，然后才能退回换刀点。

（4）镗孔刀的换刀点应较远些，否则会在换刀或快速定位时碰到工件。

（5）车锥面时刀尖一定要与工件轴线等高，否则车出工件圆锥母线不直，呈双曲线形。

本章小结

本章主要讲述了简单套类零件加工的有关知识，重点介绍了 G90、G94 指令编程格式及特点。

用 G90、G94 指令加工锥面时，R 地址后的数值要注意正、负号。用 G90 指令时，R 为锥面切削始点与切削终点的半径差；用 G94 指令时，R 为锥面切削始点与切削终点的 Z 向坐标差值。

当用 G90、G94 指令加工锥面时，为了避免碰刀，切削起点一般不是工件上的基点，这时要先计算出切削起点的坐标值。当被加工的锥面的锥度为 C 时，利用公式 $C = \dfrac{D-d}{L}$，计算出切削起点的直径，以便准确计算 R。

通过实训项目的学习，对毛坯余量较大的部位，可先用 G90 或 G94 进行粗加工。

习 题 6

1．试述 G90 指令与 G94 指令的适用场合。

2．加工锥面时如何计算 R 值？

项目练习

1．零件图如图 6-12 所示。工件材料：45#钢。坯料：ϕ30mm 的棒料。试编制数控加工程序。要求如下：

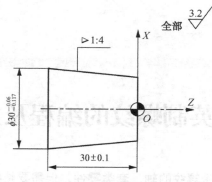

图 6-12　项目练习 1

（1）确定零件的定位基准、装夹方案。

（2）选择刀具及切削用量。

（3）制定加工方案，确定对刀点。

（4）计算并注明有关基点、节点等的坐标值。

（5）填写加工程序单，并进行必要的工艺说明。

2．零件图如图 6-13 所示。工件材料：45#钢。坯料：φ45mm 棒料，已加工毛坯孔 φ20mm。试编制数控加工程序。要求如下：

（1）确定零件的定位基准、装夹方案。

（2）选择刀具及切削用量。

（3）制定加工方案，确定对刀点。

（4）计算并注明有关基点、节点等的坐标值。

（5）填写加工程序单，并进行必要的工艺说明。

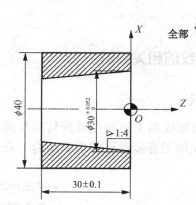

图 6-13　项目练习 2

第 7 章

公、英制螺纹的编程及加工

在普通车床上经常加工带螺纹的轴、套类零件，但需要熟练手工操作技能，在数控车床上仅通过一个简单的指令就可以完成加工螺纹时所有的动作，如果能合理选用指令中各参数值，同样可以达到螺纹的加工精度要求。

知识目标

➢ 掌握螺纹加工指令 G92、G76 的编程格式及特点。

技能目标

➢ 掌握螺纹加工指令 G92、G76 的适用范围及编程技能技巧。
➢ 掌握内/外圆柱、圆锥及沟槽的粗、精加工程序设计思想。
➢ 能合理选用数控车削加工螺纹的切削用量。
➢ 培养学生独立操作能力。

7.1 基础知识

7.1.1 数控车削螺纹的相关知识

1. 数控车螺纹的基本知识

（1）螺纹种类。数控车床螺纹加工是与主轴旋转同步进行的加工特殊开头螺纹槽的过程。螺纹的种类很多，螺纹加工有多种可能性和组合。在数控加工中常见的螺纹种类如下：

- 恒螺距螺纹
- 变螺距螺纹
- 外螺纹和内螺纹
- 圆柱螺纹（直螺纹）
- 锥螺纹（圆锥螺纹）
- 右旋螺纹（R/H）和左旋螺纹（L/H）

- 平面螺纹
- 单头螺纹
- 多头螺纹
- 圆形螺纹
- 多段螺纹

（2）螺纹牙型。螺纹牙型主要由切削刀具的形状和安装位置决定，加工进度由编程切削用量控制。数控编程加工应用最多的螺纹牙型是 60° 角的 V 形（字母 V 的形状）螺纹，生产中有各种各样的 V 形螺纹，包括公制螺纹和英制螺纹。其他牙型包括梯形螺纹、蜗杆螺纹、方牙螺纹、圆螺纹和锯齿螺纹等。除了这些相对常见的牙型外，还有许多用于特定行业（如自动化、航空、军事和石油工业）的螺纹。

（3）螺纹的加工特点。普通车床加工螺纹是通过主轴与刀架间的内联系传动链来保证的，即主轴每转一转，刀架移动一个螺纹的导程。在整个螺纹的加工过程中，这条传动链不能断开，断开则乱扣。同样，在数控机床上加工螺纹也必须保证主轴的旋转与坐标轴进给的同步。如图 7-1 所示。

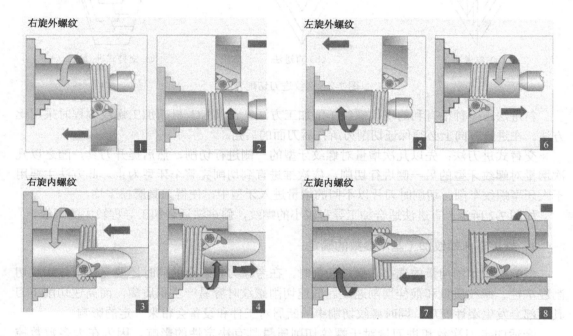

图 7-1　内外螺纹的车削加工

数控车床加工螺纹时，为保证切削螺纹的螺距（导程），必须有固定的起刀点与退刀点。加工螺纹时，应使带动工件旋转的主轴转数与坐标轴的进给量保持一定的关系，即主轴每转一转，按所要求的螺距（导程）沿工件的轴向坐标应进给相应的脉冲量。通常采用光电脉冲编码器作为主轴的脉冲发生器，并将其装在主轴上，与主轴一起旋转，发出脉冲。这些脉冲送给 CNC 装置作为坐标轴进给的脉冲源，经 CPU 对导程计算后，发给 Z 坐标轴的位置伺服系统，使进给量与主轴的转数保持所要求的比率。

（4）螺纹的切削方法。由于螺纹加工属于成型加工，为了保证螺纹的导程，加工时主轴旋转一周，车刀的进给量必须等于螺纹的导程，进给量较大；另外，螺纹车刀的强度一般较差，故螺纹牙型往往不是一次加工而成的，需要多次进行切削，如欲提高螺纹的表面质量，可增加几次光整加工。

数控车床加工螺纹有三种不同的进刀方式：直进法（径向进刀）、斜进法（侧向进刀）、交替式进刀法，如图 7-2 所示。

直进法：应用广泛，刀片以直角进给到工件中，并且形成的切屑比较生硬，在切削刃的两侧形成 V 形。刀片两侧刃磨损较均匀，此方法适合于加工小螺距螺纹和淬硬材料。

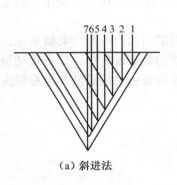
（a）斜进法

（b）直进法

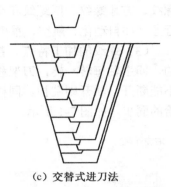
（c）交替式进刀法

图 7-2　螺纹进刀切削方法

斜进法：一种很有利的现代螺纹车削加工方法，在 CNC 机床加工螺纹编程时采用此方法。在进给方向上必须保证切削刃所在后刀面的后角。

交替式进刀法：先以几次增量对螺纹牙型的一侧进行切削，然后提升刀具，随之以几次增量对螺纹牙型的另一侧进行切削，依次推进直到切削完整个牙型为止。此方法主要用于大牙型螺纹车削，切削时刀片以不同的增量进入牙型中，使得刀具磨损平均。

如图 7-2 所示。直进法适合加工导程较小的螺纹，斜进法适合加工导程较大的螺纹。

2. 数控车床螺纹加工基本参数的确定

（1）螺纹切削用量的选择。螺纹切削时，在考虑刀具寿命的同时还要保证最佳螺纹切削经济性、螺纹质量和最佳切削速度。低速切削螺纹时容易产生积屑瘤，而高速切削下刀具顶部会发生塑性变形，同时螺纹切削中的断屑对工件和设备会带来一定的影响。

合适的走刀次数和进刀量对于螺纹切削质量具有决定性的影响。因为在大多数数控机床上，螺纹加工程序只需给定总螺纹深度和第一次或最后一次切深。通常选择下列两种进刀量方法提高螺纹切削质量：第一种方法，进刀量连续递减，获得不变的切削面积，C 槽形刀片通常采用这种走刀方式；第二种方法，恒定的进刀量，可获得最佳的切削控制和长的刀具寿命。通过螺纹切削周期中的某一个参数，而使切削厚度恒定，进而最佳化切削形成。

进刀量连续递减法可以参考下列公式计算每次走刀量：

$$\Delta a_{px} = \frac{a_p}{\sqrt{n_{ap} - 1}} \times \sqrt{\psi}$$

式中　Δa_p——径向进给深度（mm）；

x——实际第几次走刀（从第 1 次到第 n_{ap} 次）；

a_p——螺纹总切削深度（mm）；

n_{ap}——走刀次数；

ψ——第一次走刀 $\psi = 0.3$，第二次走刀 $\psi = 1$，第三次及更多走刀 $\psi = x - 1$。

常用螺纹切削的进给次数与吃刀量如表 7-1 所示。

表 7-1 常用螺纹切削的进给次数与吃刀量

公 制 螺 纹							
螺距 mm	1.0	1.5	2	2.5	3	3.5	4
牙深（半径值）	0.649	0.974	1.299	1.624	1.949	2.273	2.598
进给次数及吃刀量（直径值） — 1次	0.7	0.8	0.9	1.0	1.2	1.5	1.5
2次	0.4	0.6	0.6	0.7	0.7	0.7	0.8
3次	0.2	0.4	0.6	0.6	0.6	0.6	0.6
4次		0.16	0.4	0.4	0.4	0.6	0.6
5次			0.1	0.4	0.4	0.4	0.4
6次				0.15	0.4	0.4	0.4
7次					0.2	0.4	0.4
8次						0.15	0.3
9次							0.2

英 制 螺 纹							
牙/in	24	18	16	14	12	10	8
牙深（半径值）	0.698	0.904	1.016	1.162	1.355	1.626	2.033
进给次数及吃刀量（直径值） — 1次	0.8	0.8	0.8	0.8	0.9	1.0	1.2
2次	0.4	0.6	0.6	0.6	0.6	0.7	0.7
3次	0.16	0.3	0.5	0.5	0.6	0.6	0.6
4次		0.11	0.14	0.3	0.4	0.4	0.5
5次				0.13	0.21	0.4	0.5
6次						0.16	0.4
7次							0.17

（2）车螺纹前直径尺寸的确定。

普通螺纹各基本尺寸计算如下：

螺纹大径　　$d = D$（螺纹大径的基本尺寸与公称直径相同）

中径　　　　$d_2 = D_2 = d - 0.6495P$

牙型高度　　$h_1 = 0.5413P$

螺纹小径　　$d_1 = D_1 = d - 1.0825P$

式中　P——螺纹的螺距。

 注意

（1）高速车削三角形螺纹时，受车刀挤压后会使螺纹大径尺寸胀大，因此车螺纹前的外圆直径，应比螺纹大径小。当螺距为 1.5～3.5mm 时，外径一般可以小 0.2～0.4mm。

（2）车削三角形内螺纹时，因为车刀切削时的挤压作用，内孔直径会缩小（车削塑性材料较明显），所以车削内螺纹前的孔径（$D_{孔}$）应比内螺纹小径（D_1）略大些，又由于内螺纹加工后的实际顶径允许大于 D_1 的基本尺寸，所以实际生产中，普通螺纹在车内螺纹前的孔径尺寸，可以用下列近似公式计算：

车削塑性金属的内螺纹时：$D_{孔} \approx d - P$；

车削脆性金属的内螺纹时：$D_{孔} \approx d - 1.05P$。

（3）螺纹行程的确定。在数控车床上加工螺纹时，由于机床伺服系统本身具有滞后特性，会在螺纹起始段和停止段发生螺距不规则现象，所以实际加工螺纹的长度 W 应包括切入和切出的刀空行程量，如图 7-3 所示。

$$W = L + \delta_1 + \delta_2$$

式中　δ_1 ——切入空行程量，一般取 2~5mm；

　　　δ_2 ——切出空行程量，一般取 $0.5\delta_1$。

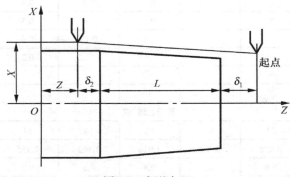

图 7-3　螺纹加工

7.1.2　螺纹车削编程指令简介

1. 螺纹固定循环指令 G92

G92 为简单螺纹循环，该指令可以切削圆锥螺纹和圆柱螺纹。F 后续进给量改为导程值。

（1）加工圆柱螺纹（直螺纹）。

指令格式：G92　X(U)_ Z(W)_ F _

式中　X、Z——螺纹终点坐标值；

　　　U、W——螺纹终点相对循环起点的坐标分量；

　　　F——螺纹的导程。

（2）加工圆锥螺纹（锥螺纹）。

指令格式：G92　X(U)_ Z(W)_ R _ F _

式中　X、Z——螺纹终点坐标值；

　　　U、W——螺纹终点相对循环起点的坐标增量；

　　　R——圆锥螺纹切削起点和切削终点的半径差。

圆柱螺纹循环如图 7-4 所示，圆锥螺纹循环如图 7-5 所示。

图中刀具从循环起点 A 开始，按 $A \to B \to C \to D$ 进行自动循环，最后又回到循环起点 A，虚线表示快速移动，实线表示按 F 指令指定的进给速度移动。

例：用 G92 指令加工圆柱螺纹程序。如图 7-6 所示的 M30×2-6g 普通圆柱螺纹，用 G92 指令加工。

由 GB/T 197-2003 中查出 M30×2-6g 的螺纹外径为 ϕ30mm，取编程外（大）径为 ϕ29.8mm，据计算螺纹底径为 ϕ27.246mm，取编程底（小）径为 ϕ27.3mm。

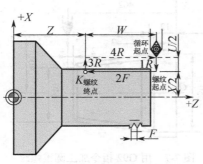

图 7-4　圆柱螺纹加工循环

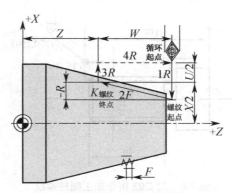

图 7-5　圆锥螺纹加工循环

【程序语句】

```
...
N02 M03 S300 T0202
N03 G00 X35.0 Z104.0
N04 G92 X28.9 Z53.0 F2.0
N05 X28.2
N06 X27.7
N07 X27.3
N08 X27.3
N09 G00 X270.0 X60.0 T0200
...
```

例：用 G92 指令加工圆锥螺纹程序。如图 7-7 所示的圆锥螺纹，导程为 2mm，圆锥螺纹大端的底径为 ϕ47mm，用 G92 指令加工。

【程序语句】

```
...
N02 G97 S300 M03
N03 T0202
N04 G00 X80.0 Z62.0
N05 G92 X49.6 Z12.0 R-5.0 F2.0
N06 X48.7
N07 X48.1
N08 X47.5
N09 X47.0
N11 G00 X270.0 Z260.0 T0100 M05
...
```

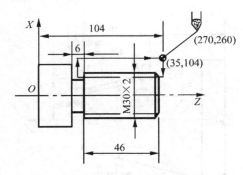

图 7-6　用 G92 指令加工圆柱螺纹

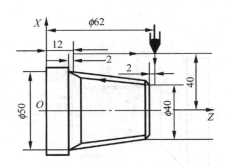

图 7-7　用 G92 指令加工圆锥螺纹

2. 复合型螺纹切削循环指令 G76

G76 螺纹切削复合循环指令较 G92 指令简捷，可节省程序设计与计算时间，只需指定一次有关参数，则螺纹加工过程自动进行。如图 7-8 所示为复合螺纹切削循环的刀具加工路线。

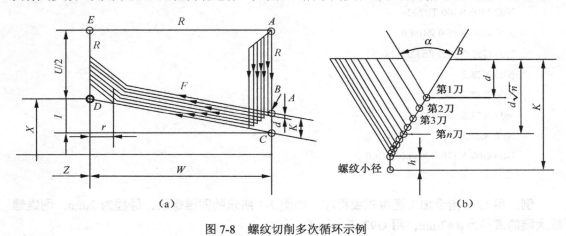

图 7-8　螺纹切削多次循环示例

G76 螺纹切削指令的格式需要同时用两条指令来定义。

编程格式：G76　P(m)(r)(α) Q($\Delta d_{\min}$) R(d)

　　　　　G76　X(U)_ Z(W)_ R(i) P(k) Q(Δd) F(L)

式中有关几何参数的意义如图 7-8 所示。

式中　m——精车重复次数，从 01～99，用两位数表示，该参数为模态量；

　　　r——螺纹尾端倒角值，该值的大小可设置在 0.0～9.9L 之间，系数应为 0.1 的整倍数，用 00～99 之间的两位整数来表示，其中 L 为导程，该参数为模态量；

　　　α——刀尖角度，可从 80°、60°、55°、30°、29°、0° 六个角度中选择，用两位整数来表示，该参数为模态量；

　　　m、r、α 用地址 P 同时指定，例如，$m=2$，$r=1.2L$，$\alpha=60°$，表示为 P021260；

　　　$\Delta d_{\min}$——最小车削深度，用半径编程指定，单位为微米。车削过程中每次的车削深度为（$\Delta d \sqrt{n} - \Delta d \sqrt{n-1}$），当计算深度小于这个极限值时，车削深度锁定在这个值，该参数为模态量；

d——精车余量，用半径编程指定，单位为微米，该参数为模态量；

X(U)、Z(W)——螺纹终点绝对坐标或相对坐标；

i——螺纹锥度值，用半径编程指定。如果 i = 0 则为直螺纹，可省略；

k——螺纹高度，用半径编程指定，单位为微米；

Δd——第一次车削深度，用半径编程指定，单位为微米；

L——螺纹的导程。

注意

（1）用 P、Q、R 指定的数据，根据有无地址 X（U）、Z（W）来区别。

（2）P(k)、Q(Δd)、R(i)、R(d) 及 Q($\Delta d_{\min}$) 均不可有小数点。

例：用 G76 指令加工螺纹程序，如图 7-9 所示为零件轴上的一段直螺纹，螺纹高度为 3.68mm，螺距为 6mm，螺纹尾端倒角为 1.0L，刀尖角为 60°，第一次车削深度 1.8mm，最小车削深度 0.1mm。

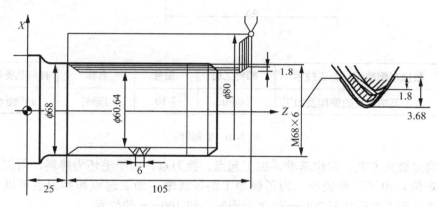

图 7-9 螺纹车削实例

【程序语句】

```
...
N15 G00 X80 Z130
N16 G76 P011060 Q100 R200
N18 G76 X60.64 Z25.0 P3680 Q1800 F6
...
```

7.2 操作实训

7.2.1 外螺纹轴的编程与加工

【案例 7.1】 如图 7-10 所示 T 形钉，毛坯尺寸 ϕ34mm 棒料，材料为 45# 钢。T01：93° 粗、精车外圆刀，T02：60° 外螺纹车刀，T04：切断刀（刀宽 3mm）。

1. 零件图工艺分析

（1）技术要求分析。如图 7-10 所示，包括圆柱面、倒角、一个外沟槽、螺纹和切断等加工。零件材料为 45# 钢，无热处理和硬度要求。

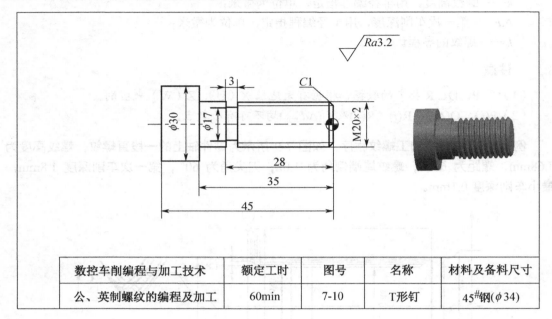

数控车削编程与加工技术	额定工时	图号	名称	材料及备料尺寸
公、英制螺纹的编程及加工	60min	7-10	T形钉	45#钢(ϕ34)

图 7-10　T 形钉

（2）确定装夹方案、定位基准、加工起点、换刀点。由于毛坯为棒料，用三爪自定心卡盘夹紧定位。由于工件较小，为了使加工路径清晰，加工起点和换刀点可以设为同一点，放在 Z 向距工件前端面 200mm，X 向距轴心线 100mm 的位置。

（3）制定加工方案，确定各刀具及切削用量。加工刀具的确定如表 7-2 所示，加工方案的制定如表 7-3 所示。

表 7-2　案例 7.1 刀具卡

实 训 课 题		公、英制螺纹的编程及加工	零件名称	T形钉	零件图号	7-10
序号	刀具号	刀具名称及规格	刀尖半径	数量	加工表面	备注
1	T0101	93°粗、精右偏外圆刀	0.4 mm	1	外表面、端面	
2	T0202	60°外螺纹车刀	0.4mm	1	外螺纹	
3	T0404	B=3 mm 切断刀（刀位点为左刀尖）	0.3 mm	1	切槽、切断	

2. 数值计算

（1）设定程序原点，以工件右端面与轴线的交点为程序原点建立工件坐标系。

（2）计算各节点位置坐标值，略。

（3）螺纹加工前轴径的尺寸：$d_{前} = 20 - 0.2 = 19.8$

（4）计算螺纹小径：当螺距 $p = 2$ 时，查表得牙深 $h = 1.299$，则小径尺寸为 $d \approx 17.4$。

表 7-3 案例 7.1 工序和操作清单

材料	45#钢	零件图号		7-10	系统	FANUC	工序号	071
操作序号	工步内容 （走刀路线）		G 功能	T 刀具	切削用量			
					转速 S(n) (r/min)	进给速度 F (mm/r)	切削深度 a_p (mm)	
主程序 1	夹住棒料一头，留出长度大约 65 mm（手动操作），调用主程序 1 加工							
（1）	车端面		G01	T0101	640	0.1		
（2）	自右向左粗车外表面		G90	T0101	640	0.3	2	
（3）	自右向左精加工外表面		G01	T0101	900	0.1	0.5	
（4）	切外沟槽		G01	T0404	335	0.1	0	
（5）	车螺纹		G92	T0202	335			
（6）	切断		G01	T0404	335	0.1		
（7）	检测、校核							

3．工件参考程序与加工操作过程

（1）工件的参考程序如表 7-4 所示。

表 7-4 案例 7.1 程序卡（供参考）

数控车床 程序卡	编程原点		工件右端面与轴线交点		编写日期	
	零件名称	T 形钉	零件图号	7-10	材料	45#钢
	车床型号	CAK6150DJ	夹具名称	三爪卡盘	实训车间	数控中心
程序号	O7001			编程系统	FANUC 0-TD	
序 号	程 序			简 要 说 明		
N010	G50 X200 Z200			建立工件坐标系		
N020	M03 S640 T0101			主轴正转，选择 1 号外圆刀		
N030	G99			进给速度为 mm/r		
N040	G00 X38 Z2			快速定位至φ38mm 直径，距端面正向 2 mm		
N050	G01 Z0 F0.1			刀具与端面对齐		
N060	X–1			加工端面		
N070	G00 X38 Z2			定位至φ38mm 直径外，距端面正向 2 mm		
N080	G90 X30.4 Z–48 F0.3			粗车φ30mm 外圆，留 0.2mm 精加工余量		
N090	X26.4 Z–34.8			粗车φ20 外圆，留 0.2mm 精加工余量		
N100	X22.4					
N110	X20.4					
N120	M00			程序暂停，检测工件		
N130	M03 S900			换速		
N140	G00 X16 Z1			快速定位至（X16，Z1）		
N150	G01 X19.8 Z–1F0.1			精加工倒角 C1		
N160	Z–35			精加工 M20 直径外圆至φ19.8mm		
N170	X30			精加工φ30mm 右端面		
N180	Z–48			精加工φ30mm 外圆		
N190	X38			平端面		

续表

数控车床 程序卡	编程原点	工件右端面与轴线交点		编写日期	
	零件名称	T 形钉	零件图号	7-10	材料	45#钢
	车床型号	CAK6150DJ	夹具名称	三爪卡盘	实训车间	数控中心
程序号	O7001			编程系统	FANUC 0-TD

序 号	程 序	简 要 说 明
N200	G00 X200 Z200 T0100 M05	返回换刀点，取消刀补，停主轴
N210	M00	程序暂停，检测工件
N220	M03 S335 T0404	换切槽刀，降低转速
N230	G00 X22 Z−28	快速定位，准备切槽
N240	G01 X17 F0.1	切槽至ϕ17mm
N250	G04 X0.5	暂停 0.5s
N260	G01 X22	退出加工槽
N270	G00 X200 Z200 T0400 M05	返回刀具起始点，取消刀补，停主轴
N280	M00	程序暂停，检测工件
N290	M03 S335 T0202	换转速，主轴正转，换螺纹车刀
N300	G00 X25 Z5	快速定位至循环起点（X25，Z5）
N310	G92 X19.1 Z−26.5 F2	加工螺纹
N320	X18.5	
N330	X17.9	
N340	X17.5	
N350	X17.4	加工螺纹
N360	G00 X200 Z200 T0200 M05	返回刀具起始点，取消刀补，停主轴
N370	M00	程序暂停，检测工件
N380	M03 S335 T0404	换切断刀，主轴正转
N390	G00 X38 Z−48	快速定位至（X38，−Z48）
N400	G01 X0 F0.1	切断
N410	G00 X38	径向退刀
N420	G00 X200 Z200 T0400 M05	返回刀具起始点，取消刀补，停主轴
N430	T0100	1 号基准刀返回，取消刀补
N440	M30	程序结束

（2）输入程序。

（3）数控编程模拟软件对加工刀具轨迹仿真，或数控系统图形仿真加工，进行程序校验及修整。

（4）安装刀具，对刀操作，建立工件坐标系。

（5）启动程序，自动加工。

（6）停车后，按图纸要求检测工件，对工件进行误差与质量分析。

4．安全操作和注意事项

（1）车床空载运行时，注意检查车床各部分运行状况。

（2）装螺纹刀时，刀尖必须与工件轴线等高，刀两侧刃角平分线与工件轴线垂直。

（3）螺纹切削时必须采用专用的螺纹车刀，螺纹车刀角度的选取决定螺纹牙型。

（4）要注意螺纹车削加工不像车外圆一样可以随意设定和调整转速与进给速度。

（5）螺纹车削加工时尽量使用"mm/r"作为进给速度的单位。

（6）进行对刀操作时，要注意切槽刀刀位点的选取。上述参考程序采用切槽刀左刀尖作为编程刀位点。

（7）切槽时要先 X 向退刀，退出工件，才能退回换刀点。

（8）每道工序结束后要进行检验，如果加工质量出现异常，停止加工，以便采取相应措施。

7.2.2　螺纹轴、套组合件的编程与加工

【案例 7.2】　如图 7-11 所示组合零件，该组合零件具有内外螺纹相互配合的特点。毛坯尺寸 ϕ34mm 棒料，加工前已有毛坯孔 ϕ16mm，材料为 45#钢，T01：93°粗、精车外圆刀，T02 镗孔刀，T03：内螺纹刀，T04：切断刀。

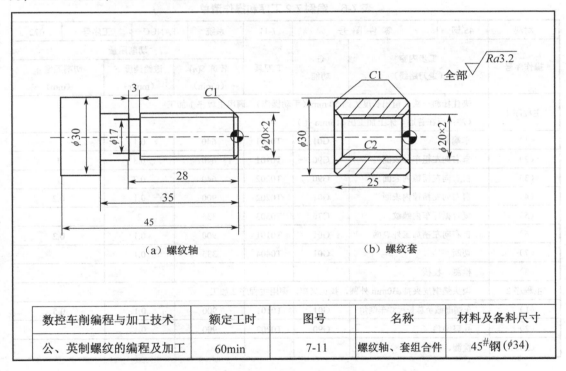

数控车削编程与加工技术	额定工时	图号	名称	材料及备料尺寸
公、英制螺纹的编程及加工	60min	7-11	螺纹轴、套组合件	45#钢（ϕ34）

图 7-11　螺纹轴、套组合件

图 7-11（a）的编程及加工见案例 7.1，图 7-11（b）的编程及加工内容如下。

1．零件图工艺分析

（1）技术要求分析。如图 7-11（b）所示，零件包括圆柱面、倒角、内螺纹和切断等加工。零件材料为 45#钢，无热处理和硬度要求。

（2）确定装夹方案、定位基准、加工起点、换刀点。由于毛坯为棒料，用三爪自定心

卡盘夹紧定位。由于工件较小，为了使加工路径清晰，加工起点和换刀点可以设为同一点，放在 Z 向距工件前端面 200mm，X 向距轴心线 100mm 的位置。

（3）制定加工方案，确定各刀具及切削用量。加工刀具的确定如表 7-5 所示，加工方案的制定如表 7-6 所示。

表 7-5　案例 7.2 刀具卡

实训课题		公、英制螺纹的编程及加工	零件名称	螺纹套	零件图号	7-11
序号	刀具号	刀具名称及规格	刀尖半径	数量	加工表面	备注
1	T0101	93°粗、精右偏外圆刀	0.4 mm	1	外表面、端面	
2	T0202	镗孔刀	0.4mm	1	螺纹底孔	
3	T00303	60°内螺纹车刀	0.4mm	1	内螺纹	
4	T0404	B=3mm 切断刀	0.3mm	1	切断	

表 7-6　案例 7.2 工序和操作清单

材料	45#钢	零 件 图 号		7-11	系统	FANUC	工序号	072
操作序号	工步内容（走刀路线）		G功能	T 刀具	切削用量			
					转速 $S(n)$（r/min）	进给速度 F（mm/r）	切削深度 a_p（mm）	
主程序 1	夹住棒料一头，留出长度大约 50 mm（手动操作），调用主程序 1 加工（注：已在普通车床上加工出 $\phi16$mm 孔）							
（1）	车端面		G01	T0101	640	0.1		
（2）	自右向左粗车外表面		G90	T0101	640	0.3	1	
（3）	自右向左粗镗内表面		G90	T0202	640	0.2	1	
（4）	自右向左精镗内表面		G01	T0202	900	0.1	0.2	
（5）	复合循环车内螺纹		G76	T0303	335	2		
（6）	自右向左精加工外表面		G01	T0101	900	0.1	0.2	
（7）	切断		G01	T0404	335	0.1		
（8）	检测、校核							
主程序 2	调头垫铜皮夹持 $\phi30$mm 外圆，找正夹牢，调用主程序 2 加工							
（1）	车端面截至总长尺寸车倒角		G01	T0101	900	0.1	0.5	
（2）	孔口倒角		G90	T0202	900	0.1		
（3）	检测、校核							

2．数值计算

（1）设定程序原点，以工件右端面与轴线的交点为程序原点建立工件坐标系。

（2）计算各节点位置坐标值，略。

（3）车螺纹前的孔径尺寸：$D_{孔} \approx D - P = 20 - 2 = 18$。

3．工件参考程序与加工操作过程

（1）工件的参考程序如表 7-7 所示。

表 7-7　案例 7.2 程序卡（供参考）

数控车床程序卡	编程原点	工件右端面与轴线交点		编写日期	
	零件名称	螺纹套	零件图号	7-11（b）	材料	45#钢
	车床型号	CAK6150DJ	夹具名称	三爪卡盘	实训车间	数控中心
程序号	O7002			编程系统	FANUC 0-TD

序　号	程　　序	简　要　说　明
N010	G50 X200 Z200	建立工件坐标系
N020	M03 S640 T0101	主轴正转，选择 1 号外圆刀
N030	G99	进给速度为 mm/r
N040	G00 X38 Z2	快速定位至 φ38mm 直径，距端面正向 2 mm
N050	G01 Z0 F0.1	刀具与端面对齐
N060	X-1	加工端面
N070	G00 X38 Z2	定位至 φ38mm 直径外，距端面正向 2 mm
N080	G90 X30.4 Z-28 F0.3	粗车 φ30mm 外圆，留精加工余量 0.2mm
N090	X31 Z-1 R-3	粗车倒角
N100	G00 X200 Z200 T0100 M05	返回刀具起始点，取消刀补，停主轴
N110	M00	程序暂停，检测工件
N120	M03 S640 T0202	换转速，主轴正转，选镗孔刀
N130	G00 X14 Z2	快速定位至（X14，Z2）位置
N140	G90 X18.4 Z-28 F0.3	粗镗 M20 孔，留精加工余量 0.2mm
N150	G00 X200 Z200 T0200 M05	返回刀具起始点，取消刀补，停主轴
N160	M00	程序暂停，检测工件
N170	M03 S900 T0101	换转速，正转，选外圆车刀
N180	G00 X24 Z2	快速定位至（X24，Z2）
N190	G01 X30 Z-1 F0.1	精加工倒角 C1
N200	Z-28	精加工 φ30mm 外圆
N210	X38	平端面
N220	G00 X200 Z200 T0100 M05	返回刀具起始点，取消刀补，停主轴
N230	M00	程序暂停，检测工件
N240	M03 S900 T0202	主轴正转，选镗孔刀
N250	G00 X26 Z2	快速定位至（X26，Z2）
N260	G01 X18 Z-2	精加工倒角 C2
N270	Z-28	精加工内螺纹孔
N280	X16	径向退刀
N290	G00 Z2	轴向退出工件孔
N300	G00 X200 Z200 T0200 M05	返回换刀点，取消刀补，停主轴
N310	M00	程序暂停，检测工件
N320	M03 S335 T00303	换转速，主轴正转，换内螺纹车刀
N330	G00 X16 Z5	快速定位至循环起点（X16，Z5）
N340	G76 P011560 Q100 R150	
N350	G76 X20 Z-27 P1000 Q400 F2	复合循环加工内螺纹
N360	G92 X20 Z-27 F2	

续表

数控车床 程序卡	编程原点		工件右端面与轴线交点		编写日期	
	零件名称	螺纹套	零件图号	7-11（b）	材料	45#钢
	车床型号	CAK6150DJ	夹具名称	三爪卡盘	实训车间	数控中心
程序号	O7002			编程系统	FANUC 0-TD	
序 号	程 序			简 要 说 明		
N370	G00 X200 Z200 T0300 M05			返回刀具起始点，取消刀补，停主轴		
N380	M00			程序暂停，检测工件		
N390	M03 S335 T0404			换转速，主轴正转，换切断刀		
N400	G00 X38 Z−28.2			快速定位至（X38，Z−28.2）（留 0.2mm 端面加工余量）		
N410	G01 X14			切断		
N420	G00 X200 Z200 T0400 M05			返回刀具起始点，取消刀补，停主轴		
N430	T0100			1 号基准刀返回，取消刀补		
N440	M30			程序结束		
	工件调头装夹，车端面，车倒角					
程序号	O7003					
序 号	程 序			简 要 说 明		
N010	G50 X200 Z200			建立工件坐标系		
N020	M03 S900 T0101			主轴正转，选择 1 号外圆刀		
N030	G99			进给速度为 mm/r		
N040	G00 X16 Z2			快速定位至φ16mm 直径，距端面正向 2 mm		
N050	G01 Z0 F0.1			刀具与端面对齐		
N060	X28			加工端面		
N070	X32 Z−2			车 C1 倒角		
N080	G00 X200 Z200 T0100 M05			返回刀具起始点，取消刀补，停主轴		
N090	M00			程序暂停，检测工件		
N100	M03 S900 T0202			换转速，主轴正转，选镗孔刀		
N110	G00 X16 Z2			快速定位至（X16，Z2）位置		
N120	G90 X18 Z−1.5 R3.5 F0.1			加工孔口 C2 倒角		
N130	X18 Z−2 R4					
N140	G00 X200 Z200 T0200 M05			返回刀具起始点，取消刀补，停主轴		
N150	T0100			1 号基准刀返回，取消刀补		
N160	M30			程序结束		

（2）输入程序。

（3）数控编程模拟软件对加工刀具轨迹仿真，或数控系统图形仿真加工，进行程序校验及修整。

（4）安装刀具，对刀操作，建立工件坐标系。

（5）启动程序，自动加工。

（6）停车后，按图纸要求检测工件，对工件进行误差与质量分析。

4．安全操作和注意事项

（1）φ16mm 孔在普通车床上已加工到位。

（2）对刀时，注意内切槽刀的编程刀位点为左刀尖。

（3）有孔加工刀具，注意换刀点的位置不能太靠近工件，否则会在换刀和快速靠近工件时撞到工件。

本章小结

螺纹加工可用 G92、G76 指令进行编程，G76 指令采用斜进法进行加工，可以加工导程较大的螺纹，车削多线螺纹时不存在分头精度低，而普通车床在加工多线螺纹时就较难控制分头精度。

编程时应考虑加工螺纹的切入和切出量，以便保证螺纹导程的一致性。

加工螺纹之前一般应先加工退刀槽，如果没有退刀槽时，刀具在螺纹终点的加工路线为倒角退刀。

加工螺纹时，由于进给量较大，螺纹车刀的强度较差，故螺纹牙型往往需分多次进行切削。

习 题 7

1．G92 指令与 G76 指令有何区别？
2．计算螺纹的加工长度时，应包括哪些内容？
3．车螺纹为何要分多次吃刀？

项目练习

1．工件毛坯为 ϕ30mm 棒料，工件材料为 45# 钢，如图 7-12 所示，要求：
（1）确定零件的定位基准、装夹方案。
（2）选择刀具及切削用量。
（3）制定加工方案，确定对刀点。
（4）计算并注明基点、节点等的坐标值。
（5）填写加工程序单，并进行必要的工艺说明。

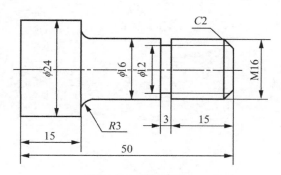

图 7-12 项目练习 1

2．加工如图 7-13 所示零件，规定加工方案为：（1）车端面；（2）车外圆；（3）镗内孔及倒角；（4）切内沟槽；（5）切内螺纹；（6）切断。要求编制加工程序。

全部 $\sqrt{\dfrac{3.2}{}}$

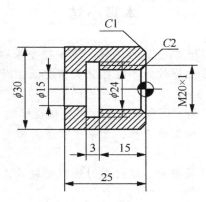

图 7-13　项目练习 2

3．工件毛坯为 ϕ30mm 棒料，工件材料为 45# 钢，加工如图 7-14 所示零件，规定加工方案为：（1）车端面；（2）车外圆、倒角；（3）车槽；（4）车多头螺纹；（5）切断。要求编制数控加工程序。

全部 $\sqrt{\dfrac{3.2}{}}$

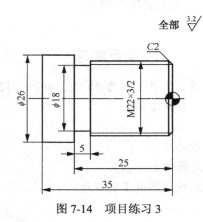

图 7-14　项目练习 3

第 **8** 章

轮廓类零件的编程与加工

复杂轮廓类零件由于轮廓形状多变，采用 G90、G94 等指令需考虑多刀加工及刀具的进、退刀位置，加工工艺变得复杂，程序多，不能保证轮廓连接光滑。因此，需掌握新的复合循环车削指令编程，合理安排粗加工走刀路线，保证零件的完工轮廓由最后一刀连续加工而成。

知识目标

➤ 掌握数控车削复合循环车削原理。

技能目标

➤ 掌握数控车削复合循环 G70～G73 指令的适用范围及编程。
➤ 能正确运用各指令代码编制较复杂零件的加工程序。
➤ 能正确选择和安装刀具，制定工件的车削加工工艺规程。
➤ 进一步掌握数控车削加工中的数值计算方法。
➤ 培养学生独立的工作能力和安全文明生产的习惯。

8.1 基础知识

8.1.1 复合车削循环原理

第 6 章介绍了 G90、G94 简单循环车削指令和编程方法。简单循环只能用于垂直、水平或者有一定角度的直线切削，可以从圆柱和圆锥形工件上去除粗加工余量，这些循环中每一个程序段相当于正常程序的 4 个程序段，但不便于加工倒角、锥体、圆角和切槽。本章介绍多重复合循环指令，可以用于非常复杂的内/外轮廓粗加工、精加工操作，还可用于切槽和车螺纹的循环加工。

1. 复合车削循环的概念

复合车削循环指令总共有 7 个：G70～G76 指令，是为更简化编程而提供的固定循环，只需给出精加工形状的轨迹、指定精车加工的吃刀量，系统就会自动计算出精加工路线和加工次数，自动决定中途进行粗车的刀具轨迹，因此可大大简化编程。

复合车削循环指令如表 8-1 所示，其中 G76 指令已在第 7 章中介绍，本章重点介绍 G70~G75 的编程规则和实际应用。

表 8-1 复合循环车削指令

指 令	名 称	说 明
G70	精加工复合循环	完成 G71、G72、G73 车削循环之后的精加工，达到工件尺寸
G71	外圆/内孔粗车复合循环	执行粗加工循环，将工件切削至精加工之前的尺寸
G72	端面粗车复合循环	同 G71 具有相同的功能，只是 G71 沿 Z 轴方向进行循环切削，而 G72 沿 X 轴方向进行循环切削
G73	封闭切削复合循环	沿工件相同的精加工刀具路径进行粗加工复合循环
G74	端面钻孔切削复合循环	用于钻孔加工及断续切削
G75	外圆车槽复合循环	用于外圆槽的断续切削
G76	螺纹车削复合循环	可以完成复合循环螺纹切削加工

轮廓粗加工切削循环：G71 粗车循环（主要是水平方向切削），G72 粗车循环（主要是垂直方向切削），G73 重复精加工刀具路径的粗加工。

轮廓精加工循环：G70（对 G71、G72、G73 粗加工循环后的精加工）。

断屑循环：G74 深孔钻循环（Z 轴方向加工），G75 深槽切削循环（X 轴方向切槽）。

车螺纹循环：G76 车螺纹复合循环，前一章已介绍。

2．复合循环指令的编程特点

（1）边界定义。粗加工循环基于两个边界定义，第一个是材料边界，也就是毛坯的外形，另一个是工件边界。两个定义的边界之间形成了一个完全封闭的区域，它定义了多余的材料，如图 8-1 所示。该封闭区域内的材料根据循环调用程序段中的加工参数进行有序切削。

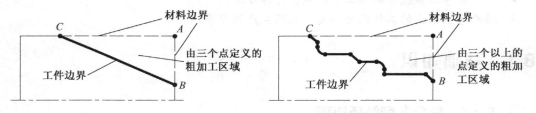

图 8-1 复合循环车削中的材料和工件边界

（2）起点和 P、Q 点。图 8-1 中的 A 点为任何轮廓切削循环的起点，是调用轮廓切削循环前刀具的最后 X Z 坐标位置。选择起点很重要，实际上这一特殊点控制所有趋近安全间隙以及首次粗加工的实际切削深度。图中的 B 和 C 点在程序中分别由 P 和 Q 来代替，P 点代表精加工后轮廓的第一个 XZ 坐标的程序段号，Q 点代表精加工后轮廓的最后一个 XZ 坐标的程序段号。

■ 8.1.2 G70~G75 **循环指令**

1．轴向切削粗车循环指令 G71

G71 指令将工件切削至精加工之前的尺寸，精加工前的形状及粗加工的刀具路径由系统根据精加工尺寸自动设定。在 G71 指令程序段内要指定精加工程序段的序号，精加工余量，粗加工每次切深，F 功能等。

刀具循环路径如图 8-2 所示，A 为循环起点，A′ 为精加工路线起点，B 为精加工路线的终点。在程序中，给出 A→A′→B 之间的精加工形状，用Δd 表示在指定的区域中每次进刀的切削深度，留出Δu/2 和Δw 精加工余量。

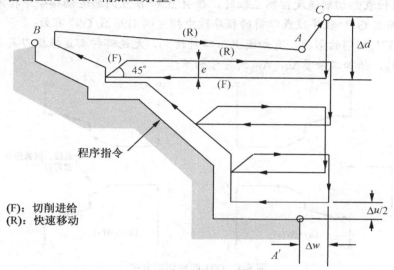

(F)：切削进给
(R)：快速移动

图 8-2 刀具循环路径

编程格式：G71 U(Δd) R(Δe)
　　　　　G71 P (ns) Q(nf) U(Δu) W(Δw) F(f) S(s) T(t)

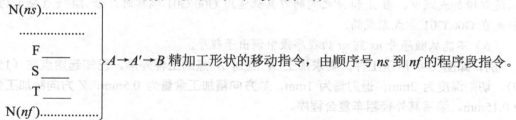

式中　Δd——切深量。无正负号，半径指定，切入方向由 AA′方向决定。该指定是模态的，一直到下个指定以前均有效。并且用参数也可指定。根据程序指令，参数值也改变；

　　　Δe——退刀量。是模态值，在下次指定前均有效。可用系统中参数设定，也可以用程序指令数值；

　　　ns——精加工形状程序段组的第一个程序段顺序号；

　　　nf——精加工形状程序段组的最后一个程序段顺序号；

　　　Δu——X 轴方向的精加工余量（直径指定，有正、负）；

　　　Δw——Z 轴方向的精加工余量（有正、负）；

　　　f、s、t——在使用粗加工循环时，包含在顺序号 ns～nf 之间程序段中的 F、S、T 功能对粗加工循环是无效的，只有在 G71 以前或含在 G71 程序段中的 F、S、T 指令有效。

注意

（1）Δd 和 Δu 都是由同一地址 U 指定的，其区分是该程序段有无地址 P、Q。

（2）粗车加工循环是由带地址 P 和 Q 的 G71 指令实现。在 A 点和 B 点间的运动指令中指定的 F、S、T 功能无效，但是在 G71 程序段或前面程序段中指定的 F、S、T 功能有效。

（3）当用恒表面切削速度控制主轴时，在 A 点和 B 点间的运动指令中指定的 G96 或 G97 无效，而在 G71 程序段或以前的程序段中指定的 G96 或 G97 有效。

（4）用 G71 切削的形状，有如图 8-3 四种情况。无论哪种都是根据刀具平行 Z 轴移动进行切削的，精加工余量 Δu，Δw 的符号如下：

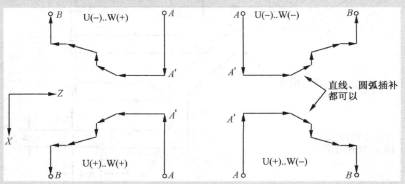

图 8-3　G71 四种切削方式

（5）A 和 A′之间的刀具轨迹是在包含 G00 或 G01 顺序号为"ns"的程序段中指定，并且在这个程序段中不能指定 Z 轴的运动指令。A 和 B 之间的刀具轨迹在 X 和 Z 方向必须逐渐增加或减少。当 A 和 A′之间的刀具轨迹用 G00/G01 编程时，沿 AA′（X 轴）的切削是在 G00/G01 方式完成的。

（6）不能从顺序号 ns 到 nf 的程序段中调出子程序。

例：如图 8-4 所示工件，要求加工 A 点到 B 点的工件外形。已知起始点在（150，50），切削深度为 2mm，退刀量为 1mm，X 方向精加工余量为 0.5mm，Z 方向精加工余量为 0.15mm。编写其外径粗车复合程序。

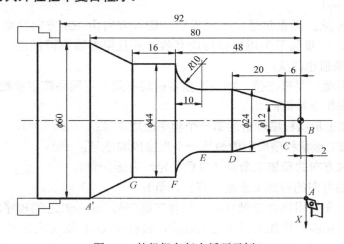

图 8-4　外径粗车复合循环示例

使用 G71 指令编写的外圆粗加工程序如表 8-2 所示。

表 8-2　外径粗车复合循环程序

程　　序	说　　明
O0801	程序名
N10 G50 X150 Z50	建立工件坐标系，设置刀具起点
N20 M03 S500	主轴正转
N30 T0101	选刀具号
N40 G00 X60 Z2	快进到 A 点
N50 G71 U2 R1	G71 复合循环
N60 G71 P70 Q130 U0.5 W0.15 F150	粗加工循环从 N70 到 N130
N70 G00 X12	快速定位，从 A 点到 B 点
N80 G01 Z–6 F50	直线插补，从 B 点到 C 点
N90 X24 Z–26	直线插补，从 C 点到 D 点
N100 Z–38	直线插补，从 D 点到 E 点
N110 G02 X44 W–10 R10	圆弧插补，从 E 点到 F 点
N120 G01 X44 W–16	直线插补，从 F 点到 G 点
N130 X60 Z–80	直线插补，从 G 点到 A' 点
N140 G00 X150 Z2	从 A' 点到 A 点
N150 M05 M30	程序结束

2．精加工循环指令 G70

由 G71、G72、G73 进行粗切削循环完成后，可用 G70 指令进行精加工。

编程格式：G70　P(ns) Q(nf)

式中　ns——精加工形状开始程序段的顺序号；

　　　nf——精加工形状结束程序段的顺序号。

注意

（1）在含 G71、G72 或 G73 的程序段中指令的地址 F、S、T 对 G70 的程序段无效。而在顺序号 ns 到 nf 之间指令的地址 F、S、T 对 G70 的程序段有效。

（2）G70 精加工循环一旦结束，刀具快速进给返回起始点，并开始读入 G70 循环的下一个程序段。

（3）在被 G70 使用的顺序号 ns～nf 间程序段中，不能调用子程序。

3．端面粗车复合循环指令 G72

端面粗车复合循环 G72 与外（内）径车复合循环 G71 均为粗加工循环指令，其区别仅在于 G72 切削方向平行于 X 轴，而 G71 是沿着平行于 Z 轴进行切削循环加工的。如图 8-5 所示。

编程格式：G72 W(Δd) R(e)

　　　　　G72 P(ns) Q(nf) U(Δu) W(Δw) F(f) S(s) T(t)

式中　Δd，e，ns，nf，Δu，Δw，f，s，t 参数意义和 G71 相同。

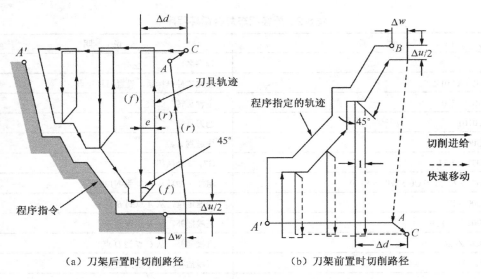

（a）刀架后置时切削路径　　　　　（b）刀架前置时切削路径

图 8-5　G72 切削时加工路线

注意

（1）G72 与 G71 切深量 Δd 切入方向不一样，G72 是沿 Z 轴方向移动切深，而 G71 是沿 X 轴方向进给切深。

（2）用 G72 切削的形状，有如图 8-6 所示的四种情况。无论哪种，都是根据刀具重复平行于 X 轴的动作进行切削。精加工 Δu，Δw 的符号如下：

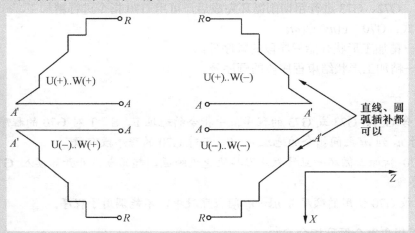

图 8-6　G72 四种切削方式

（3）在 A' 和 A 之间的刀具轨迹是在包含 G00 或 G01 顺序号为 "ns" 的程序段中指定，并且在这个程序段中不能指定 X 轴的运动指令。A 和 B 之间的刀具轨迹在 X 和 Z 方向必须逐渐增加或减少。当 A' 和 A 之间的刀具轨迹用 G00/G01 编程时，沿 AA'（Z 轴）的切削是在 G00/G01 方式完成的。

例：如图 8-7 所示，毛坯ϕ25mm，全部 *Ra*3.2；用 G70、G72 等指令编程加工工件中间部分。要求加工 *A* 点到 *A'* 点间的工件形状。已知切断刀刀宽 3.6mm（右刀尖为刀位点），切深为 3mm，退刀量为 1mm，*X* 方向精加工余量为 0.5mm，*Z* 方向精加工余量为 0.10mm。编写 *A* 点到 *A'* 间工件的加工程序。

工件坐标系、刀具起始点位置如图 8-7 所示，使用 G72、G70 指令编写的加工程序如表 8-3 所示。

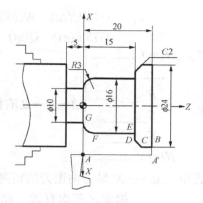

图 8-7 G72、G70 应用实例

表 8-3 G72 复合循环应用程序

程　序	说　明
O0802	程序名
……	
N120 M03 S300	主轴正转
N130 T0303	选切断刀
N140 G00 X27 Z0	快进到 *A* 点
N150 G01 X10 F20	切槽至ϕ10mm，便于 G72 退刀
N160 G00 X26 Z0	快速退回至 G72 起始位置 *A* 点
N170 G72 W3 R1	采用端面粗车复合循环
N180 G72 P190 Q240 U0.5 W−0.1 F20	粗加工程序从 N190 至 N250 段
N190 G00 Z20 M08	从 *A* 点到 *A'* 点
N200 G01 X24 F30	从 *A'* 到 *B* 点
N210 Z17	从 *B* 点到 *C* 点
N215 X20 Z15	从 *C* 点到 *D* 点
N220 X16	从 *D* 点到 *E* 点
N230 Z3	从 *E* 点到 *F* 点
N240 G03 X10 Z0 R3	从 *F* 点到 *G* 点
N250 G00 X100 M05	快速退出，停主轴
N260 M00	暂停
N270 M3 S800	换较高转速
N280 G00 X26 Z0	定位到 *A* 点
N290 G70 P190 Q250	采用 G70 调用精加工程序
N300 G00 X100 Z150 M05	退出
……	

4. 封闭切削复合循环指令 G73

所谓封闭切削循环就是按照一定的切削形状逐渐地接近最终形状。利用该循环，可以按同一轨迹重复切削，每次切削刀具向前移动一次，用这种循环可对锻造和铸造等前加工做成的有基本形状的毛坯或已粗车成型的工件进行切削。如图 8-8 所示为刀具进给路线。

编程格式：*A* 点→*A'* 点→*B* 点

G73 U(Δi)   W(Δk)   R(d)

G73 P(ns)   Q(nf)   U(Δu)   W(Δw)   F(f)   S(s)   T(t)

$N(ns)$..............

....

$\left.\begin{array}{l} F \underline{\hspace{2em}} \\ S \underline{\hspace{2em}} \\ T \underline{\hspace{2em}} \end{array}\right\}$ $A \to A' \to B$ 的精加工形状的移动指令由顺序号 ns 到 nf 的程序段指令。

$N(nf)$..............

式中　Δi——X 轴方向退刀的距离及方向（半径值指定）。该指定是模态，一直到下一次被指定之前均有效。此外还可以用系统参数设定。根据程序指令，参数值也改变。

　　　　Δk——Z 轴方向退刀距离及方向。该指定是模态，一直到下次指定之前均有效。此外，还可用参数设定。根据程序指令，参数值也改变。

　　　　d——分割次数等于粗切削次数。该指定是模态，直到下一次指定前均有效。此外，还可以用参数设定。根据程序指令，参数值也变化。

　　　　ns——精加工形状程序段组的第一个程序段顺序号。

　　　　nf——精加工形状程序段组的最后一个程序段顺序号。

　　　　Δu——X 轴方向的精加工余量（直径值/半径值指定）

　　　　Δw——Z 轴方向的精加工余量。

　　　　f、s、t——在 $ns \sim nf$ 间任何一个程序段上的地址 F、S、T 功能均无效。仅在含 G73 指令的程序段中地址 F、S、T 才有效。

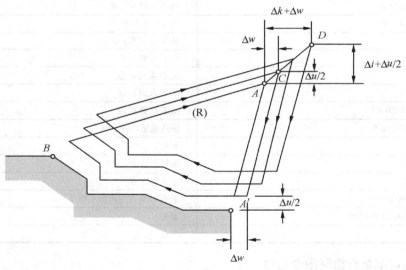

图 8-8　封闭切削复合循环指令 G73

　注意

　　（1）Δi、Δk、Δu、Δw 都用地址 U、W 指定，它们的区别是根据程序段中有无指定地址 P、Q 来判断。

（2）一定形状的循环切削动作可用 G73 指令中 P、Q 指定的程序段来进行。切削形状与 G71、G72 相同，可分为四种，编程时请注意 Δu、Δw、Δi、Δk 的符号。

（3）G73 循环结束后，刀具就返回 A 点。

例：如图 8-9 所示为较复杂的外轮廓工件，试用 G73 等指令编程加工 $R8$ 凹圆弧槽。

由于工件外轮廓不是呈规则单调递增或递减，因此采用 G73 指令编程加工较合适。工件坐标系、刀具起始点位置如图 8-9 所示，坐标值计算过程略。其中 D 点（$X20$，$Z-5.61$）、E 点（$X20.24$，$Z-16.23$）、F 点（$X21.58$，$Z-34.92$）、G 点（$X17$，$Z-41.29$）、H 点（$X17$，$Z-45$）、I 点（$X29$，$Z-55$）、J 点（$X29$，$Z-61$）。加工程序如表 8-4 所示。

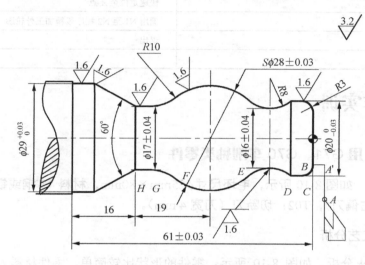

图 8-9　G73 指令应用实例

表 8-4　外轮廓封闭切削复合循环应用程序

程　序	说　明
O0803	程序名
……	
M03 S600	主轴正转
T0202	选粗车 35° 外圆尖刀
G00 X32 Z3	快进到 A 点
G73 W7.5 R10	采用 G73 粗车复合循环，从 A' 点沿 X 轴正方向退刀
G73 P1 Q2 U0.5 W0 F35	距离为 7.5mm，分 10 次切削
N1 G00 X14 F40 M08	快速定位至 A' 点
G01 Z0	从 A' 点到 B 点
G03 X20 Z-3 R3	从 B 点到 C 点
G01 Z-5.61	从 C 点到 D 点
G02 X20.24 Z-16.23 R8	从 D 点到 E 点
G03 X21.58 Z-34.92 R14	从 E 点到 F 点
G02 X17 Z-41.29 R10	从 F 点到 G 点

续表

程　序	说　明
G01 X17 Z–45	从 G 点到 H 点
X29 Z–55	从 H 点到 I 点
N2 X29 Z–61	从 I 点到 J 点
G00 X100 T0200 M09	快速退回至换刀点
Z100 M05	
M00	
M03 S1200 T0101	换较高转速，精车外圆尖刀
G00 X32 Z3	快速定位至 A 点
G70 P1 Q2	调用 N1 至 N2 程序段精加工外轮廓
G00 X100	退出
Z100 M05	

8.2 操作实训

■ 8.2.1 用 G71、G70 车削轴类零件

【案例 8.1】　如图 8-10 所示，毛坯尺寸 ϕ25mm×80mm，材料 45$^{\#}$钢或铝，T01：粗精车外圆刀（90° 右偏刀），T02：切断刀（刀宽 4 mm）。

1. 零件图工艺分析

（1）技术要求分析。如图 8-10 所示，零件的形状比较简单，零件材料为 45$^{\#}$钢或铝，无热处理和硬度要求。

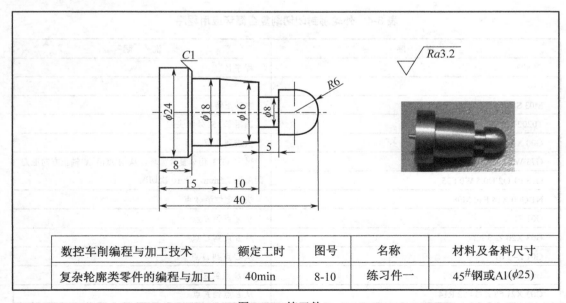

数控车削编程与加工技术	额定工时	图号	名称	材料及备料尺寸
复杂轮廓类零件的编程与加工	40min	8-10	练习件一	45$^{\#}$钢或Al(ϕ25)

图 8-10　练习件一

（2）确定装夹方案、定位基准、加工起点、换刀点。用三爪自定心卡盘夹紧定位，车平右端面后，调用程序自动加工。由于工件较小，为了加工路径清晰，加工起点和换刀点可以设为同一点，放在 Z 向距工件前端面 100mm，X 向距轴心线 50mm 的位置。

（3）制定加工方案，确定各刀具及切削用量。加工刀具的确定如表 8-5 所示，加工方案的制定如表 8-6 所示。

表 8-5　案例 8.1 刀具卡

实训课题		复杂轮廓类零件的编程与加工	零件名称	练习件一	零件图号	8-10
序号	刀具号	刀具名称及规格	刀尖半径	数量	加工表面	备注
1	T0101	90°粗精车右偏外圆刀	0.4 mm	1	外表面、端面	
2	T0202	切断刀（刀位点为左刀尖）	B=4mm	1	切槽、切断	

表 8-6　案例 8.1 工序和操作清单

材料	45#钢或 Al		零件图号	8-10	系　统	FANUC	工序号	081
操作序号	工步内容（走刀路线）		G 功能	T 刀具	切削用量			
					转速 $S(n)$ (r/min)	进给速度 F (mm/min)	切削深度 a_p (mm)	
主程序 1	夹住棒料一头，夹持长度 25 mm（手动操作），调用主程序 1 加工							
（1）	车端面		G01	T0101	600	100		
（2）	粗车外表面（长度：距右端起 50 mm）		G71	T0101	600	100	2	
（3）	精加工外表面		G70	T0101	1200	50	0.5	
（4）	切槽		G94	T0202	300	20		
（5）	切断		G01/G94	T0202	300	20		
（6）	检测、校核							

2．数值计算

（1）设定程序原点，以工件前端面与轴线的交点为程序原点建立工件坐标系，工件加工程序起始点和换刀点都设在（X100，Z100）位置点。

（2）计算各节点位置坐标值（略）。

（3）暂不考虑刀具刀尖圆弧半径对工件轮廓的影响。

3．工件参考程序与加工操作过程

（1）工件的参考程序（1 个主程序）。根据上述加工工艺路线分析，采用 G71、G70 指令进行粗精循环加工工件的外形，G01 或 G94 指令切槽。工件的参考程序如表 8-7 所示。

（2）输入程序。

（3）数控编程模拟软件对加工刀具轨迹仿真，或数控系统图形仿真加工，进行程序校验及修整。

（4）安装刀具，对刀操作，建立工件坐标系。

（5）启动程序，自动加工。

（6）停车后，按图纸要求检测工件，对工件进行误差与质量分析。

表 8-7 案例 8.1 程序卡（供参考）

数控车床程序卡	编程原点	工件前端面与轴线交点		编写日期	
	零件名称		零件图号 8-10	材料	45#钢或 Al
	车床型号 CJK6240	夹具名称	三爪卡盘	实训车间	数控中心
程序号	O0811		编程系统	FANUC 0-TD	
序　号	程　　序			简 要 说 明	
N010	G00 X100 Z100			工件加工起点和换刀点位置	
N020	M03 S600 T0101			主轴正转，选择 1 号外圆刀	
N030	G00 X27 Z2			快速定位至ϕ27mm 直径，距端面正向 2 mm	
N040	G01 Z0 F100			刀具对齐端面	
N050	X–1			车削端面，保证总长	
N060	G00 X27 Z2			快速定位至ϕ27mm 直径，距端面正向 2 mm	
N070	G71 U1.5 R1			采用复合循环粗加工外圆，X 负方向留精加工余量 0.5 mm	
N080	G71 P90 Q180 U0.5 W0 F100 S600 T0101				
N090	G00 X0				
N100	G01 Z0 F50				
N110	G03 X12 Z–6 R6			采用复合循环粗加工外圆，X 负方向留精加工余量 0.5 mm	
N120	Z–15				
N130	X16				
N140	X18 Z–25				
N150	Z–32				
N160	X22				
N170	X24 Z–33				
N180	Z–46				
N190	G00 X27 Z2			返回加工起点	
N200	G00 X100 Z100 M05			返回换刀点，停主轴	
N210	M00			程序暂停	
N220	M03 S1500			变换主轴转速	
N230	G00 X27 Z2			定位精加工起点	
N240	G70 P90 Q180			精加工外轮廓	
N250	G00 X100 Z100 T0100			返回换刀点	
N260	M05			主轴停止	
N270	T0202			换切断刀	
N280	S300 M03			降低转速	
N290	M08			开切削液	
N300	G00 X14 Z–14				
N310	G94 X8 Z–15 F20			单一切削循环切槽	
N320	G94 X8 Z–35			单一切削循环切槽	
N330	G00 X27			快速定位至ϕ27mm	
N340	G00 Z–44			快速定位至工件切断位置	
N350	G94 X–1 F20			切断	
N360	G00 X100 M09			关切削液	
N370	G00 Z50 T0200			返回换刀点	
N380	M05 T0100			停主轴	
N390	M30			程序结束	

4．安全操作和注意事项

（1）车床空载运行时，注意检查车床各部分运行状况。

（2）进行对刀操作时，要注意切槽刀刀位点的选取。上述参考程序采用切槽刀左刀尖作为编程刀位点。

（3）工件装夹时，夹持部分不能太短，要注意伸出长度。

（4）工件加工过程中，要注意中间检验工件质量，如果加工质量出现异常，停止加工，请示教师，以便采取相应措施。

8.2.2　用 G71、G73 和 G76 等指令车削较复杂轮廓类零件

【案例 10.2】　如图 8-11 所示轴类零件，毛坯直径 $\phi30mm\times105mm$，材料为 $45^{\#}$ 钢或铝。未标注处倒角 $1\times45°$，棱边倒钝 $0.2\times45°$，要求在数控车床上完成加工，小批量生产。

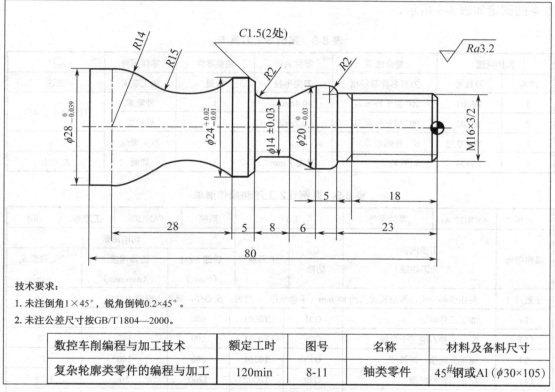

技术要求：

1．未注倒角 $1\times45°$，锐角倒钝 $0.2\times45°$。

2．未注公差尺寸按 GB/T 1804—2000。

数控车削编程与加工技术	额定工时	图号	名称	材料及备料尺寸
复杂轮廓类零件的编程与加工	120min	8-11	轴类零件	$45^{\#}$钢或Al（$\phi30\times105$）

图 8-11　轴类零件

1．零件图工艺分析

（1）技术要求分析。如图 8-11 所示，零件主要包括凹凸圆弧面、圆柱面、外沟槽、双头螺纹等。零件材料为 $45^{\#}$ 钢或铝。

（2）确定装夹方案、定位基准、加工起点、换刀点。

① 确定零件的定位基准、装夹方案。

定位基准：工件轴心线为基准。

装夹方案：车一刀毛坯表面，夹已加工表面，伸出长度 88mm。

② 分析并用图表示各刀具、确定对刀点。

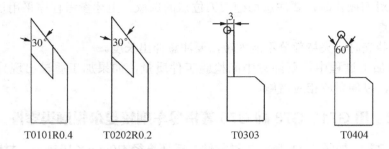

T0101R0.4   T0202R0.2   T0303   T0404

（3）制定加工工艺路线，确定刀具及切削用量。加工刀具的确定如表 8-8 所示，加工方案的制定如表 8-9 所示。

表 8-8　案例 8.2 刀具卡

实训课题		复合练习	零件名称	轴类零件	零件图号	8-11
序号	刀具号	刀具名称及规格	刀尖半径	数量	加工表面	备注
1	T0101	90°粗车外圆刀	0.4mm	1	外轮廓	刀尖角小于 45°
2	T0202	90°精车外圆刀	0.2mm	1	外轮廓	
3	T0303	60°外螺纹刀		1	双头螺纹	
4	T0404	切断刀	刀宽 3 mm	1	切断	左刀尖

表 8-9　案例 8.2 工序和操作清单

材料	45#钢或 Al	零件图号	8-11	系统	FANUC	工序号	065
操作序号	工步内容（走刀路线）		G功能	T 刀具	切削用量		
					转速 $S(n)$ (r/min)	进给速度 F (mm/min)	切削深度 a_p (mm)
主程序 1	夹住棒料一头，留出长度大约 88 mm（手动操作），对刀，找 G50，调用主程序 1 加工						
（1）	加工工件端面		G01	T0101	600	100	0.5
（2）	粗车工件右端三个台阶		G71	T0101	600	140	1.0
（3）	粗车外沟槽、圆弧槽		G73	T0101	600	140	1
（4）	精车工件外轮廓		G70	T0202	1200	50	0.25
（5）	车削双头外螺纹		G76	T0303	600		0.4
（6）	切断		G01	T0404	500	20	
（7）	检测、校核						

2．数值计算（略）

3．工件参考程序与加工操作过程

（1）工件的参考程序如表 8-10 所示。

表 8-10 案例 8.2 程序卡（供参考）

数控车床 程序卡	编程原点	工件右端面与轴线交点		编写日期	
	零件名称	轴类零件	零件图号	8-11	材料	45#钢或 Al
	车床型号	CAK6150DJ	夹具名称	三爪卡盘	实训车间	数控中心
程序号	O6010			编程系统	FANUC 0-TD
序 号	程 序			简 要 说 明	
N010	G50 X100 Z50			建立工件坐标系、换刀点	
N020	S500 M3			主轴正转	
N030	T0101			选择 1 号外圆刀	
N040	G0 X32 Z2			快速定位	
N050	G98 G01 Z0 F100			G98（mm/min）	
N060	X–1			平端面	
N070	G00 X32 Z2			快速定位到加工循环始点	
N080	G71 U1 R0.5			采用外径粗加工循环指令编程加工	
N090	G71 P100 Q150 U0.5 W0.1 F140				
N100	G00 X13.9				
N110	G01 Z0 F50				
N120	X15.9 Z–1				
N130	Z–23				
N140	G03 X20 W–2 R2				
N150	G01 X20 Z–28			循环结束句	
N160	G00 X100 Z50 M05			刀具返回换刀点	
N170	M00			暂停，测量，与实际尺寸比较	
N180	M03 S600			启动主轴	
N190	G00 X32 Z–21			定位到加工循环起点	
N200	G73 U6 W0 R6			采用封闭轮廓循环指令编程加工	
N210	G73 P270 Q370 U0.5 W0 F140			从程序号 270 句，ϕ20mm 处开始粗加工	
N220	G00 X13.9				
N230	G01 Z0 F50				
N240	X15.9 Z–1				
N250	Z–23				
N260	G03 X20 W–2 R2				
N270	G01 X20				
N280	G01 Z–28				
N290	X14 W–6				
N300	W–6				
N310	G02 X18 W–2 R2				
N320	G01 X20				
N330	X24 W–2				

续表

数控车床 程序卡	编程原点	工件右端面与轴线交点		编写日期	
	零件名称	轴类零件	零件图号	8-11	材料	45#钢或 Al
	车床型号	CAK6150DJ	夹具名称	三爪卡盘	实训车间	数控中心
程序号	O6010			编程系统	FANUC 0-TD
序 号	程 序			简 要 说 明	
N340	W−3				
N350	G02 X22.15 Z−66.44 R15				
N360	G03 X28 Z−75 R14				
N370	G01 Z−84			循环结束句	
N380	G00 X100 Z50 T0100 M05			返回换刀点	
N390	M00				
N400	M03 S1500 T0202			换外圆精加工车刀	
N410	G00 X32 Z2				
N420	G70 P220 Q370			调用精加工程序,加工整个外轮廓	
N430	G00 X100 Z50T0200 M05			返回换刀点	
N440	M00			停主轴,检查	
N450	M03 S1200 T0303			换外螺纹车刀	
N460	G00 X20 Z6 M08			定位到加工螺纹循环起点	
N470	G76 P011060 Q100 R150			采用复合型螺纹切削循环加工第一头螺纹	
N480	G76 X13.95 Z−20 R0 P950 Q400 F3				
N490	G00 X20 Z4.5			移动一个螺距	
N500	G76 P012060 Q100 R150			加工第二头螺纹	
N510	G76 X13.95 Z−20 R0 P950 Q400 F3				
N520	G00 X100 Z50 T0300 M05			返回换刀点	
N530	M00			停主轴,检查	
N540	M03 S1200 T0404			换切断刀	
N550	G00 X32 Z−83			定位到工件左端面处	
N560	G01 X−1 F20			切断工件	
N570	G00 X32			先 X 方向退出	
N580	G00 X100 Z50 T0400 M09			刀具返回换刀点	
N590	T0100 M05			停主轴	
N600	M30			程序结束	

（2）输入程序。

（3）数控编程模拟软件对加工刀具轨迹仿真,或数控系统图形仿真加工,进行程序校验及修整。

（4）安装刀具,对刀操作,建立工件坐标系。

（5）启动程序,自动加工。

（6）停车后,按图纸要求检测工件,对工件进行误差与质量分析。

4．安全操作和注意事项

（1）选刀时，刀尖角一定要控制在 45°，如果刀尖角过大，凹圆弧和圆锥面将过切。

（2）装刀时，刀尖对齐工件中心高，对刀前，先将工件端面车平。

（3）为保证精加工尺寸准确性，可分半精加工、精加工加工外轮廓。

（4）加工螺纹时，由于是双头螺纹，F 指令必须采用导程编写，不能写成螺距；在加工第二头螺纹时，只需移动一个螺距，可沿 Z 轴两个方向移动。

（5）加工螺纹时，必须考虑到螺纹加、减速过程，防止螺纹不完整部分过多。

（6）由于暂不考虑刀尖圆弧半径，因此实际圆弧面存有过切或欠切现象。希望学习者通过后面的课题学习完刀尖圆弧半径补偿之后，能采用刀尖圆弧半径补偿方法编制零件精加工程序。

■ 8.2.3 综合零件套的加工

【案例 8.3】 如图 8-12 所示轴套，毛坯尺寸外径 $\phi55$mm（毛坯已有 $\phi20$mm 的通孔），材料为 $45^\#$ 钢。

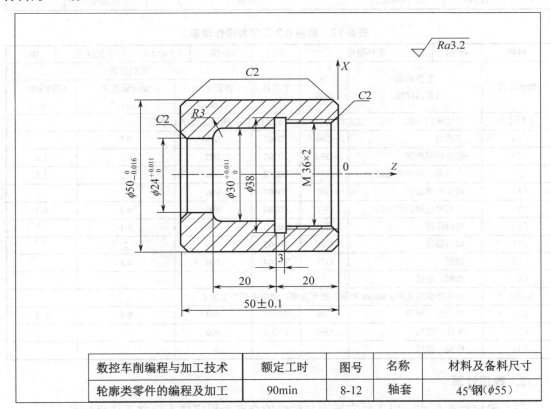

数控车削编程与加工技术	额定工时	图号	名称	材料及备料尺寸
轮廓类零件的编程及加工	90min	8-12	轴套	$45^\#$ 钢（$\phi55$）

图 8-12 轴套

1．零件图工艺分析

（1）技术要求分析。如图 8-12 所示，包括端面、内外圆柱面、内圆角、倒角、内沟槽、内螺纹、切断等加工。零件材料为45#钢，无热处理和硬度要求。

（2）确定装夹方案、定位基准、加工起点、换刀点。由于毛坯为棒料，用三爪自定心卡盘夹紧定位。为了使加工路径清晰，加工起点和换刀点可以设为同一点，放在 Z 向距工件前端面 200mm，X 向距轴心线 100mm 的位置。

（3）制定加工方案，确定各刀具及切削用量。加工刀具的确定如表 8-11 所示，加工方案的制定如表 8-12 所示。

表 8-11　案例 8.3 刀具卡

实训课题		凹槽类零件的编程与加工	零件名称	螺　母	零件图号	8-12
序号	刀具号	刀具名称及规格	刀尖半径	数量	加工表面	备注
1	T0101	93°外圆车刀	0.4mm	1	端面	
2	T0202	镗孔刀	0.4mm	1	内孔	
3	T00303	B=3mm 内槽刀	0.3mm	1	内槽	
4	T0404	B=3mm 切断刀（刀位点为左刀尖）	0.3mm	1	切断	
5	T0505	60°内螺纹刀	0.2mm	1	内螺纹	

表 8-12　案例 8.3 工序和操作清单

材料	45#钢	零件图号		8-12	系统	FANUC	工序号	083
操作序号	工步内容（走刀路线）		G 功能	T 刀具	切削用量			
					转速 $S(n)$（r/min）	进给速度 F（mm/r）	切削深度 a_p（mm）	
主程序 1	夹住棒料一头，留出长度大约为 70 mm（手动操作），调用主程序 1 加工							
（1）	车端面		G94	T0101	500	0.1		
（2）	粗车外圆表面		G90	T0101	500	0.1	1.5	
（3）	自右向左粗镗内孔表面		G71	T0202	600	0.3	1.5	
（4）	精车外圆表面		G01	T0101	900			
（5）	自右向左精镗内表面		G70	T0202	900	0.1	0.2	
（6）	切内沟槽		G01	T0303	300	0.1		
（7）	切内螺纹		G92	T0505	300	2		
（8）	切断		G01	T0404	300	0.1		
（9）	检测、校核							
主程序 2	调头垫铜皮夹持 ϕ50mm 外圆，找正夹牢，调用主程序 2 加工							
（1）	车端面、倒角		G01	T0101	900	0.1	0.2	
（2）	车孔口倒角		G90	T0202	900	0.1		
（3）	检测、校核							

2. 数值计算

（1）设定程序原点，以工件右端面与轴线的交点为程序原点建立工件坐标系。

（2）计算各节点位置坐标值，略。

（3）车螺纹前的孔径：由螺距 $P=2$，得 $D_孔=36-2=34$。

（4）由螺距 $P=2$，查得牙深 $h=1.299$，分 5 次切削，每次的吃刀量分别为 0.9、0.6、0.6、0.4、0.1。

3．工件参考程序与加工操作过程

（1）工件的参考程序如表 8-13 所示。

表 8-13　案例 8.3 程序卡（供参考）

数控车床 程序卡	编程原点	工件右端面与轴线交点			编写日期	
	零件名称	轴套	零件图号	8-12	材料	45#钢
	车床型号	CJK6240	夹具名称	三爪卡盘	实训车间	数控中心
程序号	O8003			编程系统		FANUC 0-TD
序　号	程　序			简要说明		
N010	G50 X200 Z200			建立工件坐标系		
N020	M03 S500 T0101			主轴正转，选择 1 号外圆刀		
N030	G99			设定进给速度单位为 mm/r		
N040	G00 X60 Z2			快速定位至 ϕ60mm 直径，距端面正向 2 mm		
N050	G94 X18 Z0.5 F0.3			加工端面		
N060	Z0 F0.1					
N070	G90 X52 Z−53 F0.3			粗车 ϕ50mm 外圆，留 0.2mm 余量		
N080	X50.4 F0.1					
N090	G00 X200 Z200 T0100 M05			返回刀具起始点，取消刀补，停主轴		
N100	M01			选择停止，以便检测工件		
N110	M03 S600 T0202			主轴正转，换镗孔刀		
N120	G00 X18 Z2			定位至 ϕ18mm 直径外，距端面正向 2 mm		
N130	G71 U1.5 R0.5			调用粗车循环加工内表面，每次切削深度		
N140	G71 P150 Q 220 U−0.4 W0.2 F0.3			1.5mm，留单边精加工余量 0.2mm		
N150	G00 X42 Z2			快速定位至（X42，Z−2）		
N160	G01 X34 Z−2 F0.1			加工倒角 C2		
N170	Z−20			加工 M36 内孔至 ϕ34 mm		
N180	X30			加工台阶面		
N190	W−17			加工 ϕ30mm 孔		
N200	G03 X24 W−3 R3			加工 R3 圆弧面		
N210	G01 Z−53			加工 ϕ24mm 内孔		
N220	X18			径向退刀		
N230	G00 X200 Z200 T0200 M05			返回刀具起始点，取消刀补，停主轴		
N240	M01			选择停止，以便检测工件		
N250	M03 S900 T0101			换速，选 1 号外圆车刀		
N260	G00 X42 Z2			快速定位至（X42，Z−2）		
N270	G01 X50 Z−2 F0.1			加工 C2 倒角		
N280	Z−53			车 ϕ50mm 外圆		
N290	X60			平端面		
N300	G00 X200 Z200 T0100 M05			返回刀具起始点，取消刀补，停主轴		
N310	M01			选择停止，以便检测工件		
N320	M03 S900 T0202			启动主轴，选 2 号刀		
N330	G00 X18 Z2			快速定位至（X18，Z−2）		

续表

数控车床 程序卡	编程原点	工件右端面与轴线交点		编写日期	
	零件名称	轴套	零件图号　8-12	材料	45#钢
	车床型号	CJK6240	夹具名称　三爪卡盘	实训车间	数控中心

程序号	O8003	编程系统	FANUC 0-TD

序　号	程　　序	简 要 说 明
N340	G70 P150 Q220	调用精加工循环车内表面
N350	G00 X200 Z200 T0200 M05	返回刀具起始点，取消刀补，停主轴
N360	M01	选择停止，以便检测工件
N370	M03 S300 T0303	换内切槽刀，降低转速
N380	G00 X28 Z2	快速定位至（X28，Z-2）
N390	Z-20	快速靠近槽，准备切槽
N400	G01 X38 F0.1	切槽至ϕ38mm
N410	G04 X0.5	暂停 0.5 秒
N420	G00 X26	退出加工槽
N430	Z2	轴向快速退出工件孔
N440	G00 X200 Z200 T0300 M05	返回刀具起始点，取消刀补，停主轴
N450	M01	选择停止，以便检测工件
N460	M03 S300 T0505	换内螺纹刀，主轴正转
N470	G00 X28 Z5	
N480	G92 X34.3 Z-18.5 F2	
N490	X34.9	
N500	X35.5	加工内螺纹
N510	X35.9	
N520	X36	
N530	G00 X200 Z200 T0500 M05	返回刀具起始点，取消刀补，停主轴
N540	M01	选择停止，以便检测工件
N550	M03 S300 T0404	换切断刀，主轴正转
N560	G00 X60 Z-53	快速定位至（X60，Z-53）
N570	G01 X18 F0.1	切断
N580	G00 X60	径向退刀
N590	G00 X200 Z200 T0400 M05	返回刀具起始点，取消刀补，停主轴
N600	T0100	1 号基准刀返回，取消刀补
N610	M30	程序结束
	工件调头垫铜皮装夹，车端面、倒角	

程序号	O8004		

序　号	程　　序	简 要 说 明
N010	G50 X200 Z200	建立工件坐标系
N020	M03 S900 T0101	主轴正转，选择 1 号外圆刀
N030	G99	进给速度为 mm/r
N040	G00 X22 Z2	快速定位至ϕ22mm 直径，距端面正向 2 mm
N050	G01 Z0 F0.1	刀具与端面对齐

数控车床程序卡	编程原点	工件右端面与轴线交点		编写日期	
	零件名称	轴套	零件图号	8-12	材料	45#钢
	车床型号	CJK6240	夹具名称	三爪卡盘	实训车间	数控中心
程序号	O8004				
序　号	程　　序			简　要　说　明	
N060	X46			加工端面	
N070	X52 Z–3			车 C2 倒角	
N080	G00 X200 Z200 T0100 M05			返回刀具起始点，取消刀补，停主轴	
N090	M00			程序暂停，检测工件	
N100	M03 S900 T0202			换转速，正转，选镗孔刀	
N110	G00 X16 Z2			快速定位至（X16，Z2）位置	
N120	G90 X24 Z–1.5 R3.5 F0.1			加工 C2 倒角	
N130	X24 Z–2 R4				
N140	G00 X200 Z200 T0200 M05			返回刀具起始点，取消刀补，停主轴	
N150	T0100			1 号基准刀返回，取消刀补	
N160	M30			程序结束	

（2）输入程序。

（3）数控编程模拟软件对加工刀具轨迹仿真，或数控系统图形仿真加工，进行程序校验及修整。

（4）安装刀具，对刀操作，建立工件坐标系。

（5）启动程序，自动加工。

（6）停车后，按图纸要求检测工件，对工件进行误差与质量分析。

4．安全操作和注意事项

（1）毛坯已有通孔ϕ20mm。

（2）加工孔时，若利用 G71 指令，注意精加工余量 U 地址后的数值为负值。

（3）内槽加工完时，必须先径向退刀，再轴向退出工件孔，然后才能退回换刀点。

（4）加工螺纹时，不能随意更改进给速率。

本章小结

对数控车床而言，不能通过一次走刀路线完成的轮廓表面、加工余量较大的表面，采用复合循环编程，可以缩短程序段的长度，减少程序所占用的内存。

各类数控系统复合循环的形式和使用方法（主要是编程方法、编写格式）相差较大，希望学习者能相互比较。

同一系统，对同一零件进行编程和加工时，可以采用不同加工指令进行程序编制，究竟哪种方法最适宜，取决于各种因素，例如，零件批量生产方式、刀具选择、工件形位公差要求、尺寸精度和表面质量要求等。

习 题 8

1. 复合循环的作用是什么？
2. 复合循环与单一固定循环相比较各有何优缺点？

项目练习

零件图如图 8-13～8-14 所示，坯料为 45# 钢棒料。试编制数控加工程序。要求如下：

（1）确定零件的定位基准、装夹方案；

（2）选择刀具及切削用量；

（3）制定加工方案，确定对刀点；

（4）计算并注明有关基点、节点等的坐标值；

（5）填写加工程序单，并进行必要的工艺说明。

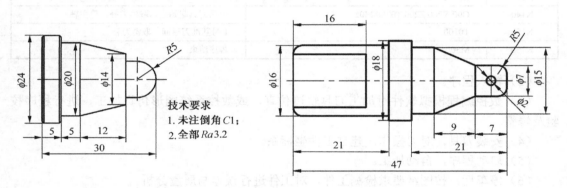

技术要求
1. 未注倒角 C1；
2. 全部 Ra3.2

图 8-13 （毛坯 φ25mm，全部 Ra3.2；用 G70、G71、G94 等指令编程）

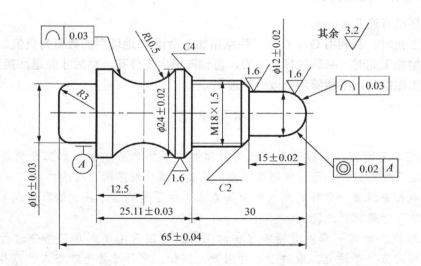

图 8-14 （毛坯 φ25mm，全部 Ra3.2；用 G70、G71、G72、G73 等指令编程）

第 **9** 章

凹槽类零件的编程与加工

凹槽加工是 CNC 数控车床加工的一个重要组成部分。工业领域中使用各种各样的槽，因此编程时很可能包括许多边切、间隙、凹槽以及油槽等。凹槽加工的难度通常不是很大，许多槽可能出现在同一个工件的不同部位，这时便可使用子程序来简化编程。编写凹槽加工程序时，要认真分析凹槽的形状，工件上槽的位置，槽的尺寸和公差。本章重点讲述数控车床凹槽加工，及利用子程序进行编程与加工。

知识目标

➢ 掌握凹槽加工的特点和刀具选择。

技能目标

➢ 掌握数控系统复合循环 G74～G75 指令的适用范围及编程。
➢ 通过对零件的加工，掌握数控系统子程序的适用范围及编程的技能技巧。
➢ 结合所学的复合循环编程与加工技术，进一步掌握工件内外圆锥及沟槽粗、精加工程序的设计思想。
➢ 能独立地选择并自行调整数控车削加工中切削用量的数值。
➢ 能正确选择和安装刀具，制定工件的车削加工工艺规程。

9.1 基础知识

9.1.1 凹槽加工工艺简介

CNC 车床上的凹槽加工采用多步切槽操作。凹槽加工通常适用于在圆柱面、圆锥面或零件的端面上加工一个特定深度的窄槽，槽的形状主要取决于刀具的形状。凹槽加工刀具与其他刀具相似，通常是安装在特殊刀柄上的硬质合金刀片。刀片的类型各种各样，它可能只有一个刀刃，也可能有多个刀刃，刀片按名义尺寸生产。图 9-1 和图 9-2 所示为切槽加工和刀片示意图以及各种形状的凹槽加工和刀片。

1. 凹槽加工的主要特点

凹槽加工是 CNC 车床加工的一个重要组成部分。工业领域中使用各种各样的槽，因此编程时很可能包括许多过切、间隙、凹槽及油槽等，同时凹槽分布形式有浅槽、深槽、宽槽、外圆凹槽、内孔凹槽和端面凹槽等。

图 9-1　切槽和各种刀片

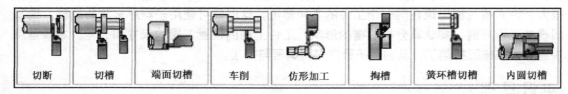

| 切断 | 切槽 | 端面切槽 | 车削 | 仿形加工 | 掏槽 | 簧环槽切槽 | 内圆切槽 |

图 9-2　切断和切槽的各种形式

在许多槽不需要很高的精度时，特别是深切槽时，其切削工艺与切断大致相同。切断工序是为了尽可能有效且可靠地将工件的两部分分开。直线切削所能达到的深度等于工件半径。在切槽工序中，除切削要浅并且不到达工件中心外，对精度和表面质量还有更多的要求。

在切槽加工过程中，切削速度降低不利于加工，因为当切削刃接近工件中心时，压力会在切削速度降低时随着刀具的进给而相应增大（在数控车床上，采用恒线速进给编程控制主轴转速可以避免刀具切削速度下降）。同时，排屑也是切槽加工中至关重要的因素，当刀具向深处移动时，在受限制的空间中越不容易断屑，如果切削刃的断屑槽不能平稳地排屑，导致加工表面质量很差，产生积屑瘤，引起刀具崩刃。

外圆切槽加工：对于粗加工宽槽或方肩间的车削，最常用的加工方法为多步切槽、陷入车削和坡走车削，有时需要单独安排精加工。如果槽宽比槽深小，则推荐执行多步切槽工序；如果槽宽比槽深要大，则推荐使用陷入车削工序；如果棒材或零件细长或强度低，推荐进行坡走车削。

端面切槽加工：在零件端面上进行轴向切槽需选用端面切槽刀具以实现圆形切槽，分多步进行切削槽，保持低的轴向进给率，以避免切屑堵塞。从切削最大直径开始，并向内切削以获取最佳切屑控制。

内沟槽加工：与外圆切槽的方法相似，确保排屑通畅和最小化振动趋势。在切削宽槽时，特别是当使用窄刀片进行多步切槽或陷入切槽，能有效地降低振动趋势。从孔底部开始并向外进行切削有助于排屑，在粗加工时，应使用最佳的左手或右手型刀片选择来引导切屑。

2. 凹槽加工刀具的选择

现代的切断和切槽刀具不仅生产效率很高，而且具有通用性。现在，使用具有可转位刀片的刀具可完成绝大多数的车削工序。

切断刀具的刀柄选择原则是尽可能降低刀具偏斜和振动趋势，一般选择具有最小悬深的刀柄或刀板，选择尽可能大的刀柄尺寸，选择尽可能大刀片座（宽）的刀板或刀柄，选择不小于插入长度的刀板高度，刀具悬深不应超过 8 倍的刀片宽度。

刀片的选择。刀片共分三种类型：中置型（N），其切削刃与刀具的进给方向（主偏角 0°）成直角，中置型刀片可提供坚固的切削力，其切削力主要为径向切削力，具备稳定的切削作用、良好的切屑形成和长的刀具寿命以及成直线进行切削；右手（R）和左手（L）型刀片，两者都有一定角度的主偏角，适用于对工件切口末端进行精加工，选择合适的刀片左、右手，便于切削刃的前角靠近切断部分，去除工件毛刺和飞边。

刀片宽度的选择一方面要考虑到刀具强度和稳定性，另一方面又要同时考虑到节省工件材料和降低切削力。对于小直径棒材或零件的切断，选择较小的刀片宽度和锋利的切削刃来降低切削力。切断薄壁管材时，可使用宽度尽可能小的锋利刀片来降低切削力。

■ 9.1.2　凹槽加工编程指令

1．端面深孔加工循环指令 G74

按照 G74 端面深孔加工循环程序指令，进行如图 9-3 所示的加工动作，A 点为 G74 循环起始点，$(X\_, Z\_)$ 为 G74 循环终点坐标，A 点至 B 点的距离为 X 方向总的切削量，A 点至 C 点的距离为 Z 方向总的切深量。在此循环中，可以处理外形切削的断屑，另外，如果省略地址 X（U）、P，只是 Z 轴动作，则为深孔钻循环。

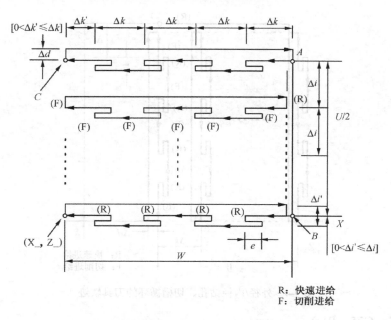

图 9-3　端面深孔加工循环

编程格式：G74　R(e)

　　　　　　G74　X(U)_ Z(W) _P(Δi) Q(Δk) R(Δd) F(f)

式中　e——每次沿 Z 方向切削Δk 后的退刀量。没有指定 R(e) 时，用参数也可以设定。根
　　　　　据程序指令，参数值也改变；

　　　　X——B 点的 X 方向绝对坐标值；

　　　　U——A 到 B 沿 X 方向的增量；

　　　　Z——C 点的 Z 方向绝对坐标值；

　　　　W——A 到 C 沿 Z 轴方向的增量；

　　　　Δi——X 方向的每次循环移动量（无符号，单位：μm）（直径）；

　　　　Δk——Z 方向的每次切削移动量（无符号，单位：μm）；

　　　　Δd——切削到终点时 X 方向的退刀量（直径），通常不指定，省略 X(U)和Δi 时，
　　　　　　　则视为 0；

　　　　f——进给速度。

注意

　　（1）e 和Δd 都用地址 R 指定，它们的区别根据有无指定 X(U)，也就是说，如果 X(U)
被指令了，则为Δd。

　　（2）循环动作用含 X(U)指定的 G74 指令进行。

2. 外径/内径钻孔、切槽循环指令 G75

　　按照 G75 端面深孔加工循环程序指令，进行如图 9-4 所示的加工动作。这相当于在
G74 中把 X 和 Z 相置换，由这个循环可以处理端面切削时的切屑，并且可以实现 X 轴向切
槽或 X 向排屑钻孔（省略地址 Z、W、Q）。

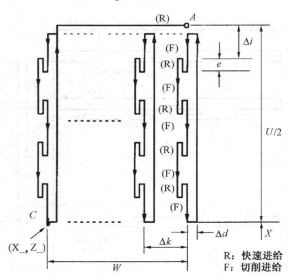

图 9-4　外径/内径钻孔、切槽循环的刀具轨迹

　　编程格式：G75　R(e)

　　　　　　　G75　X(U)_ Z(W)_ P(Δi) Q(Δk) R(Δd) F(f)

式中　e——每次沿 Z 方向切削Δi 后的退刀量。另外，用参数（No056）也可以设定，根据
　　　　　程序指令，参数值也改变；

X——C 点的 X 方向绝对坐标值；

U——A 到 C 的增量；

Z——B 点的 Z 方向绝对坐标值；

W——A 到 B 的增量；

Δi——X 方向的每次循环移动量（无符号单位：微米）（直径）；

Δk——Z 方向的每次切削移动量（无符号单位：微米）；

Δd——切削到终点时 Z 方向的退刀量，通常不指定，省略 X(U)和Δi 时，则视为 0；

f——进给速度。

 注意

> G74 和 G75 两者都用于切槽和钻孔；且刀具自动退刀；有四种进刀方向。

例：如图 9-5 所示，加工切矩形槽。

【程序语句】

```
...
G00 X42 Z41
G75 r1
G75 X20 Z25 P3000 Q3500 R0 F25
```

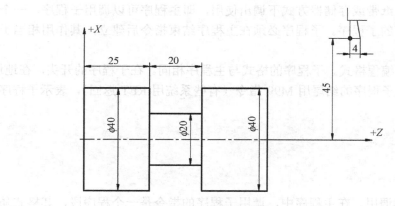

图 9-5 G75 应用实例

9.1.3 子程序应用和多凹槽加工

程序分为主程序和子程序。通常 CNC 是按主程序的指示运动的，如果主程序中遇有调用子程序的指令，则 CNC 按子程序运动，在子程序中遇到返回主程序的指令时，CNC 便返回主程序继续执行，如图 9-6 所示。

在 CNC 存储器内，主程序和子程序合计可存储 63 个程序（标准机能），选择其中一个主程序后，便可按其指示控制 CNC 车床工作。

1. 子程序编程方法

（1）子程序的定义。某些被加工的零件中，常常会出现几何形状完全相同的加工轨迹，在编制加工程序时，有一些固定顺序和重复模式的程序段，通常在几个程序中都会使用它。这个典型的加工程序段可以做成固定程序，并单独加以命名，这组程序段就称为子程序。

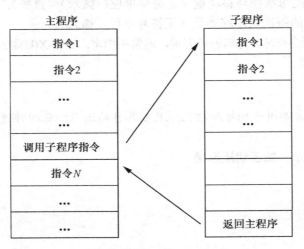

图 9-6　主程序和子程序

（2）子程序的作用。使用子程序可以减少不必要的重复编程，从而达到简化编程的目的。子程序可以在纸带或存储器方式下调出使用，即主程序可以调用子程序，一个子程序也可以调用下一级的子程序。子程序必须在主程序结束指令后建立，其作用相当于一个固定循环。

（3）子程序的编程格式。子程序的格式与主程序相同。在子程序的开头，在地址 O 后写上子程序号，在子程序的结尾用 M99 指令（有些系统用 RET 返回），表示子程序结束、返回主程序。

```
O× × × ×
...
M99
```

（4）子程序的调用。在主程序中，调用子程序的指令是一个程序段，其格式随具体的数控系统而定，FANUC 数控系统常用的子程序调用格式有以下两种。

编程格式：① M 98　P×××× 　L×××× 。

　　　　　② M 98　P○○○○ ×××× 。

式中　M98——子程序调用字；

　　　P——子程序号；

　　　L——子程序重复调用次数，L 省略时为调用一次；

　　　P 后面前四位为重复调用次数，省略时为调用一次；后 4 位为子程序号。

例如：M98　P51002，表示号码为 1002 的子程序连续调用 5 次。M98 P_也可以与移动指令同时存在于一个程序段中。

由此可见，子程序由程序调用字、子程序号和调用次数组成。

（5）子程序的嵌套。为了进一步简化程序，可以让子程序调用另一个子程序，称为子程序的嵌套。上一级子程序与下一级子程序的关系，与主程序与第一层子程序的关系相同。

如图 9-7 所示是子程序的嵌套及执行顺序。

但当具有宏程序选择功能时，可以调用 4 重子程序。可以用一条调用子程序指令连续重复调用同一子程序，最多可重复调用 999 次。

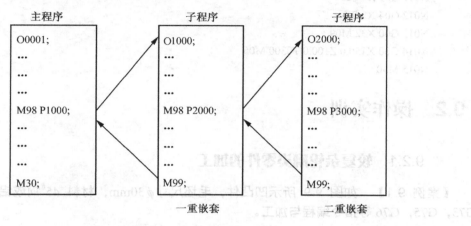

图 9-7　子程序的执行过程

 注意

子程序嵌套不是无限次的，子程序可以嵌套多少层由具体的数控系统决定，在 FANUC 0i 系统中，只能有两次嵌套。

2．子程序编程方法举例

对车削等距槽有时采用循环加工比较简单，而不等距槽则调用子程序比较简单，以下为车削不等距槽的示例。

例：如图 9-8 所示，毛坯直径为φ32mm，长度为 105mm，一号刀为外圆车刀，三号刀为切断刀（右刀尖为对刀点，其宽度为 2mm）。

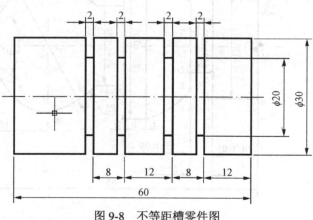

图 9-8　不等距槽零件图

【程序语句】

O0010-主程序	O0015-子程序
N001 G50 X150.0 Z 100.0	N101 G00 W–12.0
N002 M03 S800 T0101	N102 G01 U–12.0 F30
N003 G00 X35.0 Z0 M08	N103 G04 X1.0
N004 G01 X0 F0.3	N104 G00 U12

N005 G00 X32.0 Z2.0　　　　　　　　　　N105 W–8
N006 G90 X30.0 Z–55.0 F100　　　　　　　N106 G01 U–12 F30
N007 G00 X150.0 Z100.0　　　　　　　　　N107 G04 X1.0
N008 X32.0 Z0 T0303　　　　　　　　　　N108 G00 U12
N009 M98 P0015 L2　　　　　　　　　　　N109 M99
N010 G00 Z–60.0
N011 G01 X0 F25
N012 G04 X2.0
N013 G00 X32 M09
N014 G00 X150.0 Z100.0 T0300 M05
N015 M30

9.2　操作实训

9.2.1　较复杂轮廓类零件的加工

【**案例 9.1**】　如图 9-9 所示凹凸件，毛坯尺寸ϕ30mm，材料 45$^#$钢或铝。用 G70，G73，G75，G76 等指令编程与加工。

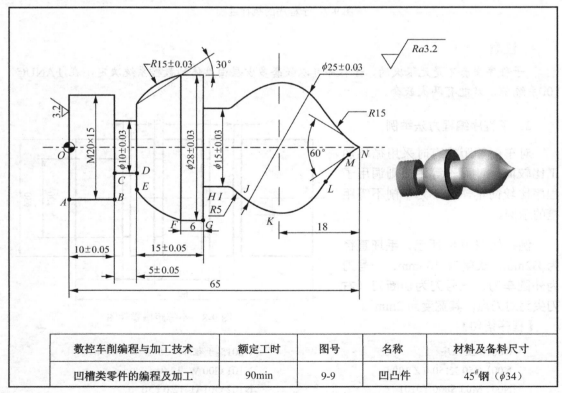

数控车削编程与加工技术	额定工时	图号	名称	材料及备料尺寸
凹槽类零件的编程及加工	90min	9-9	凹凸件	45$^#$钢（ϕ34）

图 9-9　凹凸件

1．零件图工艺分析

（1）技术要求分析。如图 9-9 所示，零件两头小中间大，从中部向左右两端递减，零件材料为 45# 钢，无热处理和硬度要求。

（2）确定装夹方案、定位基准、加工起点、换刀点。用三爪自定心卡盘夹紧定位，加工起点和换刀点可以设为同一点，放在 Z 向距工件前端面 50mm，X 向距轴心线 150mm 的位置。

（3）制定加工方案，确定各刀具及切削用量。如表 9-1 和表 9-2 所示。

表 9-1　案例 9.1 刀具卡

实训课题	复杂轮廓类零件的编程与加工		零件名称	凹凸件	零件图号	9-9
序号	刀具号	刀具名称及规格	刀尖半径	数量	加工表面	备注
1	T0101	93°右偏粗外圆刀	0.4 mm	1	外表面、圆弧等	副偏角较大
2	T0202	93°右偏精外圆刀		1	外表面、圆弧等	
3	T0303	切断刀（刀位点为右刀尖）	B=4mm	1	切槽、切断	
4	T0404	93°左偏粗外圆刀	0.4 mm	1	外表面、圆弧等	副偏角较小
5	T0303	93°左偏精外圆刀		1	外表面、圆弧等	
6	T0404	60°外螺纹刀		1	螺纹	

表 9-2　案例 9.1 工序和操作清单

材料	45#钢或 Al		零件图号	9-9	系统	FANUC	工序号	081
操作序号	工步内容（走刀路线）		G 功能	T 刀具	切削用量			
					转速 S(n)（r/min）	进给速度 F（mm/min）	切削深度 a_p（mm）	
主程序 1	夹住棒料一头，伸出 85mm 长（手动操作），调用主程序 1 加工							
（1）	从右边粗车外轮廓到ϕ28 外圆端面止		G73	T0101	600	120	1.5	
（2）	精车外轮廓		G70	T0202	1600	80	0.5	
（3）	切刀位槽		G75	T0303	500	20		
（4）	从左边粗车外轮廓至ϕ28 外圆端面止		G73	T0404	600	120	1.0	
（5）	精车外形轮廓		G70	T0505	1600	80	0.5	
（6）	切槽		G01	T0303	500	20		
（7）	车外螺纹		G76	T0303	600			
（8）	切断		G01	T0606	500	20		

2．数值计算

（1）设定程序原点，以工件前端面与轴线的交点为程序原点建立工件坐标系，工件加工程序起始点和换刀点都设在（X100，Z150）位置点。

（2）计算各节点位置坐标值，略。

（3）暂不考虑刀具刀尖圆弧半径对工件轮廓的影响。

3．工件参考程序与加工操作过程

（1）由于工件尺寸较小，可以采用一次装夹中完成所有形面车削加工，因此，编制 1 套主程序。工件的参考程序如表 9-3 所示。

表 9-3　案例 9.1 程序卡（供参考）

数控车床 程序卡	编程原点	工件前端面与轴线交点		编写日期	
	零件名称	凹凸件	零件图号 9-9	材料	45#钢或 Al
	车床型号 CJK6240	夹具名称	三爪卡盘	实训车间	数控中心
程序号	O8002-主程序		编程系统	FANUC 0-TD	
序　号	程　　序		简要说明		
N010	G50 X100 Z150		建立工件坐标系		
N020	M03 S600 T0101		主轴正转，选用 1 号外圆粗车刀		
N030	G00 X30 Z67 M08		快速定位靠近工件，切削液开		
N040	G73 U15 W0 R10		采用封闭轮廓循环复合指令粗加工		
N050	G73 P60 Q140 U0.5 W0 F120				
N060	G00 X0		精加工程序开始		
N70	G01 G42 Z65 F80		刀具半径左补偿（参考）		
N80	X2.163 W-1.873		精加工右轮廓		
N90	G02 X12.692 W-5.387 R15				
N100	G03 X17.857 Z38.252 R12.5				
N110	G02 X15 Z34.769 R5				
N120	G01 Z30				
N130	X27				
N140	X29 W-1		精加工程序结束		
N150	G00 G40 X100 Z150 M05		快速退出刀具，取消刀具补偿，主轴停		
N160	M00		程序暂停，检测		
N170	M03 S1600 T0202		主轴正转，高速，选用 2 号外圆精车刀		
N180	G00 X30 Z67		快速定位靠近工件		
N190	G70 P60 Q140		调用精车循环程序精车工件右轮廓		
N200	G00 G40 X100 Z150 M05		快速返回换刀点，主轴停		
N210	M00		程序暂停		
N220	M03 S500 T0303		主轴正转，选用 3 号切槽刀		
N230	G00 X30 Z-0.5		以刀具的右刀尖定位，（刀具宽度为 4 mm）		
N240	G75 R0.5		采用切槽复合循环指令切槽		
N250	G75 X16 Z-8 P3000 Q3500 F20				
N260	G00 X100 Z150 M05		快速返回换刀点，主轴停		
N270	M00		程序暂停		
N280	M03 S600 T0404		主轴正转，选用 4 号外圆粗车左偏刀		
N290	G00 X30 Z-2		快速定位靠近工件		
N300	G73 U7 W0 R5		采用封闭轮廓循环复合指令粗加工		
N310	G73 P320 Q380 U0.5 W0 F120				

续表

数控车床 程序卡	编程原点	工件前端面与轴线交点			编写日期	
	零件名称	凹凸件	零件图号	9-9	材料	45#钢或 Al
	车床型号	CJK6240	夹具名称	三爪卡盘	实训车间	数控中心
程序号	O8002-主程序			编程系统	FANUC 0-TD	
序 号	程 序				简 要 说 明	
N320	G00 X19					
N330	G01 G41 Z0 F80				刀具左补偿（参考）	
N340	X19.85 W-0.5					
N350	Z10					
N360	X16.453 W5				精加工左轮廓	
N370	G02 X28 W10 R15					
N380	G01 Z32					
N390	G00 G40 X100 Z150 M05				快速返回换刀点，主轴停	
N400	M00				程序暂停	
N410	M03 S1600 T0505				主轴正转，选用 5 号外圆精车左偏刀	
N420	G00 X30 Z-2				快速定位加工起点	
N430	G70 P320 Q380				精加工循环外轮廓	
N440	G00 G40 X100 Z150 M05				快速返回换刀点，主轴停	
N450	M00				程序暂停	
N460	M03 S500 T0303				主轴正转，选用 3 号切槽刀	
N470	G00 Z15				以刀具的右刀尖定位（刀具宽度为 4mm）	
N480	X22				刀具定位到工件左侧	
N490	G01 X10.1 F20				切深槽	
N500	G00 X21				返回	
N510	Z13					
N520	G01 X19 W1				工件左侧倒角	
N530	X10					
N540	Z15					
N550	G00 X100				刀具快速返回换刀点，主轴停	
N560	Z150 M05					
N570	M00				程序暂停	
N580	M03 S800 T0606				主轴正转，选用 6 号外螺纹刀	
N590	G00 Z12				刀具快速定位螺纹加工起点	
N600	X22					
N610	G76 P021060 Q100 R200				采用螺纹复合循环指令车外螺纹	
N620	G76 X18.05 Z-2 P975 Q400 F1.5					
N630	G00 X100				刀具快速返回换刀点，主轴停	
N640	Z150 M05					
N650	M00				程序暂停	
N660	M03 S500 T0303				主轴正转，选用 3 号切槽刀	
N670	G00 Z0				以刀具的右刀尖定位（刀具宽度为 4mm）	
N680	X22				快速定位至切断位置	

续表

数控车床 程序卡	编程原点	工件前端面与轴线交点			编写日期	
	零件名称	练习件二	零件图号	9-9	材料	45#钢或 Al
	车床型号	CJK6240	夹具名称	三爪卡盘	实训车间	数控中心
程序号	O8002-主程序			编程系统	FANUC 0-TD	
序 号	程 序				简 要 说 明	
N690	G01 X0 F15				切断	
N700	G00 X100				退刀	
N710	Z150 M05				Z方向快速退出，停主轴	
N720	T0100 M09				换回 1 号刀，取消刀补，切削液关	
N730	M30				程序结束	

（2）输入程序。

（3）数控编程模拟软件对加工刀具轨迹仿真，或数控系统图形仿真加工，进行程序校验及修整。

（4）安装刀具，对刀操作，建立工件坐标系。

（5）启动程序，自动加工。

（6）停车后，按图纸要求检测工件，对工件进行误差与质量分析。

9.2.2 多凹槽零件的编程与加工

【案例 9.2】 如图 9-10 所示，毛坯尺寸ϕ30mm×83mm，材料为 45#钢，T01：粗精车外圆刀（930 右偏刀），T02：粗精镗刀，T04：切断刀（刀宽 3mm）。

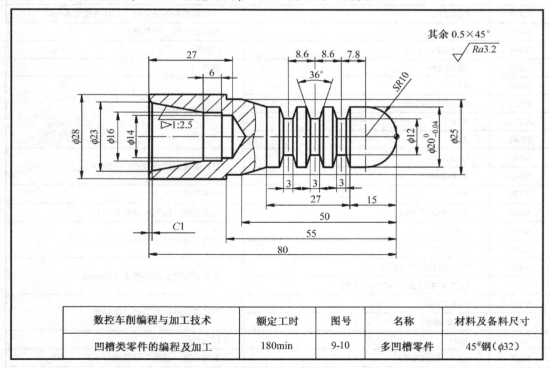

数控车削编程与加工技术	额定工时	图号	名称	材料及备料尺寸
凹槽类零件的编程及加工	180min	9-10	多凹槽零件	45#钢（ϕ32）

图 9-10 多凹槽零件

1. 零件图工艺分析

（1）技术要求分析。如图 9-10 所示，包括复杂的外形面、3 个等距等深的外沟槽、内外圆锥面和切断等加工。其中外圆 $\phi20$mm 和球面 $SR10$mm 尺寸有严格尺寸精度和表面粗糙度等要求。零件材料为 45# 钢，无热处理和硬度要求。

（2）确定装夹方案、定位基准、加工起点、换刀点。用三爪自定心卡盘夹紧定位，加工完工件右端后，需调头装夹。由于工件较小，为了使加工路径清晰，加工起点和换刀点可以设为同一点，放在 Z 向距工件前端面 100mm，X 向距轴心线 50mm 的位置。

（3）制定加工方案，确定各刀具及切削用量。加工刀具的确定如表 9-4 所示，加工方案的制定如表 9-5 所示。

表 9-4　案例 9.2 刀具卡

实 训 课 题		凹槽类零件的编程及加工	零 件 名 称	多凹槽零件	零 件 图 号	9-10
序号	刀具号	刀具名称及规格	刀尖半径	数量	加工表面	备注
1	T0101	93°粗精右偏外圆刀	0.5 mm	1	外表面、端面	
2	T0202	粗精镗刀	0.4 mm	1	镗孔及内锥面	
3	T0404	切断刀（刀位点为左刀尖）	$B=3$ mm	1	切槽、切断	
4		$\phi14$mm 麻花钻				

表 9-5　案例 9.2 工序和操作清单

材　料	45# 钢	零 件 图 号	9-10	系　统	FANUC	工 序 号	091
操作序号	工步内容 （走刀路线）		G 功能	T 刀具	切削用量		
					转速 $S(n)$ (r/min)	进给速度 F (mm/min)	切削深度 a_p (mm)
主程序 1	夹住棒料一头，夹持长度 20 mm（手动操作），调用主程序 1 加工						
（1）	车端面		G01	T0101	600	100	
（2）	自右向左粗车外表面 （长度：距右端起 55 mm）		G71	T0101	600	100	2
（3）	自右向左精加工外表面		G70	T0101	1 200	50	0.5
（4）	切外沟槽		M98	T0404	300	30	2
（5）	检测、校核						
主程序 2	工件调头装夹，车端面，麻花钻孔 $\phi14$mm×27mm（手动操作），调用主程序 2 加工						
（1）	车端面，控制零件总长		G01	T0101	600	100	
（2）	车外圆至 $\phi28$ mm		G90	T0101	600	80	1
（3）	粗车内表面		G71	T0202	600	80	1
（4）	精车内表面		G70	T0202	800	50	0.5
（5）	检测、校核						

2. 数值计算

（1）设定程序原点，以工件前端面与轴线的交点为程序原点建立工件坐标系，当工件调头车削时，也同样以前端面与轴线交点为程序原点建立工件坐标系。工件加工程序起始点和换刀点都设在（X100，Z100）位置点。

（2）计算各节点位置坐标值，略。

（3）暂不考虑刀具刀尖圆弧半径对工件轮廓的影响。

3．工件参考程序与加工操作过程

由于工件不可能在一次装夹中完成所有形面车削加工，须通过调头装夹车削，分别加工工件的右端和左端。因此，编制 2 套主程序。

（1）工件的参考程序（2 个主程序、1 个子程序）。

① 主程序 O9001：工件的右端外表面通过外径车削复合循环 G71 指令进行切削粗加工，G70 指令进行精加工，3 个外沟槽加工采用编制子程序完成，可大大简化程序量。

② 主程序 O9002：工件调头装夹后，如图 9-10 所示的工件左端外表面通过单一切削循环 G90 指令进行切削加工，采用 G71、G70 指令进行内孔粗精加工循环。

工件的参考程序如表 9-6 所示。

表 9-6 案例 9.2 程序卡（供参考）

数控车床 程序卡	编程原点	工件前端面与轴线交点			编写日期	
	零件名称	多凹槽零件	零件图号	9-10	材料	45#钢
	车床型号	CJK6240	夹具名称	三爪卡盘	实训车间	数控中心
程序号	O9001-主程序 1			编程系统	FANUC	
序 号	程 序			简要说明		
N010	G50 X100 Z100			建立工件坐标系		
N020	M03 S600 T0101 F100			主轴正转，选择 1 号外圆刀		
N030	G00 X32 Z2			快速定位至ϕ32mm，距端面正向 2 mm		
N040	G01 Z0 F100			刀具与端面对齐		
N050	X–1			加工端面		
N060	G00 X32 Z2			定位至ϕ32mm 处，距端面正向 2 mm		
N070	G71 U1 R0.5			采用复合循环粗加工半圆球、外圆、外圆锥面		
N080	G71 P90 Q140 U0.5 W0 F100			等，X 正方向留精加工余量 0.5 mm		
N090	G01 X0 F50					
N100	Z0					
N110	G03 X20 W–10 R10					
N120	G01 Z–42					
N130	X25 Z–50					
N140	Z–55					
N150	M00 M05			主轴停，程序加工暂停，检测工件		
N160	M03 S1200			换转速，正转		
N170	G70 P90 Q140			精加工半圆球、外圆、外圆锥面等		
N180	G00 X100 Z100 M05			返回程序起点即换刀点，停主轴		
N190	M03 S300 T0404			换切槽刀，降低转速		

续表

数控车床 程序卡	编程原点		工件前端面与轴线交点		编写日期	
	零件名称	多凹槽零件	零件图号	9-10	材料	45#钢
	车床型号	CJK6240	夹具名称	三爪卡盘	实训车间	数控中心
程序号	O9001-主程序 1				编程系统	FANUC
序 号	程 序				简 要 说 明	
N200	G00 X22 Z–10.7 M08				快速定位，准备切槽，开冷却液	
N210	M98 P0091 L3				调用子程序 3 次，加工 3 处等距外沟槽	
N220	G00 X100 Z100 T0400 M05				返回刀具起始点，停主轴	
N230	T0100 M09				1 号基准刀返回，取消刀补，关冷却液	
N240	M30				程序结束	
程序号	O0091-子程序					
序 号	程 序				简 要 说 明	
N010	G00 W–8.6				刀具沿 Z 轴负方向平移 8.6mm	
N020	G01 U–10 F20				沿径向切槽至槽底（φ12mm 处）	
N030	G04 X0.5				槽底暂停	
N040	G00 U10 F500				快速退至 φ22mm 处	
N050	W1.3				沿 Z 轴正方向平移 1.3mm	
N-60	G01 U–2				沿径向移动至 φ20mm 处	
N070	U–8 W–1.3				刀具切沟槽右侧面至槽底	
N080	G00 U10				快速退至 φ22mm 处	
N090	W–1.3				沿 Z 轴负方向平移 1.3mm	
N100	G01 U–2				沿径向移动至 φ20mm 处	
N110	U–8 W1.3				刀具切沟槽左侧面至槽底	
N120	G00 U10				快速退至 φ22mm 处	
N130	M99				子程序结束	
工件调头装夹，钻孔后，车削内/外表面、端面						
程序号	O9002-主程序 2					
序 号	程 序				简 要 说 明	
N010	G50 X100 Z100				建立工件坐标系	
N020	M03 S600 T0101				主轴正转，选择 1 号外圆刀	
N030	G00 X32 Z2 M08				快速定位距端面 2 mm 处	
N040	G01 Z0 F100				刀具对齐端面	
N050	X12				车削端面	
N060	G00 X32 Z2				快速定位至 φ32mm，距端面正向 2 mm	
N070	G90 X29 Z–26 F80				加工外圆 φ28 mm×25 mm	
N080	X28				
N090	G00 X100 Z100 M05				返回换刀点，停主轴	
N100	M00				程序暂停	
N110	M03 S600 T0202				换镗刀，主轴正转	

数控车床 程序卡	编程原点		工件前端面与轴线交点		编写日期	
	零件名称		零件图号	9-10	材料	45#钢
	车床型号	CJK6240	夹具名称	三爪卡盘	实训车间	数控中心
程序号	O9002-主程序 2					
序　号	程　　　　序			简　要　说　明		
N120	G00 X13 Z2			刀具快速定位至距端面 2 mm、直径为 13 mm		
N130	G71 U0.75 R0.5			采用复合循环粗加工内孔各处，X 负方向留精加工余量 0.5mm		
N140	G71 P140 Q190 U–0.5 F80					
N150	G01 X25 F50					
N160	Z0					
N170	X23 Z–1					
N180	X16 Z–18.5					
N190	Z–24.5					
N200	M00			停主轴、程序暂停		
N210	M03 S1200			变主轴转速		
N220	G70 P140 Q190			精加工内孔各处		
N230	G00 X100 Z100 T0200 M09			返回程序起点，停主轴		
N240	T0100 M30			程序结束		

（2）输入程序。

（3）数控编程模拟软件对加工刀具轨迹仿真，或数控系统图形仿真加工，程序校验。

（4）安装刀具，对刀操作，建立工件坐标系。

（5）启动程序，自动加工。

（6）停车后，按图纸要求检测工件，对工件进行误差与质量分析。

4．安全操作和注意事项

（1）车床空载运行时，注意检查车床各部分运行状况。

（2）进行对刀操作时，要注意切槽刀刀位点的选取。上述参考程序采用切槽刀左刀尖作为编程刀位点。

（3）工件装夹时，夹持部分不能太短，要注意伸出长度，确保能加工 $\phi 25$mm 外圆。调头装夹时，不要夹伤已加工表面。

（4）钻 $\phi 14$mm 的孔可以在普通车床上进行。

（5）工件调头车削时，要重新确定加工起始点和换刀点（X100，Z100）。

（6）由于工件较小，切槽和镗孔时，切削用量的选取要考虑车床、刀具的刚性，避免加工时引起振动或工件产生振纹，不能达到工件表面质量要求。

（7）工件加工过程中，要注意中间检验工件质量，如果加工质量出现异常，应停止加工，以便采取相应措施。

9.2.3 端面槽零件车削加工

【案例 9.3】 如图 9-11 所示，毛坯为 ϕ55mm 棒料，材料为 45# 钢。

1. 零件图工艺分析

（1）技术要求分析。如图 9-11 所示，包括圆柱面、端面、一个端面沟槽、切断等加工。零件材料为 45# 钢，无热处理和硬度要求。

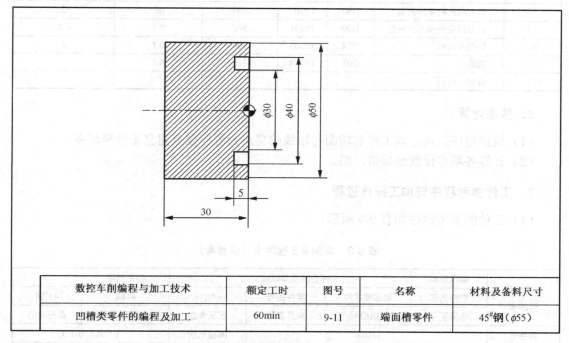

数控车削编程与加工技术	额定工时	图号	名称	材料及备料尺寸
凹槽类零件的编程及加工	60min	9-11	端面槽零件	45# 钢（ϕ55）

图 9-11 端面槽零件

（2）确定装夹方案、定位基准、加工起点、换刀点。由于毛坯为棒料，用三爪自定心卡盘夹紧定位。为了加工路径清晰，加工起点和换刀点可以设为同一点，放在 Z 向距工件前端面 200mm，X 向距轴心线 100mm 的位置。

（3）制定加工方案，确定各刀具及切削用量。加工刀具的确定如表 9-7 所示，加工方案的制定如表 9-8 所示。

表 9-7 案例 9.3 刀具卡

实训课题		凹槽类零件的编程及加工	零件名称	端面槽	零件图号	9-11
序号	刀具号	刀具名称及规格	刀尖半径	数量	加工表面	备注
1	T0101	93°粗精右偏外圆刀	0.4mm	1	外表面、端面	
2	T0303	B=3 mm 端面槽刀	0.3 mm	1	端面槽	
3	T0404	B=3 mm 切断刀（刀位点为左刀尖）	0.3 mm	1	切断	

表 9-8 案例 9.3 工序和操作清单

材料	45#钢	零件图号		9-11	系统	FANUC	工序号	091
操作序号	工步内容 （走刀路线）	G 功能	T 刀具	切削用量				
				转速 $S(n)$ (r/min)	进给速度 F (mm/r)		切削深度 a_p (mm)	
主程序 1	夹住棒料一头，留出长度大约 55 mm（手动操作），调用主程序 1 加工							
（1）	车端面	G94	T0101	500	0.1			
（2）	自右向左粗车外表面	G90	T0101	500	0.3		2	
（3）	自右向左精加工外表面	G90	T0101	500	0.1		0.2	
（4）	切端面沟槽	G74	T0303	300	0.1		0	
（5）	切断	G01	T0404	300	0.1			
（6）	检测、校核							

2. 数值计算

（1）设定程序原点，以工件右端面与轴线的交点为程序原点建立工件坐标系。

（2）计算各基点位置坐标值，略。

3. 工件参考程序与加工操作过程

（1）工件的参考程序如表 9-9 所示。

表 9-9 案例 9.3 程序卡（供参考）

数控车床 程序卡	编程原点	工件右端面与轴线交点		编写日期	
	零件名称	端面槽零件	零件图号	9-11	材料	45#钢
	车床型号	CJK6240	夹具名称	三爪卡盘	实训车间	数控中心
程序号		O8001	编程系统		FANUC 0-TD	
序 号	程 序		简 要 说 明			
N010	G50 X200 Z200		建立工件坐标系			
N020	M03 S600 T0101		主轴正转，选择 1 号外圆刀			
N030	G99		进给速度单位设为 mm/r			
N040	G00 X57 Z2		快速定位至 ϕ57mm 直径，距端面正向 2 mm			
N050	G94 X0 Z0.5 F0.1		加工端面			
N060	Z0					
N070	G90 X50.4 Z–33 F0.3		粗车 ϕ50mm 外圆，留精加工余量 0.2mm			
N080	X50 F0.1		精车 ϕ50mm 外圆			
N090	G00 X200 Z200 T0100 M05		返回换刀点，取消刀补，停主轴			
N100	M01		选择停止，以便检测工件			
N110	M03 S300 T0303		换端面槽刀，降低转速			
N120	G00 Z2		快速定位，准备切槽			
N130	X36		快速定位，准备切槽			
N140	G74 R0.5		调用深孔钻固定循环切端面槽，X 向每次切深			
N150	G74 X40 Z–5 P2000 Q1500 F0.1		2mm，Z 向每次间歇进给 1.5mm			
N160	G00 X200 Z200 T0300 M05		返回刀具起始点，取消刀补，停主轴			
N170	M01		选择停止，以便检测工件			

续表

数控车床程序卡	编程原点	工件右端面与轴线交点		编写日期	
	零件名称	端面槽零件	零件图号	9-11	材料	45#钢
	车床型号	CJK6240	夹具名称	三爪卡盘	实训车间	数控中心
程序号	O8001			编程系统	FANUC 0-TD
序 号	程 序			简 要 说 明	
N180	M03S300 T0404			换切断刀,主轴正转	
N190	G00 X57 Z–33			快速定位至(X57,Z–33)	
N200	G01 X0 F0.1			切断	
N210	G00 X200 Z200 T0400 M05			返回刀具起始点,取消刀补,停主轴	
N220	T0100			1 号基准刀返回,取消刀补	
N230	M30			程序结束	

（2）输入程序。

（3）数控编程模拟软件对加工刀具轨迹仿真，或数控系统图形仿真加工，进行程序校验及修整。

（4）安装刀具，对刀操作，建立工件坐标系。

（5）启动程序，自动加工。

（6）停车后，按图纸要求检测工件，对工件进行误差与质量分析。

4．安全操作和注意事项

（1）车床空载运行时，注意检查车床各部分运行状况。

（2）车端面槽时容易引起振动，必须及时减小切削用量。

（3）当不用固定循环指令加工端面槽时，槽加工结束时，刀具必须先要轴向退出槽，然后才能回换刀点，或回零。

（4）G74 指令中 P、Q 地址后的数值应以无小数点形式表示。

（5）为了不让端面切槽刀在快速点定位时不碰到工件，端面切槽刀换刀点的位置应离工件较远些，或先 Z 向定位，然后再 X 向定位。

本章小结

　　凹槽的类型很多，特殊行业使用特殊开头的凹槽，它们都有特定的作用。本章仅列举拐角处的凹槽、螺纹退刀槽及带轮槽的编程与加工。其中多凹槽加工使用子程序可以大大精简程序，而且可读性强，也易于检查。对于子程序的编写格式，大部分数控系统都相似，也有少数系统子程序编写格式存有不同之处。

　　通过实训项目的学习，提高学生对工件上凹槽加工方法、刀具选择、编程技巧的综合处理能力，在后面的练习题中，学生可以根据实际情况灵活选取不同的方法练习编程与加工。

　　学生在加工工件过程中，要重视工件质量。粗、精加工后，要对工件各部分尺寸进行检测，出现质量异常问题时，能提出解决问题的具体措施，确保工件质量符合图纸技术要求。

<h2 align="center">习 题 9</h2>

1．采用 G75 指令进行外沟槽切削加工时，试分析是否可用 G94 代替编程。

2．主程序和子程序之间有何区别？

3．FANUC 系统数控车床子程序编写格式都相同吗？试比较 FANUC 系统和 SIEMENS 系统子程序的编写格式。

<h2 align="center">项目练习</h2>

1．如图 9-12 和图 9-13 所示的不同零件，工件材料为 45#钢，毛坯直径 ϕ25mm，长度 100mm。要求在数控车床上完成加工，小批量生产。试分别采用不同复合循环指令编制加工程序。

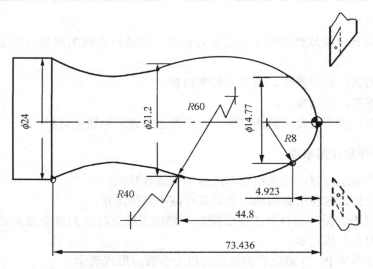

图 9-12 项目练习 1

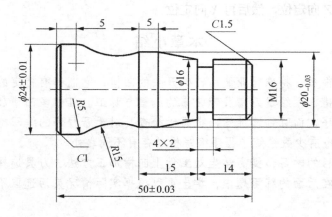

图 9-13 项目练习 2

2．如图 9-14 所示，工件材料：45#钢，数量：100 件，坯料：110mm，直径：ϕ25mm。

（1）确定零件的定位基准、装夹方案。

（2）分析并用图表示各刀具、确定对刀点。

（3）制定加工方案，明确切削用量。

（4）详细计算并注明基点、节点等的坐标值。

（5）填写加工程序单，并进行必要的工艺说明。

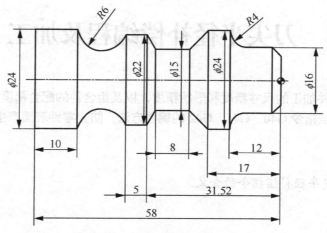

图 9-14　项目练习 3

3．本章的案例 9.4 是加工带内外锥的外沟槽零件，其中在加工三个外沟槽时，采用将一个沟槽的加工程序编制为子程序，再重复调用子程序来加工外沟槽。试采用其他的方法编制该零件的加工程序。

第 **10** 章

刀尖半径补偿编程及加工

为了保证零件加工的尺寸精度和形状精度，以及组合件的配合精度，需掌握数控车削加工中刀尖半径补偿指令 G40、G41、G42 的编程方法，防止零件表面产生过切或欠切现象。

知识目标

➤ 掌握刀尖半径补偿指令的含义。

技能目标

➤ 掌握刀尖半径补偿指令的编程方法。

10.1　基础知识

刀具补偿功能是数控车床的主要功能之一。刀具补偿功能分为刀具几何补偿和磨损补偿、刀尖半径补偿。

■ 10.1.1　刀具几何补偿和磨损补偿

1. 设置刀具几何补偿和磨损补偿的目的

在编程时，设定刀架上各刀在工作位置时，其刀尖位置是一致的。在实际加工时，加工一个工件通常要使用多把刀具，但由于刀具的几何形状及安装的不同，其刀尖位置是不一致的，其相对于工件原点的距离也是不同的。另外，因为每把刀具在加工过程中都有不同程度的磨损，而磨损后刀具的刀尖位置与编程位置存在差值。因此需要将各刀具的位置值进行比较或设定，称为刀具几何/磨损偏置补偿。

如图 10-1 所示，在对刀时，确定一把刀为标准刀具（又称基准刀），并以其刀尖位置 A 为依据建立坐标系。这样，当其他各刀转到加工位置时，刀尖位置 B 相对标准刀刀尖位置 A 就会出现偏置，原来建立

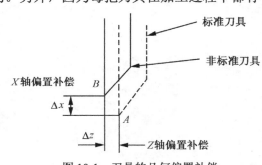

图 10-1　刀具的几何偏置补偿

的坐标系就不再适用，因此应对非标准刀具相对于标准刀具之间的偏置值 Δx、Δz 进行补偿。使刀尖位置 B 移至位置 A。

标准刀偏置值为车床回到车床零点时，工件坐标系零点相对于工作位上标准刀刀尖位置的有向距离。

2．刀具几何补偿和磨损补偿的原理

当需要用多把刀加工工件时，编程过程中以其中一把刀为基准刀，事先测出这把刀的刀尖位置和要使用的各刀具的刀尖位置差，并把已测定的这些值设定在 CNC 刀具偏置表中。这样在更换刀具时，采用刀具偏置补偿功能后，不变更程序也可以加工不同零件。

刀具补偿功能由程序中指定的 T 代码来实现，T 代码后的 4 位数码中，前 2 位为刀具号，后 2 位为刀具补偿号。刀具补偿号实际上是刀具补偿寄存器的地址号，该寄存器中放有刀具的几何偏置量和磨损偏置量（X 轴偏置和 Z 轴偏置），如图 10-2 所示。

OFFSET/GECMETRY			00001 N00000	
NO.	X	Z.	R	T
G 001	0.000	1.000		
G 002	1.486	−49.561	0.000	
G 003	1.486	−49.561	0.000	
G 004	1.486	0.000	0.000	
G 005	1.486	−49.561	0.000	
G 006	1.486	−49.561	0.000	
G 007	1.486	−49.561	0.000	
G 008	1.486	−49.561	0.000	

ACTUAL POSITION (RELATIVE)
U 101.000 W 202.094

>

MDI ★★★★★★ ★★★ 16:05:59
[WEA] [GEOM] [WORK] [ ] [(OPRT)]

（a）刀具几何偏置补偿画面

OFFSET/NEAR			00001 N00000	
NO.	X	Z.	R	T
W 001	0.000	1.000	0.000	0
W 002	1.486	−49.561	0.000	0
W 003	1.486	−49.561	0.000	0
W 004	1.486	0.000	0.000	0
W 005	1.486	−49.561	0.000	0
W 006	1.486	−49.561	0.000	0
W 007	1.486	−49.561	0.000	0
W 008	1.486	−49.561	0.000	0

ACTUAL POSITION (RELATIVE)
U 101.000 W 202.094

>

MDI ★★★★★★ ★★★ 16:05:59
[WEA] [GEOM] [WORK] [ ] [(OPRT)]

（b）刀具磨损偏置补偿画面

图 10-2 刀具补偿寄存器画面

当车刀刀尖位置与编程位置存在差值时，可以通过刀具补偿值的设定，使刀具在 X、Z 轴方向加以补偿。它是操作者控制工件尺寸的重要手段之一。

　　当刀具磨损后或工件尺寸有误差时，只要修改每把刀具相应存储器中的数值即可。例如，某工件加工后，外圆直径比要求的直径大（或小）了 0.02mm，则可以用 U−0.02（或 0.02）修改相应存储器中的数值；当长度方向尺寸有偏差时，修改方法类同。

　　由此可见，刀具偏移可以根据实际需要分别或同时对刀具轴向和径向的偏移量实行修正。修正的方法是在程序中事先给定各刀具及其刀具补偿号，每个刀具补偿号中的 X 向刀补值和 Z 向刀补值，由操作者按实际需要输入数控装置。每当程序调用这一刀补偿号时，该刀补值就生效，使刀尖从偏离位置恢复到编程轨迹上，从而实现刀具偏移量的修正。

 注意

　　刀补程序段内必须有 G00 或 G01 功能才有效。而且偏移量补偿必须在一个程序段的执行过程中完成，这个过程是不能省略的。例如，G00 X20.0 Z10.0 T0202，其中，T0202 前两位和后两位 02 表示调用 2 号刀具，且有刀具补偿，补偿量在 02 号存储器中。

10.1.2　刀尖半径补偿

1. 车刀刀尖加工轨迹

　　数控车床是按车刀刀尖对刀的，在实际加工中，由于刀具产生磨损及精加工时车刀刀尖磨成半径不大的圆弧，因此车刀的刀尖不可能绝对尖，总有一个小圆弧，所以对刀刀尖的位置是一个假想刀尖 A，如图 10-3 所示。编程时是按假想刀尖轨迹编程，即工件轮廓与假想刀尖 A 重合，车削时实际起作用的切削刃却是圆弧各切点，这样就引起加工表面形状误差。

　　车内外圆柱、端面时无误差产生，实际切削刃的轨迹与工件轮廓轨迹一致。车锥面时，工件轮廓（即编程轨迹）与实际形状（实际切削刃）有误差，如图 10-4 所示。同样，车削外圆弧面也产生误差，如图 10-5 所示。

图 10-3　刀尖图

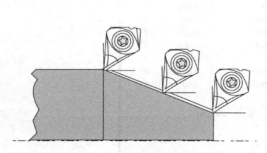

图 10-4　车削圆锥产生的误差

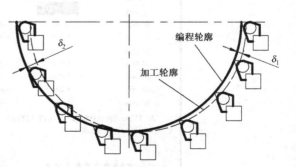

图 10-5　车削圆弧面产生的误差

　　若工件要求不高或留有精加工余量，可忽略此误差；否则应考虑刀尖圆弧半径对工件形状的影响。

为保持工件轮廓形状，加工时不允许刀具中心轨迹与被加工工件轮廓重合，而应与工件轮廓偏移一个半径值 R，这种偏移称为刀尖半径补偿。采用刀尖半径补偿功能后，编程者仍按工件轮廓编程，数控系统计算刀尖轨迹，并按刀尖轨迹运动，从而消除了刀尖圆弧半径对工件形状的影响，如图 10-6 所示。

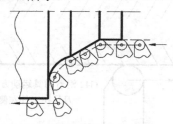

图 10-6 半径补偿后的刀具轨迹

2．刀尖圆弧半径补偿指令 G40、G41、G42

一般数控装置都有刀尖半径补偿功能，为编制程序提供了方便。有刀尖半径补偿功能的数控系统编制零件加工程序时，不需要计算刀具中心运动轨迹，而只按零件轮廓编程。使用刀尖半径补偿指令，并在控制面板上手工输入刀尖圆弧半径，数控装置便能自动地计算出刀具中心轨迹，并按刀具中心轨迹运动。即执行刀尖半径补偿后，刀具自动偏离工件轮廓一个刀具半径值，从而加工出所要求的工件轮廓。

当刀具磨损或刀具重磨后，刀具半径变小，这时只需手工输入改变后的刀具半径，而不需要修改已编好的程序或纸带。

刀尖圆弧半径补偿是通过 G41、G42、G40 代码及 T 代码指定的刀尖圆弧半径补偿号，加入或取消半径补偿。

G41：刀具半径左补偿，即站在第三轴指向上，沿刀具运动方向看，刀具位于工件左侧时的刀具半径补偿。如图 10-7（a）所示。（后置刀架）

G42：刀具半径右补偿，即站在第三轴指向上，沿刀具运动方向看，刀具位于工件右侧时的刀具半径补偿。如图 10-7（a）所示。（后置刀架）

G40：刀具半径补偿取消，即使用该指令后，使 G41、G42 指令无效。

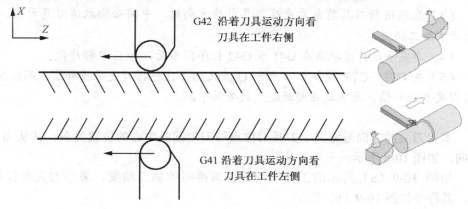

（a）后置刀架左刀补和右刀补

图 10-7 刀具圆弧半径补偿

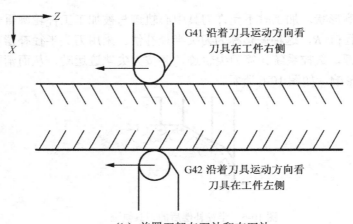

（b）前置刀架左刀补和右刀补

图 10-7　刀具圆弧半径补偿（续）

编程格式：$\left.\begin{matrix}\text{G41}\\\text{G42}\\\text{G40}\end{matrix}\right\}\left.\begin{matrix}\text{G01}\\\text{G00}\end{matrix}\right\}$ X(U)_ Z(W)_

　说明

  X(U)、Z(W)为建立刀补或取消刀补的中刀具移动的终点坐标。刀尖半径补偿量 R 和刀尖方位号如图 10-8 所示，可以用面板上的功能键 OFFSET 分别设定、修改并输入到 CNC 刀具补偿寄存器中。

　注意

  （1）G41/G42 不带参数，其补偿号（代表所用刀具对应的刀尖半径补偿值）由 T 代码指定。其刀尖圆弧补偿号与刀具偏置补偿号对应。

  （2）刀尖半径补偿的建立与取消只能用 G00 或 G01 指令，不能是 G02 或 G03。

  （3）在调用新刀具前或要更改刀具补偿方向时，中间必须取消刀具补偿。目的是避免产生加工误差。

  （4）刀尖半径补偿取消在 G41 或 G42 程序段后面，加 G40 程序段。

  （5）在 G71～G73 指令中 P 点和 Q 点之间不应包括刀尖半径补偿，而应在循环前编写刀尖半径补偿，通常是在趋近起点的运动中。

  车刀刀尖的方向号定义了刀具刀位点与刀尖圆弧中心的位置关系，其从 0～9 有十个方向，如图 10-8 所示。

  如图 10-9（a）所示的工件，为保证圆锥面的加工精度，采用刀尖半径补偿指令编程，其程序如图 10-9（b）所示。

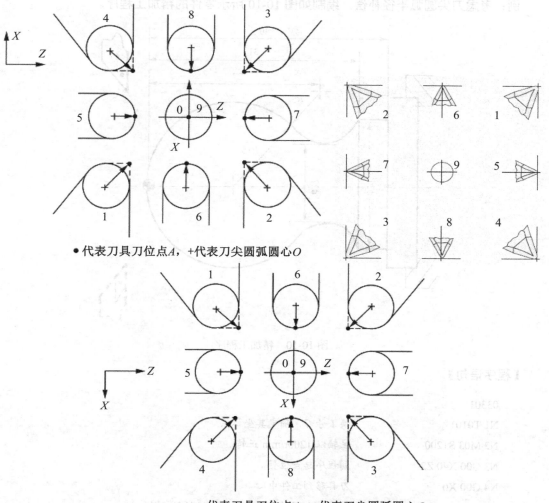

• 代表刀具刀位点 A，+代表刀尖圆弧圆心 O

图 10-8　车刀刀尖方位图（后置刀架和前置刀架）

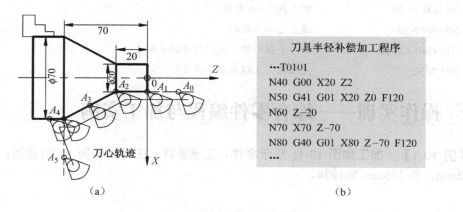

（a）

刀具半径补偿加工程序

···T0101

N40 G00 X20 Z2

N50 G41 G01 X20 Z0 F120

N60 Z−20

N70 X70 Z−70

N80 G40 G01 X80 Z−70 F120

···

（b）

图 10-9　刀具半径补偿示例

例：考虑刀尖圆弧半径补偿，编制如图 10-10 所示零件的精加工程序。

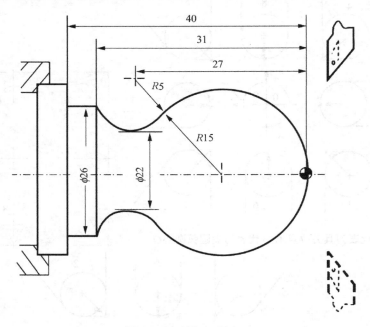

图 10-10 精加工程序

【程序语句】

03301	
N1 T0101	换 1 号刀，确定其坐标系
N2 M03 S1200	主轴以 1200r/min 正转
N3 G00 X40 Z2	到程序起点位置
N4 G00 X0	刀具移到工件中心
N5 G01 G42 Z0 F60	加入刀尖圆弧半径补偿，工进接触工件
N6 G03 U24 W−24 R15	加工 R15 圆弧段
N7 G02 X26 Z−31 R5	加工 R5 圆弧段
N8 G01 Z−40	加工 ϕ26mm 外圆
N9 G00 X30	退出已加工表面
N10 G40 X40 Z5	取消半径补偿，返回程序起点位置
N11 M30	主轴停、主程序结束并复位

10.2 操作实训——综合零件编程与加工实例

【案例 10.1】 加工如图 10-11 所示零件。工艺条件：工件材料为 45[#]钢或铝；毛坯为直径 ϕ30mm，长 105mm 的棒料。

1．零件图工艺分析

（1）技术要求分析。如图 10-11 所示，零件包括圆柱面、圆锥面、凹凸圆弧、螺纹、沟槽、倒角等。零件材料为 45#钢或铝。

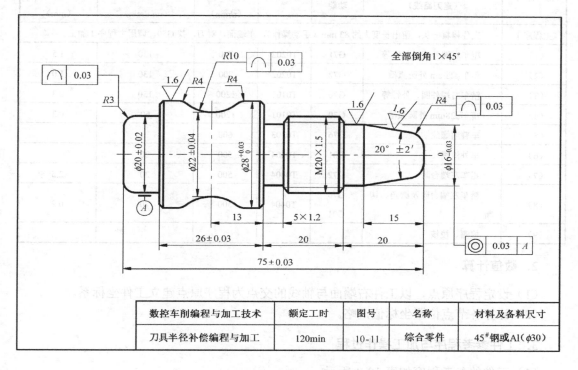

数控车削编程与加工技术	额定工时	图号	名称	材料及备料尺寸
刀具半径补偿编程与加工	120min	10-11	综合零件	45#钢或Al(φ30)

图 10-11　综合零件

（2）确定装夹方案、定位基准、加工起点、换刀点。毛坯为棒料，用三爪自定心卡盘夹紧定位。工件零点设在工件右端面，加工起点和换刀点可以设为同一点，在工件的右前方距工件右端面 100mm，X 向距轴心线 50mm 的位置。

（3）制定加工工艺路线，确定刀具及切削用量。加工刀具的确定如表 10-1 所示，加工方案的制定如表 10-2 所示。

表 10-1　案例 10.1 刀具卡

实训课题		刀尖半径补偿编程及加工	零件名称	综合零件	零件图号	10-11
序号	刀具号	刀具名称及规格	刀尖半径	数量	加工表面	备注
1	T0101	55°右偏粗车外圆刀	0.4mm	1	外圆、锥面、圆弧等	
2	T0202	35°右偏精车外圆刀	0.2mm	1	外圆、锥面、圆弧等	
3	T0303	60°外螺纹刀		1	普通螺纹	
4	T0404	切断刀	刀宽 3 mm	1	沟槽、台阶等	

表 10-2　案例 10.1 工序和操作清单

材　料	45#钢或 Al	零件图号		10-11	系统	FANUC	工序号	111
操作序号	工步内容 （走刀路线）		G 功能	T 刀具	切削用量			
					转速 S (n) (r/min)	进给速度 F (mm/min)	切削深度 a_p (mm)	
主程序 1	夹住棒料一头，留出长度大约 83 mm（手动操作），车端面，对刀，找 G50，调用主程序 1 加工							
（1）	粗车右端外圆、外锥等		G71	T0202	700	130	1.5	
（2）	粗车ϕ28mm 外圆弧槽		G72	T0202	700	130	1.0	
（3）	精车右端外圆、外锥等		G70	T0101	1200	130	0.3	
（4）	精车ϕ28mm 外圆弧槽		G70	T0101	1200	60	0.3	
（5）	车普通螺纹		G76	T0303	600			
（6）	车外沟槽		G01	T0404	500	20		
（7）	粗车左端台阶		G72	T0404	500	20	2.5	
（8）	精车左端台阶及圆角、切 断		G70 G01	T0404	500	20	0.2	
（9）	检测、校核							

2．数值计算

（1）设定程序原点，以工件右端面与轴线的交点为程序原点建立工件坐标系。

（2）计算各节点位置坐标值，略。

3．工件参考程序与加工操作过程

（1）工件的参考程序如表 10-3 所示。

（2）输入程序。

（3）数控编程模拟软件对加工刀具轨迹仿真，或数控系统图形仿真加工，进行程序校验及修整。

（4）安装刀具，对刀操作，建立工件坐标系。

（5）启动程序，自动加工。

（6）停车后，按图纸要求检测工件，对工件进行误差与质量分析。

表 10-3　案例 10.1 程序卡（供参考）

数控车床 程序卡	编程原点	工件右端面与轴线交点		编 写 日 期	
	零件名称	综合零件	零件图号	10-11	材　料	45#钢或 Al
	车床型号	CAK6150DJ	夹具名称	三爪卡盘	实训车间	数控中心
程序号	O6001			编程系统	FANUC 0-TD	
序 号	程　序			简 要 说 明		
N010	G50 X100 Z100			建立工件坐标系、换刀点		
N020	S800 M3			主轴正转		
N030	T0202			选择 2 号外圆刀		
N040	G0 X30 Z5			粗加工定位		

续表

数控车床程序卡	编程原点	工件右端面与轴线交点		编写日期	
	零件名称	综合零件	零件图号	10-11	材料	45#钢或 Al
	车床型号	CAK6150DJ	夹具名称	三爪卡盘	实训车间	数控中心
程序号	O6001			编程系统	FANUC 0-TD
序 号	程 序			简 要 说 明	
N050	G71 U1.5 R0.5			采用粗加工循环指令	
N060	G71 P70 Q160 U0.3 W0.1 F130				
N070	G0 X0			循环内容	
N080	G1 Z0 F60				
N090	X4				
N100	G3 X12.88 Z–3.31 R4				
N110	G1 X16 Z–15				
N120	Z–20				
N130	X17.78 W–1.5				
N140	Z–40				
N150	X26				
N160	X30 W–3				
N170	G0 X30 Z–38			快速定位	
N180	G73 U4 R4			采用仿形封闭切削循环加工	
N190	G73 P210 Q260 U0.3 W0 F120				
N200	G0 X28			循环内容	
N210	G1 W–6.34				
N220	G3 X26.81 W–2.47 R4				
N230	G2 X26.81 W–12.37 R10				
N240	G3 X28 W–2.47 R4				
N250	G1 Z–80				
N260	G0 X100 Z100 T0200 M5				
N270	M00			暂停，测量尺寸	
N280	S1200 M3 T0101			换 1 号刀	
N290	G42 G0 X30 Z2			引入刀尖半径补偿	
N300	G70 P70 Q160			调用精车程序 N70～N160	
N310	G40 G0 X50 Z10			返回安全点，取消刀尖半径补偿	
N320	G42 G0 X30 Z–38			引入刀尖半径补偿，快速定位到精加工循环起点	
N330	G70 P200 Q250			调用精车程序 N200～N250	
N340	G40 G0 X100 Z100 M5			返回换刀点，取消刀补，停主轴	
N350	M00			暂停，测量尺寸	
N360	S600 M3 T0303			换 3 号刀	
N370	G0 X30 Z–15			定位，采用螺纹循环指令起点	
N380	G76 P010160 Q25 R25			采用螺纹切削复合循环	
N390	G76 X16.05 Z–37 P975 Q300 F1.5				

数控车床 程序卡	编程原点	工件右端面与轴线交点		编 写 日 期	
	零件名称	综合零件	零件图号	10-11	材 料	45#钢或 Al
	车床型号	CAK6150DJ	夹具名称	三爪卡盘	实训车间	数控中心
程序号		O6001		编程系统	FANUC 0-TD
序 号	程 序			简 要 说 明	
N400	G0 X100 Z100 M5				
N410	M00			暂停，测量尺寸	
N420	S500 M3 T0404			换 4 号刀刀宽 3mm 左刀尖定位	
N430	G0 X22 Z–38			切槽	
N440	G1 Z–40 F20				
N450	X16				
N460	G0X22				
N470	Z–36				
N480	G1 X18 W–2			倒角	
N490	G1 X16				
N500	G0 X40				
N510	G0 X32 Z–79				
N520	G1 X18 F20				
N530	G0 X32				
N540	G72 W2.5 R0.1			采用循环指令加工左端台阶及圆弧	
N550	G72 P560 Q620 U0.2 W0 F20				
N560	G0 Z–65				
N570	G1 X28				
N580	X26 W–1				
N590	X20				
N600	W–6				
N610	G2 X14 W–3 R3				
N620	G1 Z–79				
N630	G70 P560 Q620			调用精车程序 N540～N600	
N640	G0 X100 Z100 M5				
N650	M00			暂停，测量尺寸	
N660	S500 M3 T0404				
N670	G0 X30Z–78			定位切断工件	
N680	G1 X0 F20				
N690	G0 X100				
N700	Z100 M5				
N710	M30			程序结束	

4. 安全操作和注意事项

（1）对刀时，切槽刀左刀尖作为编程的刀位点。

（2）设定循环起点时要注意循环中快进时不能撞刀。

本章小结

粗加工轴类零件的圆柱、圆弧、圆锥面时，一般不考虑刀尖圆弧半径补偿。

有刀具半径补偿功能的数控系统编制零件加工程序时，不需要计算刀具中心运动轨迹，而只按零件轮廓编程，但要注意分清楚刀具补偿方向。

在使用刀具半径补偿指令时，要注意正确的使用方法，同时刀尖圆弧补偿号与刀具偏置补偿号对应。

对不具备刀具补偿功能的数控系统，能正确分析和计算刀具中心运动轨迹。

习 题 10

1．为什么要进行刀具几何补偿与磨损补偿？

2．车刀刀尖半径补偿的原因是什么？

3．为什么要用刀具半径补偿？刀具半径补偿有哪几种？指令是什么？

4．在使用 G40、G41、G42 指令时要注意哪些问题？

5．试举例分析在车削圆锥和圆弧面时，数控系统不具备刀具半径补偿功能指令时，应如何计算刀具中心运动轨迹。

项目练习

1．零件如图 10-12 所示，工件材料：45# 钢，坯料：$\phi 40mm$ 的棒料。试编制数控加工程序。要求：考虑刀尖圆弧半径对工件形状的影响。

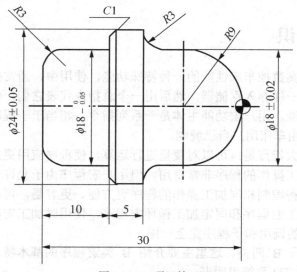

图 10-12 项目练习

2．将第 8、9 章中的案例重新编制加工程序，要求：考虑刀尖圆弧半径对工件形状的影响。

第**11**章

利用宏指令编程及加工

前面学过的各种数控编程指令，其功能都是固定的，使用者只需按规定编程即可。但有时这些指令满足不了用户的要求，如加工椭圆、双曲线等，这时就需要使用用户宏程序功能，用户可以自己扩展数控系统的功能。

知识目标

- ➢ 了解宏程序应用范围。
- ➢ 掌握宏指令编程技巧。

技能目标

- ➢ 通过对带椭圆、抛物线等二次曲线的零件实训加工，掌握用数控车床加工该类零件的主要步骤和合理的工艺路径，扩展数控车床的应用范围。
- ➢ 能对加工质量进行分析处理。

11.1 基础知识

用户宏程序是提高数控车床性能的一种特殊功能，使用中，通常把能完成某一功能的一系列指令像子程序一样存入存储器，然后用一个总指令代表它们，使用时只需给出这个总指令就能执行其功能。用户宏功能主体是一系列指令，相当于子程序体。既可以由车床生产厂提供，也可以由车床用户自己编制。

用户宏程序的最大特点是：可以对变量进行运算，使程序应用更加灵活、方便。虽然子程序对编制相同加工操作的程序非常有用，但用户宏程序由于允许使用变量算术和逻辑运算及条件转移，使得编制相同加工操作的程序更方便、更容易，可将相同加工操作编为通用程序，如型腔加工宏程序和固定加工循环宏程序，使用时加工宏程序可用一条简单指令调出，用户宏程序的调用和子程序完全一样。

用户宏程序有 A、B 两类。这里主要介绍 B 类宏程序的基本特点，有关应用详细说明，请查阅 FANUC 0-TD 系统说明书。

1．宏程序的调用和编写格式

（1）宏程序简单调用格式。宏程序的简单调用是指在主程序中，宏程序可以被单个程序段单次调用。

指令格式：G65 P(宏程序号) L(重复次数)(变量分配)

式中 G65——宏程序调用指令；

P（宏程序号）——被调用的宏程序代号；

L（重复次数）——宏程序重复运行的次数，重复次数为 1 时，可省略不写；

（变量分配）——宏程序中使用的变量赋值。

宏程序与子程序相同的点是，一个宏程序可被另一个宏程序调用，最多可调用 4 重。

（2）宏程序的编写格式。宏程序的编写格式与子程序相同。

```
O  ~ （0001~8999 为宏程序号）
N10  指令
……
N~  M99
```

上述宏程序内容中，除通常使用的编程指令外，还可使用变量、算术运算指令及其他控制指令。变量值在宏程序调用指令中赋给。

2. 变量

（1）变量的分配类型。这类变量中的文字变量与数字序号变量之间有确定的关系，如表 11-1 所示。

表 11-1 文字变量与数字序号变量的关系

A#1	I#4	T#20
B#2	J#5	U#21
C#3	K#6	V#22
D#7	M#13	W#23
E#8	Q#17	X#24
F#9	R#18	Y#25
H#11	S#19	Z#26

文字变量为除 G、L、N、O、P 以外的英文字母，一般可不按字母顺序排列，但 I、J、K 需要按字母顺序指定；#1~#26 为数字序号变量。

例如，G65 P1000 A1.0 B2.0 I3.0

上述程序段为宏程序的简单调用格式，其含义为：调用宏程序号为 1000 的宏程序运行一次，并为宏程序中的变量赋值，其中：#1 为 1.0，#2 为 2.0，#4 为 3.0。

（2）变量的级别。

① 本级变量#1~#33。作用于宏程序某一级中的变量称为本级变量，即这一变量在同一程序级中调用时含义相同，若在另一级程序（如子程序）中使用，则意义不同。本级变量主要用于变量间的相互传递，初始状态下未赋值的本级变量即为空白变量。

② 通用变量#100~#144，#500~#531。可在各级宏程序中被共同使用的变量称为通用变量，即这一变量在不同程序级中调用时含义相同。因此，一个宏程序中经计算得到的一个通用变量的数值，可以被另一个宏程序应用。

3. 算术运算指令

变量之间进行运算的通常表达形式是：#i =（表达式）

（1）变量的定义和替换。

    #i =#j

（2）加减运算。

    #i =#j ＋ #k   加

    #i =#j – #k   减

（3）乘除运算。

    #i =#j × #k   乘

    #i =#j ÷ #k   除

（4）函数运算。

    #i =SIN [#j]   正弦函数（单位为度）

    #i =COS [#j]   余函数（单位为度）

    #i =TANN [#j]   正切函数（单位为度）

    #i =ATAN [#j / #k]   反正切函数（单位为度）

    #i =SQRT [#j]   平方根

    #i =ABS [#j]   取绝对值

（5）运算的组合。以上算术运算和函数运算可以结合在一起使用，运算的先后顺序是：函数运算、乘除运算、加减运算。

（6）括号的应用。表达式中括号的运算将优先进行。连同函数中使用的括号在内，括号在表达式中最多可用 5 层。

4. 控制指令

（1）条件转移。

编程格式：IF   [条件表达式]   GOTO   n

说明

（1）如果条件表达式的条件得以满足，则转而执行程序中程序号为 n 的相应操作，程序段号 n 可以由变量或表达式替代；

（2）如果表达式中条件未满足，则顺序执行下一段程序；

（3）如果程序作无条件转移，则条件部分可以被省略；

（4）表达式可按如下书写：

#j	EQ	#k	表示=
#j	NE	#k	表示≠
#j	GT	#k	表示>
#j	LT	#k	表示<
#j	GE	#k	表示≥
#j	LE	#k	表示≤

例：下面的程序计算数值 1～10 的总和。

【程序语句】

O9500	
#1=0	存储和数变量的初值
#2=1	被加数变量的初值
N1 IF #2 GT 10 GOTO2	当被加数大于 10 时转移到 N2
#1=#1+#2	计算和数
#2=#2+1	下一个被加数
GOTO 1	转到 N1
N2 M30	程序结束

（2）循环语句（While DO-END 语句）。

编程格式：WHILE　[条件表达式] DO m (m = 1, 2, 3)

　　　　　……

　　　　　END m

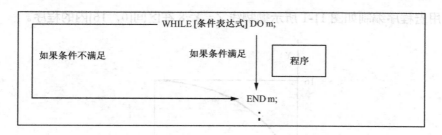

 说明

（1）条件表达式满足时，程序段 DO m 至 END m 即重复执行；

（2）条件表达式不满足时，程序转到 END m 后执行；

（3）如果 WHILE　[条件表达式]部分被省略，则程序段 DO m 至 END m 之间的部分将一直重复执行。

 注意

（1）WHILE　DO m 和 END m 必须成对使用。

（2）DO 语句允许有 3 层嵌套。

DO　1

```
    DO    2
    DO    3
    END   3
    END   2
    END   1
```

（3）DO 语句范围不允许交叉，如下语句是错误的。

```
    DO    1
    DO    2
    END   1
    END   2
```

例：下面的程序计算数值 1～10 的总和。

【程序语句】

```
    O0001
    #1=0
    #2=1
    WHILE [#2 LE 10] DO 1
    #1=#1+#2
    #2=#2+#1
    END 1
    M30
```

例：用宏程序编制如图 11-1 所示抛物线 $Z = X^2/8$ 在区间[0，16]内的程序。

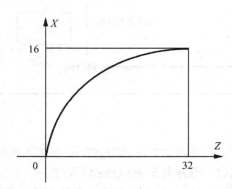

图 11-1　宏程序编制例图

【程序语句】

```
    %8002
    #10=0                            X 坐标
    #11=0                            Z 坐标
```

```
N10 G92 X0.0    Z0.0
M03 S600
WHILE [#10 LE 16] DO 1
G90 G01 X[#10] Z[#11] F100
#10=#10+0.08
#11=#10*#10/8
END 1
G00 Z0 M05
G00 X0
M30
```

例：如图 11-2 所示的图形，试编制精加工程序。

（1）工艺分析。

① 技术要求。如图 11-2 所示，轮廓图形均由抛物面、圆柱面、椭圆面、构成，只是尺寸不同的系列零件，可将其编制成一个通用程序，当零件改变时，只需修改参数即可。图中抛物线的 X 轴步距为 0.08mm，椭圆 Z 轴步距为 0.08mm，椭圆方程的 a、b 分别为椭圆长轴长度（X 轴）和短轴长度（Z 轴）。

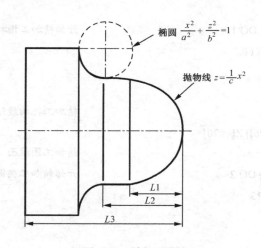

椭圆 $\dfrac{x^2}{a^2}+\dfrac{z^2}{b^2}=1$

抛物线 $z=\dfrac{1}{c}x^2$

图 11-2　精加工程序

② 加工工艺的确定。

➢ 装夹定位的确定：三爪卡盘夹紧定位。

➢ 刀具加工起点及工艺路线的确定：刀具加工起点放在 Z 向工件前端面 50 mm，X 向距工件外表面 50 mm 的位置。

➢ 加工刀具：外圆端面车刀，刀具主偏角 93°，刀具材质硬质合金。

➢ 切削用量：主轴转速 800 r/min，进给速度 0.2mm/r。

➢ 工件坐标系的建立：以工件前端面与轴线的交点为程序原点。

➢ 各节点坐标值计算：略。

（2）参考程序。

【程序语句】

```
%8003
#20=32（L1）
#21=40（L2）
#24=55（L3）
#25=5（a）
#26=8（b）
G50 X100 Z50
T0101
M3 S800
G00 X0 Z5
G95 G1 Z0 F0.2
#10=0
#11=0
#12=0
#13=0
WHILE [#11 LE #20] DO 1            开始精加工抛物线
G01 X[#10] Z[–[#11]] F0.2
#10=#10+0.08
#11=#10*#10/#26
END 1                             精加工抛物线结束
G01 X[SQRT[#20*#26]] Z[–#20]
G01 Z[–#21]                       精加工圆柱面
WHILE [#13 LE #24] DO 2           开始精加工椭圆
#16=#24*#24–#13*#13
#15=SQRT[#16]
#12=#15*[#25/#24]
G01 X[SQRT[#20*#26]+#25–#12]   Z[–#21–#13]
#13=#13+0.08
END 2                             精加工椭圆结束
G01 X[SQRT[#20*#26]+#25]   Z[–#21–#24]
G01 Z[–#22]                       精加工圆柱面
U2
G00 Z50 M05
X100
M30
```

11.2 操作实训——椭圆编程与加工实例

【案例 11.1】 加工如图 11-3 所示的零件。工艺条件：工件材料为 45#钢或铝；毛坯为直径ϕ30mm，长 100mm 的棒料。

1. 零件图工艺分析

（1）技术要求分析。如图 11-3 所示，零件由圆柱面、椭圆面构成。零件材料为 45#钢棒或铝棒。

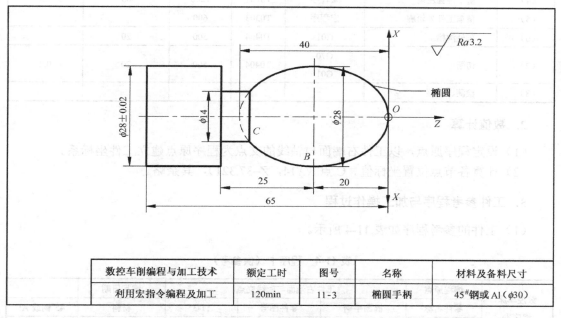

数控车削编程与加工技术	额定工时	图号	名称	材料及备料尺寸
利用宏指令编程及加工	120min	11-3	椭圆手柄	45#钢或 Al（ϕ30）

图 11-3 椭圆手柄

（2）确定装夹方案、定位基准、加工起点、换刀点。毛坯为棒料，用三爪自定心卡盘夹紧定位。工件零点设在工件右端，加工起点和换刀点可以设为同一点，在工件的右前方距工件右端面 100mm，X 向距轴心线 50mm 的位置。

（3）制定加工工艺路线，确定刀具及切削用量。加工刀具的确定如表 11-2 所示，加工方案的制定如表 11-3 所示。

表 11-2 案例 11.1 刀具卡

实训课题		利用宏指令编程及加工	零件名称	椭圆手柄	零件图号	11-3
序号	刀具号	刀具名称及规格	刀尖半径	数量	加工表面	备注
1	T0101	35° 右偏 粗、精车外圆刀	0.4mm	1	外圆、椭圆面	
2	T0202	切断刀	刀宽 3.2mm	1	椭圆面、沟槽	

表 11-3 案例 11.1 工序和操作清单

材　料	45#钢或 Al		零件图号		11-3	系　统	FANUC	工序号	093
操作序号	工步内容 （走刀路线）		G 功能	T 刀具	切削用量				
					转速 S(n) (r/min)	进给速度 F (mm/min)		切削深度 a_p (mm)	
主程序 1	夹住棒料一头，留出长度大约 75 mm（手动操作），车端面，对刀，找 G50，调用主程序 1 加工								
（1）	粗车工件外圆柱面等		G90	T0101	700	130		1.5	
（2）	粗车椭圆右端		宏程序	T0101	700	130		1.0	
（3）	粗车外沟槽		G01	T0101	1200	130		0.3	
（4）	粗车椭圆左端		宏程序	T0101	1200	60		0.3	
（5）	精车工件外轮廓		宏程序	T0303	600				
（6）	车外沟槽		G01	T0404	500	20			
（7）	切断		G70 G01	T0404	500	20		0.2	
（8）	检测、校核								

2．数值计算

（1）设定程序原点，以工件右端面与轴线的交点为程序原点建立工件坐标系。

（2）计算各节点位置坐标值。C 点（$X14$，$Z-37.321$），其余略。

3．工件参考程序与加工操作过程

（1）工件的参考程序如表 11-4 所示。

表 11-4 程序卡（供参考）

数控车床 程序卡	编程原点	工件右端面与轴线交点		编写日期	
	零件名称	椭圆手柄	零件图号	11-3	材料	45#钢或 Al
	车床型号	CAK6150DJ	夹具名称	三爪卡盘	实训车间	数控中心
程序号	O6001		编程系统	FANUC 0-TD		
序　号	程　序			简要说明		
N010	G50　X100 Z50			建立工件坐标系、换刀点		
N020	S800 M3			主轴正转		
N030	T0101			选择 1 号外圆刀		
N040	G0 X30 Z2					
N050	G95 G90 X28.5 Z-70 F0.18			利用外圆切削循环精加工外圆		
N060	#1=28			定义变量#1 为 X，X 是直径值		
N070	#2=0			定义变量#2 为 Z		
N080	WHILE [#1 GE 0] DO 1			宏程序粗加工椭圆右端		
N090	G0 X[#1]					
N100	G95 G1 Z[[#2−20] F0.18					
N110	G0 U1					
N120	G0 Z2					

数控车床程序卡	编程原点		工件右端面与轴线交点		编写日期	
	零件名称	椭圆手柄	零件图号	11-3	材料	45#钢或 Al
	车床型号	CAK6150DJ	夹具名称	三爪卡盘	实训车间	数控中心
程序号	O6001			编程系统	FANUC 0-TD	
序 号	程 序				简 要 说 明	
N130	#1=#1−2					
N140	#2=20/28*SQRT[28*28−#1*#1]					
N150	END 1				椭圆右端粗加工结束	
N160	G0 X100 Z50 M5				返回换刀点	
N170	T0202 (切断刀刀宽 3.2，左刀尖)				换切断刀	
N180	M3 S400					
N190	G0 X32 Z−45				定位到沟槽左侧	
N200	G94 X14 Z−45 F0.10				利用端面切削循环加工沟槽	
N210	X14 Z−42					
N220	X14 Z−40.521					
N230	G0 X32 Z−40.521				定位在椭圆左端外面	
N240	#1=14				定义变量 X	
N250	#2=−17.321				定义变量 Z	
N260	WHILE [#2 LE 0] DO 1				宏程序粗加工椭圆左端	
N270	G0 Z[[#2]−20]					
N280	G1 X[#1]					
N290	G0 W−1					
N300	G0 X32					
N310	#2=#2+3					
N320	#1=28/20*SQRT[20*20−#2*#2]					
N330	END 1					
N340	G0 X100 Z50 M5				返回换刀点，停主轴	
N350	T0101 (35°尖刀)				换 1 号刀	
N360	M3 S1000					
N370	G0 X0 Z3					
N380	G1 X0 Z0 G41				刀具左补偿	
N390	#1=0				定义变量 X	
N400	#2=20				定义变量 Z	
N410	WHILE [#2 GE −17.321] DO 2				以下为精车工件外形轮廓	
N420	G95 G1 X[#1] Z[#2−20] F0.18				精车椭圆	
N430	#2=#2−0.1					
N440	#1=28/20*SQRT[20*20−#2*#2]					
N450	END 2					
N460	G1 X14 Z−37.321 F0.18				精车沟槽	
N470	X14 Z−45					
N480	X28 C1				精车平面、倒角	

数控车床 程序卡	编程原点	工件右端面与轴线交点		编写日期	
	零件名称	椭圆手柄	零件图号	11-3	材料	45#钢或 Al
	车床型号	CAK6150DJ	夹具名称	三爪卡盘	实训车间	数控中心
程序号	O6001			编程系统	FANUC 0-TD
序　号	程　序			简要说明	
N490	Z–70 G40			精车结束，取消刀补	
N500	G00 X100			刀具返回换刀点	
N510	Z50 M05				
N520	M00				
N530	M3 S300 T0202			换切断刀	
N540	G0 X32 Z–68.2				
N550	G94 X20 Z–68.2 F0.1			切槽	
N560	X26 Z–68.2 I–3			倒角	
N570	X0.2 Z–68.2			切断工件	
N580	G00 X100			刀具返回换刀点	
N570	Z50 M5			停主轴	
N580	M30			程序结束	

（2）输入程序。

（3）数控编程模拟软件对加工刀具轨迹仿真，或数控系统图形仿真加工，进行程序校验及修整。

（4）安装刀具，对刀操作，建立工件坐标系。

（5）启动程序，自动加工。

（6）停车后，按图纸要求检测工件，对工件进行误差与质量分析。

4．安全操作和注意事项

（1）对刀时，切槽刀左刀尖作为编程的刀位点。

（2）设定宏程序加工起点时要注意变量的选取方向。

（3）为保证椭圆左右两部分无接合痕迹，精加工时利用外圆刀对整个外形轮廓采取连续车削。

本章小结

　　宏程序指令适合抛物线、椭圆、双曲线等没有插补指令的曲线的编程；适合图形一样、尺寸不同的系列零件的编程；适合工艺路径一样，只是位置数据不同的系列零件的编程。运用宏指令可大大简化程序；扩展数控车床手工编程应用范围。

　　利用宏程序编程时，变量的选取非常重要，宏程序加工起点的位置与变量方向和数值紧密相关。

　　考虑到刀尖圆弧半径对椭圆形状造成的误差，精加工时引入刀尖圆弧半径补偿编程。

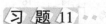

习 题 11

1．宏程序与子程序有何异同之处？
2．简述宏程序的调用和编写格式。
3．宏指令中，常用的控制指令有哪些？

项目练习

1．零件图如图 11-4 所示，工件材料：45#钢，坯料：ϕ50mm 的棒料。试编制数控加工程序。要求如下：

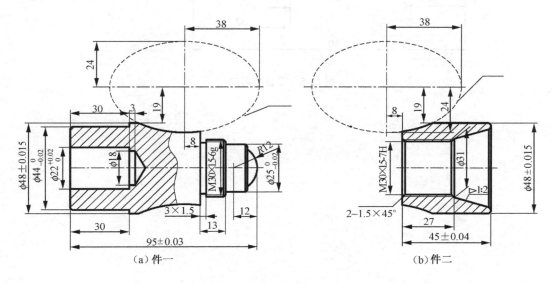

（a）件一　　　　　　　　　　（b）件二

图 11-4　项目练习一

（1）确定零件的定位基准、装夹方案；
（2）选择刀具及切削用量；
（3）制定加工方案，确定对刀点；
（4）计算并注明有关基点、节点等的坐标值；
（5）填写加工程序单，并进行必要的工艺说明。

2．零件图如图 11-5 所示，工件材料：45#钢，坯料：ϕ50mm 的棒料。试编制数控加工程序。要求如下：

（1）确定零件的定位基准、装夹方案；
（2）选择刀具及切削用量；
（3）制定加工方案，确定对刀点；
（4）填写加工程序单，并进行必要的工艺说明。

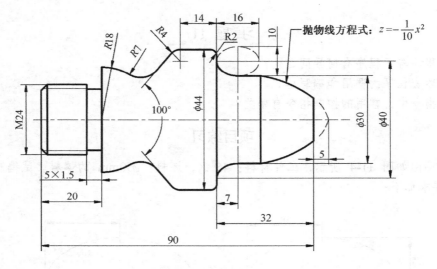

抛物线方程式：$z = -\dfrac{1}{10}x^2$

图 11-5　项目练习二

*第12章

复杂零件的编程及加工

中等复杂类零件、组合加工零件的编程与加工所用到的相关知识有：零件基准选择、公差配合、加工工艺分析和加工工艺的编制、刀具的选择、切削参数的选择，机床操作、编制加工程序、零件的定位、夹紧和找正，零件的测量方法，以及零件的装配组合等，可以培养和考察学生的综合能力。

知识目标

➢ 提高复杂零件及组合件的工艺分析和程序编制的能力，能制定合理的加工路线。
➢ 利用宏程序能编制一些使用变量的曲线加工程序。
➢ 熟练运用各种指令编制加工程序。

技能目标

➢ 掌握保证零件尺寸精度及形位精度的加工方法，对零件在加工过程中的设计基准、工艺基准、测量基准的选择和应变。
➢ 合理选择刀具的切削参数。
➢ 掌握工件精度检验与测量方法，能够根据测量结果分析产生误差的原因。

12.1 基础知识

12.1.1 典型零件数控加工工艺分析

1. 轴类零件加工工艺分析及编程

在数控车床上加工轴类零件的方法，与在普通车床的加工方法大体一致，都遵循"先粗后精"、"由大到小"等基本原则，就是先对工件整体进行粗加工，然后进行半精车、精车。如果在半精车与精车之间不安排热处理工序，则半精车和精车就可以在一次装夹中完成。由大到小，就是在车削时，先从工件的最大直径处开始车削，然后依次往小直径处进行加工。在数控机床上精车轴类工件时，往往从工件的最右端开始连续不间断地完成整个工件的切削。

【案例12.1】 加工如图12-1所示的零件，毛坯直径为ϕ45mm，长为370mm，材料为

Q235；未注倒角 1×45°，其余 Ra12.5。

（1）刀具选择。根据如图 12-1 所示的加工要求，所需要的刀具为外圆粗加工正偏刀、刀宽为 2mm 的切槽刀、外圆精加工正偏刀、60°螺纹车刀、45°端面刀、内孔精车刀。

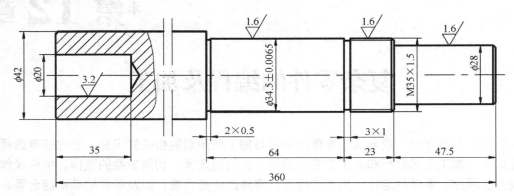

图 12-1　心轴零件

（2）毛坯选择。毛坯选用直径为 φ45mm，长为 370mm，材料为 Q235。

（3）零件加工工艺路线及其程序如表 12-1、表 12-2 所示。

① 采用一夹一顶装夹工件，粗、精加工外圆及加工螺纹。所用工具有外圆粗加工正偏刀（T01）、刀宽为 2mm 的切槽刀（T02）、外圆精加工正偏刀（T03）。加工工艺路线为：粗加工 φ42mm 的外圆（留余量：径向 0.5mm，轴向 0.3mm）→粗加工 φ35mm 的外圆（留余量：径向 0.5mm，轴向 0.3mm）→粗加工 φ28mm 的外圆（留余量：径向 0.5mm，轴向 0.3mm）→精加工 φ28mm 的外圆→精加工螺纹的外圆（φ34.85mm）→精加工 φ35mm 的外圆→精加工 φ42mm 的外圆→切槽→加工螺纹→切断。加工程序如表 12-1 所示。

表 12-1　加工外圆及螺纹的程序

程　　序	说　　明
O5050	程序名
N10 G50 X100 Z10	设置工件坐标系
N20 M03 S500	主轴正转，转速 500r/min
N30 T0101	换刀补号为 01 的 01 号刀（外圆粗加工偏刀）
N40 G00 Z5	快速定位到距端面 5mm 处
N50 X47 Z2	快速定位到 φ47mm 外圆处，距端面 2mm 处
N60 G90 X42.5 Z–364 F300	粗车 φ42mm 外圆，径向余量 0.5mm，轴向余量 0.3mm
N70 G90 X38 Z–134.2 F300	粗加工 φ35mm 外圆，径向余量 0.5mm，轴向余量 0.3mm
N80 G90 X35.5 Z–134.2 F300	
N90 G90 X30 Z–47.2 F300	粗加工 φ28mm 外圆，径向余量 0.5mm，轴向余量 0.3mm
N100 G90 X28.5 Z47.2 F300	
N110 G00 X100	X 方向快速定位到 φ100mm 处，Z 方向快速定位到距端面 10mm 处，使
N120 Z10	刀尖回到程序原点，作为换刀位置
N125 T0100	清除刀偏
N130 T0303	换精车刀

续表

程　　序	说　　明
N140 S800	调高主轴转速
N150 G00 Z1	快速定位到距端面 1mm 处
N160 X24	快速定位到 ϕ24mm 外圆处
N170 G01 X28 Z–1 F100	倒角 1×45°
N180 Z–47.5	精车 ϕ28mm 外圆
N190 X32.85	精车轴肩
N200 X34.85 Z–48.5	倒角 1×45°
N210 Z–70.5	精车 ϕ34.85mm 螺纹外圆
N220 X35	定位到 ϕ35mm 外圆处
N230 Z–134.5	精车 ϕ35mm 外圆
N240 X42	定位到 ϕ42mm 外圆处
N230 Z–360.5	精车 ϕ42mm 外圆
N240 G00 X100	X 方向快速定位到 ϕ100mm 处，Z 方向快速定位到距端面 10mm 处，使
N250 Z10	刀尖回到程序原点，作为换刀位置
N255 T0300	清除刀偏
N260 M06 T0202	换宽 2mm 的切槽刀
N270 S300	将主轴调速为 300r/min
N280 G00 X45 Z–134.5	定位到 ϕ45mm 外圆处，距端面 134.5mm 处
N290 G01 X34 F50	切 2×0.5 的槽
N300 X36	提刀至 ϕ36mm 处
N310 G00 Z–70.5	快速定位到距端面 70.5mm 处
N320 G01 X33	切至 ϕ33mm 外圆处
N330 X36	提刀至 ϕ36mm 处
N340 Z–69. 5	向 Z 方向移动 1mm（槽宽 3mm）
N350 X33	切至 ϕ33mm 外圆处
N360 X36	提刀至 ϕ36mm 处
N370 G00 X100	
N380 Z10	
N385 T0200	清除刀偏
N390 T0404	换 60° 的螺纹刀
N400 S400	将主轴调速为 400r/min
N410 G00 X37 Z–45	定位到 ϕ37mm 外圆处，距端面 45mm 处
N415 G76 P021060 Q50 R0.10	
N420 G76 X33.65 Z–72 R0 P975 Q300 F1.5	加工 M35×1.5 的螺纹
N430 G00 X100	
N440 Z10	
N445 T0400	清除刀偏
N450 T0202	换宽 2mm 的切槽刀
N460 S300	将主轴调速为 300r/min
N470 G00 Z–363.5	定位到距端面 363.5mm 处
N480 X45	定位到 ϕ45mm 外圆处

程　　序	说　　明
N490 G01 X5 F50	切至 ⌀5mm 处
N500 G00 X100	
N510 Z10	
N515 T0200	清除刀偏
N518 M05	停主轴
N520 M30	程序结束

② 调头用铜片垫夹 ⌀42mm 的外圆，百分表找正后，精加工 ⌀20mm 的内孔。所用刀具有 45° 端面刀（T01）、内孔精车刀（T02）。加工工艺路线为：加工端面→精加工 ⌀20mm 的内孔。加工程序如表 12-2 所示。

表 12-2　精加工 ⌀20mm 内孔的程序

程　　序	说　　明
O5051	程序名
N10 G50 X100 Z50	设置工件坐标系
N20 M03 S600	主轴正转，转速 600r/min
N30 T0101	45° 的端面刀
N40 G00 X20 Z2	快速定位到 ⌀20mm 外圆，距端面 2mm 处
N50 G01 X14 Z–1 F100	倒角 1×45°
N60 Z0	刀尖对齐端面
N80 G00 X100 Z50	刀尖快速回到程序原点
N85 T0100	取消刀偏
N90 T0202	换内孔精车刀
N100 G00 X24 Z1	快速定位到 ⌀24mm 外圆，距端面 1mm 处
N110 G01 X20 Z–1 F100	倒角 1×45°
N120 Z–35	精车 ⌀20mm 的内孔
N130 X18	X 轴退刀至 18mm 处
N140 G00 F50	Z 轴先快速退刀，X 轴再快速退刀，回到程序原点
N150 X100	
N160 T0200	清除刀偏
N165 M05	停主轴
N180 M30	程序结束

2. 套筒类零件加工分析及编程

套筒类零件与轴类零件相比，其需要加工的形状比较复杂，除了工件的外圆需要加工外，还需加工内孔、台阶孔、内沟槽等，根据零件形状的不同要求，有时可能需要使用"两次装夹，调头加工"的加工工艺。由于现时工件需要进行二次装夹，对加工的位置误差会产生一定的影响。因此，在数控车削工艺路线设计时应考虑解决这个因素。另外，有些套筒类零件的壁厚不一致，壁厚较薄的位置使用一般的三爪卡盘装夹会变形，造成加工工件的形状误差增大。这时应该使用心轴定位装夹，或者使用"包容式"夹爪、夹紧压力可调的气动卡盘或液压卡盘，并把卡盘的夹紧压力调整到合适的大小。

【**案例 12.2**】 加工如图 12-2 所示的中间齿轮毛坯，毛坯直径为 ϕ50mm，内孔（预钻孔）直径为 ϕ25mm、长为 35mm，材料为 45$^{\#}$钢，未注倒角 1×45°。

（1）刀具选择。根据零件图 12-2 所示的加工要求，所需要的刀具为外圆车刀、外圆精车刀、内孔刀、内沟槽刀。

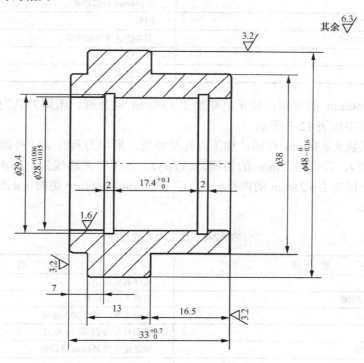

图 12-2 中间齿轮毛坯零件

（2）毛坯选择。毛坯选用直径为 50mm、长为 35mm 的 45$^{\#}$钢棒料。在普通车床钻 ϕ25mm 的孔，并车平一头端面，预先准备好心轴。

（3）零件加工工艺路线及其程序如表 12-3 和表 12-4 所示。

表 12-3 加工 ϕ34mm、ϕ42mm 外圆、切 2×0.5 槽的程序

程 序	说 明
O7101	程序名
N10 G50 X100 Z100	设置工件坐标系
N20 M03 S500	主轴正转，转速 500r/min
N30 T0101	换刀补号为 01 的 01 号刀（外圆车刀）
N40 G00 X55 Z0	快速定位到 ϕ55mm 外圆，距端面 0mm 处
N50 G01 X24	车端面
N60 G00 X50 Z2	快速定位到 ϕ50mm 外圆，距端面 2mm 处
N70 G90 X46 Z-16.5 F100	粗车 ϕ38mm 外圆
N80 X42	
N90 X39	

续表

程　　序	说　　明
N100 G00 X35 Z1 S1200	快速定位到φ35mm，距端面 1mm 处
N110 G01X38 Z−0.5 F80	倒角
N120 Z−16.5	精车φ38mm 外圆
N130 X47	车φ48mm 外圆端面
N140 X48 Z−17	倒角
N150 G00 X100 Z100	刀尖快速退回起始点
N160 M05	停主轴
N170 M30	程序结束

① 装夹φ50mm 的外圆，找正。车加工φ38mm 的外圆。所用刀具为外圆加工正偏刀（T01）。加工程序如表 12-3 所示。

② 用软爪装夹φ38mm 外圆，加工内孔及外圆。所用刀具有 45°外圆正偏刀（T01）、内孔车刀（T02）、刀宽为 2mm 的切槽刀（T03）。加工工艺路线为：车φ48mm 外圆→车φ38mm 外圆→粗加工φ28mm 的内孔→精加工φ28mm 的内孔→切槽（φ29×2）。加工程序如表 12-4 所示。

表 12-4　加工内孔的程序

程　　序	说　　明
O7102	程序名
N10 G50 X100 Z100	设置工件坐标系
N20 M03 S500	主轴正转，转速 500r/min
N30 T0101	换刀补号为 01 的 01 号刀（外圆车刀）
N40 G00 X55 Z0	快速定位到φ44mm 直径处
N50 G01 X24 F50 F100	车端面
N60 G00 X50 Z2	快速定位到φ50mm 外圆，距端面 2mm 处
N70 G90 X49 Z−16.5	粗车φ48mm 外圆
N80 X42 Z−3.5	粗车φ38mm 外圆
N90 X39 Z−3.5	
N100 G00 X35 Z1 S1200	快速定位到φ35mm 外圆，距端面 1mm 处
N110 G01 X38 Z−0.5 F80	倒角
N120 Z−3.5	精车φ38mm 外圆
N130 X47	车φ48mm 外圆端面
N140 X48 Z−4	倒角
N150 Z−17	精车φ48mm 外圆
N160 G00 X100 Z100	刀尖快速定位到φ100mm 处
N170 T0100	清除刀偏
N180 T0202	换刀补号为 02 的 02 号刀（内孔刀）
N190 G00 X24 Z2 S600	刀尖快速定位
N200 G90 X27 Z−34 F80	粗车φ28mm 内孔，留径向余量 1mm
N210 G00 X31 Z1 S1000	快速定位到φ31mm 外圆，距端面 1mm 处
N220 G01 X28 Z−0.5 F50	倒角
N230 Z−34	精车φ28mm 的内孔

续表

程 序	说 明
N240 G00 X27 Z2	快速定位到ϕ27mm 外圆，距端面 2mm 处
N250 X100 Z100	快速退回换刀点
N260 T0200	清除刀偏
N270 T0303	换刀，使用 2mm 的内孔切槽刀
N280 G00 X26 Z2 S500	快速定位到ϕ26mm 外圆，距端面 2mm 处
N290 Z–9	刀尖快速定位
N300 G01 X29.4 F50	切内沟槽
N310 G00 X26	退刀至ϕ26mm 处
N320 Z–28.4	刀尖快速定位
N330 G01 X29.4	切内沟槽
N340 G00 X26	退刀至ϕ26mm 处
N350 Z2	刀尖移到端面 2mm 处
N360 G00 X100 Z100	刀尖快速退回起点（与换刀点位置重合）
N370 M05	停主轴
N380 M30	程序结束

3．盘类零件加工工艺分析及编程

盘类零件与轴类零件相比，有其自己的特点。盘类零件的直径较大而长度较小，另外，盘类零件需要加工的形状相对比较复杂。由于这些特点，盘类零件的加工程序一般比较长，所使用的刀具也比轴类零件要多一些。

【案例 12.3】 加工如图 12-3 所示的端盖零件，毛坯直径为ϕ150mm、长为 40mm，材料为 Q235；未注倒角 1×45°，其余 Ra6.3；棱边倒钝。

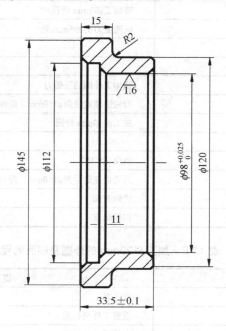

图 12-3 端盖零件

（1）刀具选择。根据如图 12-3 所示的加工要求，所需要的刀具为外圆正偏刀、端面车刀、内孔刀。

（2）毛坯选择。毛坯直径为 ϕ150mm、长为 40mm，材料为 Q235 的铸件。

（3）零件加工工艺路线及其程序如表 12-5、表 12-6 所示。

表 12-5　加工 ϕ145mm 的外圆及 ϕ112mm、ϕ98mm 内孔的程序

程　序	说　明
O5052	程序名
N10 G50 X160 Z100	设置工件坐标系
N20 M03 S300	主轴正转，转速 300r/min
N30 T0202	换内孔车刀
N40 G00 X95 Z5	快速定位到 ϕ95mm，距端面 5mm 处
N50 G94 X150 Z0 F100	加工端面
N60 G90 X97.5 Z–35 F100	粗加工 ϕ98mm 内孔，留径向余量 0.5mm
N70 G00 X97	刀尖定位至 ϕ97mm 处
N75 G90 X105 Z–10.5 F100	粗加工 ϕ112mm 内孔
N80 G90 X111.5 Z–10.5 F100	粗加工 ϕ112mm 内孔，留径向余量 0.5mm
N90 G00 X116 Z2	快速定位到 ϕ116mm，距端面 2mm 处
N100 G01 X112 Z–1	倒角 1×45°
N100 Z–11	精加工 ϕ112mm 内孔
N120 X99	精加工孔底平面
N130 X98 Z–11.5	倒角 1×45°
N140 Z–34	精加工 ϕ98mm 内孔
N150 G00 X95	快速退刀至 ϕ95mm 处
N160 Z100	
N170 X160	
N180 T0101	换加工外圆的正偏刀
N190 G00 X150 Z2	刀尖快速定位到 ϕ150mm，距端面 2mm 处
N200 G90 X145 Z–15 F100	加工 ϕ145mm 外圆
N210 G00 X141 Z1	
G220 G01 X147 Z–2 F100	倒角 1×45°
G230 G00 X160 Z100	刀尖快速定位到 ϕ160mm，距端面 100mm 处
N210 T0000	清除刀偏
N220 M30	程序结束

表 12-6　加工 ϕ120mm 的外圆及端面的程序

程　序	说　明
O5054	程序名
N10 G50 X160 Z100	设置工件坐标系
N20 M03 S500	主轴正转，转速 500r/min

续表

程　　序	说　　明
N30 T0101	45°端面车刀
N40 G00 X95 Z5	快速定位到ϕ95mm，距端面5mm处
N50 G94 X130 Z0.5 F50	粗加工端面
N60 G00 X96 Z–2	快速定位到ϕ96mm，距端面2mm处
N70 G01 X100 Z0 F50	倒角1×45°
N80 X130	精修端面
N90 G00 X160 Z100	刀尖快速定位到ϕ160mm，距端面100mm处
N100 T0202	换加工外圆的正偏刀
N110 G00 X130 Z2	刀尖快速定位到ϕ130mm，距端面2mm处
N120 G90 X120.5 Z–18.5 F100	粗加工ϕ120mm外圆，留径向余量0.5mm
N130 G00 X116 Z1	
N140 G01 X120 Z–1 F100	倒角1×45°
N150 Z–16.5	粗加工ϕ120mm外圆
N160 G02 X124 Z–18.5 R2	加工R2圆弧
N170 G01 X143	精修轴肩面
N180 X147 Z20.5	倒角1×45°
N190 G00 X160 Z100 M05	刀尖快速定位到ϕ160mm，距端面100mm处
N2000 T0000	清除刀偏
N2100 M30	程序结束

① 夹ϕ120mm外圆，加工ϕ145mm的外圆及ϕ112mm、ϕ98mm的内孔。所用刀具有外圆加工正偏刀（T01）、内孔车刀（T02）。加工工艺路线为：粗加工ϕ98mm的内孔→粗加工ϕ112mm的内孔→精加工ϕ98mm、ϕ112mm的内孔及孔底平面→加工ϕ145mm的外圆。

② 夹ϕ112mm内孔，加工ϕ120mm的外圆及端面。所用刀具有45°端面刀（T01）、外圆加工正偏刀（T02）。加工工艺路线为：加工端面→加工ϕ120mm的外圆→加工R2的圆弧及平面。

12.1.2　梯形螺纹数控加工工艺分析

常见的梯形螺纹螺距较大、螺纹槽深，所以加工的难度大。如果编程时只用G92直进法或G76斜进式切削方法来加工很难避免扎刀、螺纹两侧表面粗糙度差、尺寸精度低等现象，采用左右切削法则可大大改善这些现象，如图12-4所示。由于直进法、斜进法切削梯形螺纹的编程与普通三角螺纹的编程方法相似，所以主要根据子程序编程的左右切削法进行分析。

1. 加工方法比较

图12-4（a）G92直进式切削方法加工梯形螺纹，加工时由于螺纹槽深而且双面刀刃切削，所以切削力大，排屑困难，容易产生扎刀，造成事故，零件的表面粗糙度也难以控制。所以只能用于要求不高、螺距小的梯形螺纹加工。图12-4（b）G76斜进式切削方法加工梯形螺纹，原理是刀尖和单边15°斜度切削入，右边牙侧面和车刀有间隙，其切削力比直进法切削的切削力小，但它间隙很小容易使排屑困难，产生扎刀，表面粗糙度较难控

制。一般用于精度和表面粗糙度要求不高的中小螺距梯形螺纹加工。

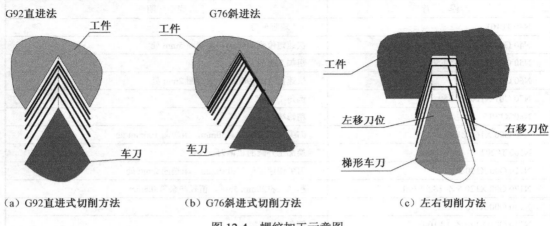

(a) G92直进式切削方法　　(b) G76斜进式切削方法　　(c) 左右切削方法

图 12-4　螺纹加工示意图

使用子程序编程左右切削法加工梯形螺纹，由于采用左右轮流切削，加工时只有刀尖和单刀刃切削，不加工的刀刃和牙侧面间隙较大，切削力小、排屑容易，不容易产生扎刀，加工安全性高；而且粗车、精车分得比较细，精度和表面粗糙度容易控制，能较好地解决 G92 直进式切削方法和 G76 斜进式切削方法中排屑困难、产生扎刀、表面粗糙度较难控制和精度低等缺点和难点。左右切削方法一般用于精度和表面粗糙度要求高的梯形螺纹加工。

2. 左右切削法刀具进给路线分析

螺距小的可分为粗车，半精车，精车；螺距大的可分为粗车、半粗车、半精车、精车。采用左右切削法，在调用一次子程序时，车刀进一个切削深度在左侧车一刀后向右移动一个间隙再车一刀，再调用一次子程序时，车刀又进一个切削深度在左侧车一刀后向右移动一个间隙再车一刀，这样直到完成。

编程与加工技巧分析：

（1）刃磨刀时注意保证车刀的刀尖角和牙型角一致，而且刀尖宽度必须小于槽底宽。

（2）尽量使车削过程牙槽间隙足够大，保证车刀单刃切削，排屑顺利。如螺距为 5mm 的梯形螺纹槽底宽为 1.7mm，刃磨刀尖为 1.2～1.4mm 为宜。刀尖过大会使刀尖与牙侧的间隙过小，不易排屑，容易扎刀；刀尖过小会使刀尖刚性变差，容易引起振动造成加工表面粗糙度较差，精度难以控制。

（3）注意车刀在车螺纹之前定位，刀尖到牙顶的距离要大于牙高 h，小于牙高 h 会造成刀尖在螺纹加工后阶段与螺纹牙顶之间摩擦，产生废品。

（4）编制和调用子程序，可采用一重子程序，也可以调用多重子程序。

【案例 12.4】　如图 12-5 所示零件的梯形螺纹，工件外圆、端面、螺纹退刀槽已加工，$\phi40$mm，材料为 45# 钢，试编制梯形螺纹加工程序。

（1）螺纹基本尺寸计算：

螺距 $P = 6$ mm　牙底间隙 $a_c = 0.5$ mm

螺纹大径的基本尺寸与公称直径相同（$d = D = 36$ mm）

螺纹中径 $d2 = d - 0.5P = 36 - 0.5 \times 6 = 33mm$

螺纹牙型高 $h1 = 0.5P + a_c = 0.5 \times 6 + 0.5 = 3.5mm$

螺纹小径 $d1 = d - h1 = 36 - 2 \times 3.5 = 29mm$

牙底宽 $W = 0.366P - 0.536a_c = 1.928mm$

根据经验，使用梯形螺纹刀尖宽 $f = 1.5mm$ 比较合理。

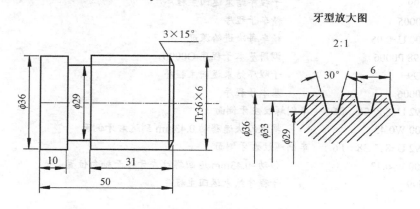

图 12-5　梯形螺纹零件图

（2）子程序编程（左右切削法只编梯形螺纹加工部分，进刀方法如图 12-6 所示）。

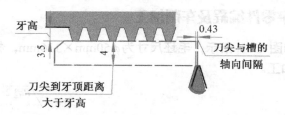

图 12-6　子程序编程车削梯形螺纹的进刀方法

主程序	
...	
G00 X44 Z6	螺纹刀快速到达直径 φ44mm 端面外 3mm
M98 P60002	粗车调用 O0002 子程序 6 次
M98 P80003	半粗车调用 O0003 子程序 8 次
M98 P80004	半精车调用 O0004 子程序 8 次
M98 P80005	精车调用 O0005 子程序 8 次
G00 X100 Z100	螺纹刀快速回到程序起始点
...	
O0002	粗车子程序
G00 U-0.5	粗车每次进给深度
M98 P0006	调用基本子程序 O0006
M99	子程序结束返回主程序
O0003	半粗车子程序
G00 U-0.30	半粗车每次进给深度

M98 P0006	调用基本子程序 O0006
M99	子程序结束返回主程序
O0004	半精车子程序
G00 U−0.15	半精车每次进给深度
M98 P0006	调用基本子程序 O0006
M99	子程序结束返回主程序
O0005	精车子程序
G00 U−0.05	精车每次进给深度
M98 P0006	调用基本子程序 O0006
M99	子程序结束返回主程序
O0006	基本子程序
G92 U−8 Z−38 F6	车削螺纹左牙侧面
G00 W0.43	螺纹刀快速移动 0.43mm 到达右牙侧面
G92 U−8 Z−38 F6	车削螺纹右牙侧面
G00 W−0.43	移动−0.43mm 返回螺纹左牙侧面轴向位置
M99	子程序结束返回主程序

12.2 操作实训

12.2.1 复杂零件编程及车削加工

【案例 12.5】 如图 12-7 所示，毛坯尺寸为 ϕ50mm×116mm，材料为 45# 钢，试编制零件程序并进行零件加工。

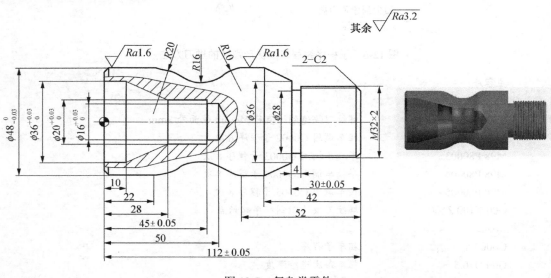

图 12-7 复杂类零件

1. 零件工艺分析

（1）技术要求分析。如图 12-7 所示，零件主要包括凸凹圆弧面、圆柱面、外螺纹、退刀槽、内孔等。其中外圆ϕ48 mm和孔ϕ36 mm、ϕ20mm等有严格尺寸精度和表面粗糙度等要求。零件材料为45#钢，无热处理和硬度要求。

（2）确定装夹方案、定位基准、加工起点、换刀点。以工件轴心线为定位基准，工件零点设在工件图样左端面中心。

装夹方案：该工件须采用调头加工，首先用三爪自定心卡盘夹住毛坯ϕ50mm表面，车ϕ49mm×50mm圆柱，调头夹住ϕ49mm×30mm，用ϕ14mm麻花钻手动钻孔，然后编程加工工件左端孔和外圆；再调头夹住ϕ48mm外圆，伸出50mm左右，找正轴线，加工工件右端外圆和螺纹。

（3）制定加工方案，确定各刀具及切削用量。加工刀具的确定如表12-7所示，加工方案的制定如表12-8所示。

表 12-7　案例 12.5 刀具卡

实 训 课 题		复杂零件的编程及加工	零 件 名 称	复杂类零件	零件图号	12-7
序号	刀具号	刀具名称及规格	刀尖半径	数量	加工表面	备注
1	T0101	粗镗孔刀	0.8 mm	1	内孔	
2	T0202	精镗孔刀	0.4 mm	1	内孔	
3	T0303	90°粗外圆刀	0.8 mm	1	外表面、端面	
4	T0404	90°精外圆刀	0.4 mm	1	外表面、端面	
5	T0505	车槽刀，左刀尖为定位点	B=4mm	1	切槽	
6	T0606	60°外螺纹刀		1	外螺纹	
		ϕ14mm 麻花钻		1		

表 12-8　案例 12.5 工序和操作清单

材料	45#钢	零件图号		12-7	系统	FANUC	工序号	121
操作序号	工步内容 （走刀路线）		G 功能	T 刀具	切削用量			
					转速 $S(n)$ (r/min)	进给速度 F (mm/min)	切削深度 a_p (mm)	
主程序 1	夹住毛坯ϕ50mm 表面，伸出85mm，加工工件左边孔和外圆，调用主程序 1 加工							
（1）	钻孔			ϕ14mm 钻头	300			
（2）	粗车内孔		G71	内孔车刀	400～800	80～150	1.0	
（3）	精车内孔		G70	内孔车刀	800～1600	60～120	0.5	
（4）	粗车端面和外轮廓		G73	93°外圆车刀	500～800	80～150	1.0	
（5）	精车端面和外轮廓		G70	93°外圆车刀	800～1600	60～120	0.3	
（6）	检测、校核							
主程序 2	调头夹住ϕ48 mm 外圆，伸出 50 mm 左右，找正轴线							
（1）	粗车端面和外轮廓		G71	93°外圆车刀	500～800	80～150	1.0	
（2）	精车端面和外轮廓		G70	93°外圆车刀	800～1600	60～120	0.5	
（3）	切槽		G01	切槽刀	300～500	15～30		
（4）	车外螺纹		G76	60°外螺纹刀	500～800			
（5）	检测、校核							

2. 数值计算

（1）设定程序原点，以工件前端面与轴线的交点为程序原点建立工件坐标系，当工件调头车削时，也同样以前端面与轴线交点为程序原点建立工件坐标系。工件加工程序起始点和换刀点都设在（$X100$，$Z100$）位置点。

（2）计算各节点位置坐标值，略。

（3）考虑刀具刀尖圆弧半径对工件轮廓的影响。

3. 工件参考程序与加工操作过程

由于工件不可能在一次装夹中完成所有形面车削加工，须通过调头装夹车削，分别加工工件的右端和左端。因此，编制两套主程序。

（1）工件的参考程序（2 个主程序）。

① 主程序 O1302：工件的左端外表面通过外径车削复合循环 G71 指令进行切削粗加工，G70 指令进行精加工，采用 G71、G70 指令进行内孔粗精加工循环。

② 主程序 O1303：工件调头装夹后，如上图 12-5 所示的工件左端外表面通过外径车削复合循环 G71 指令进行切削粗加工，采用 G71、G70 指令进行内孔粗精加工循环，用 G01 切槽。

工件的参考程序如表 12-9 所示。

表 12-9　案例 13.5 程序卡（供参考）

数控车床 程序卡	编程原点	工件前端面与轴线交点		编写日期	
	零件名称	复杂类零件	零件图号	12-7	材料	45#钢
	车床型号	CJK6240	夹具名称	三爪卡盘	实训车间	数控中心
程序号	O1302-主程序 1			编程系统	FANUC 0-TD	
序　号	程　序			简　要　说　明		
N010	G00 X100 Z100			将刀具快速移动到换刀点		
N020	M03 S600 T0101			主轴正转，选用 1 号内孔粗车刀		
N030	G00 X14 Z2 M08			快速定位靠近工件，切削液开		
N040	G71 U1.5 R0.5			采用内孔粗加工复合循环指令加工内孔		
N050	G71 P60 Q140 U-0.5 W0 F120					
N060	G00 X37			精加工程序开始		
N070	G01 G41 Z0 F80			刀具半径左补偿		
N080	X36 Z-0.5					
N090	Z-10					
N100	X20 Z-28			精加工内孔轮廓		
N110	Z-45					
N120	X17					
N130	X16 W-0.5					
N140	Z-50			精加工程序结束		
N150	G00 G40 Z100			快速退出刀具，取消刀具补偿，		
N160	X100 M05			主轴停		

续表

数控车床 程序卡	编程原点	工件前端面与轴线交点		编写日期	
	零件名称	复杂类零件	零件图号	12-7	材料	45#钢
	车床型号	CJK6240	夹具名称	三爪卡盘	实训车间	数控中心
程序号	O1302-主程序1			编程系统	FANUC 0-TD
序 号	程 序			简 要 说 明	

序 号	程 序	简 要 说 明
N170	M00	程序暂停,检测
N180	M03 S1200 T0202	主轴正转,高速,选用2号内孔精车刀
N190	G00 X14 Z2	快速定位靠近工件
N200	G70 P60 Q140	调用精车循环程序进行内孔精车
N210	G00 G40 Z100 M09	快速退出刀具,取消刀具补偿,切削液关
N220	X100 M05	
N230	M03 S800 T0303	主轴正转,选用3号外圆粗车刀
N240	G00 X52 Z2 M08	快速定位靠近工件,切削液开
N250	G73 U6.5 W0 R6	采用封闭轮廓循环复合指令粗加工外形
N260	G73 P280 Q350 U0.5 W0 F150	
N270	M03 S800 T0303	主轴正转,选用3号外圆粗车刀
N280	G00 X44	精加工程序开始
N290	G01 G42 Z0 F100	刀具半径右补偿
N300	X48 Z-2	倒角
N310	Z-22	车φ48mm外圆
N320	G03 X40.704 Z-33.516 R20	车R20mm圆弧
N330	G02 X42.949 Z-53.357 R16	车R160mm圆弧
N340	G03 X48 Z-60 R10	车R10mm圆弧
N350	G01 Z-75	精加工程序结束
N360	G00 G40 X100 Z100 M05	快速退出刀具,取消刀具补偿,主轴停
N370	M00	程序暂停,检测
N380	M03 S1600 T0404	主轴正转,高速,选用4号外圆精车刀
N390	G00 X52 Z2	快速定位靠近工件
N400	G70 P280 Q350	调用精车循环程序进行外形精车
N410	G00 G40 X100 Z100 M05	快速退出刀具,取消刀具补偿
N420	T0300 M09	换回3号刀,取消刀补,切削液关
N430	M30	程序结束
工件调头装夹,车端面,调用主程序2		
程序号	O1303-主程序2	
N10	G00 X100 Z200	将刀具快速移动到换刀点
N20	M03 S800 T0303	主轴正转,选用3号外圆粗车刀
N30	G00 X52 Z118 M08	快速定位靠近工件,切削液开
N40	G71 U2 R0.5	采用外圆粗加工复合循环指令粗车外形
N50	G71 P60 Q120 U0.5 W0.1 F150	
N60	G00 X0	精加工程序开始
N70	G01 G42 Z112 F100	刀具半径右补偿
N80	X28	

续表

数控车床程序卡	编程原点	工件前端面与轴线交点		编写日期	
	零件名称	复杂类零件	零件图号	12-7	材料	45#钢
	车床型号	CJK6240	夹具名称	三爪卡盘	实训车间	数控中心
程序号	O1303-主程序 2				
序 号	程 序			简 要 说 明	
N90	X31.8 W-2				
N100	Z82				
N110	X36				
N120	X50 W-14			精加工程序结束	
N130	G00 G40 X100 Z200 M05			快速退出刀具，取消刀具补偿，主轴停	
N140	M00			程序暂停，检测	
N150	M03 S1600 T0404			主轴正转，高速，选用 4 号外圆精车刀	
N160	G00 X52 Z118			快速定位靠近工件	
N170	G70 P60 Q120			调用精车循环程序进行外形精车	
N180	G00 G40 X100 Z200 M05				
N190	M00				
N200	M03 S500 T0505			主轴正转，选用 5 号切槽刀	
N210	G00 X38 Z82			以刀具左刀尖定位（刀具宽度为 4mm）	
N220	G01 X28 F20			采用直线指令切槽	
N230	G00 X100			退刀	
N240	Z200 M05				
N250	M00			程序暂停	
N260	M03 S600 T0606			主轴正转，选用 6 号螺纹刀	
N270	G00 X34 Z115				
N280	G76 P021060 Q100 R200			采用螺纹复合循环指令车外螺纹	
N290	G76 X29.4 Z85 P1300 Q500 F2			采用螺纹复合循环指令车外螺纹	
N300	G00 X100 Z200 M05			退刀，主轴停	
N310	T0300 M09			换回 3 号刀，取消刀补，切削液关	
N330	M30			程序结束	

（2）输入程序。

（3）数控编程模拟软件对加工刀具轨迹仿真，或数控系统图形仿真加工，进行程序校验及修整。

（4）安装刀具，对刀操作，建立工件坐标系。

（5）启动程序，自动加工。

（6）停车后，按图纸要求检测工件，对工件进行误差与质量分析。

4．安全操作和注意事项

（1）车床空载运行时，注意检查车床各部分运行状况。

（2）进行对刀操作时，要注意切槽刀刀位点的选取。上述参考程序采用切槽刀左刀尖作为编程刀位点。

（3）工件装夹时，夹持部分不能太短，要注意伸出长度，调头装夹时，不要夹伤已加工表面。

（4）钻 $\phi14\,mm$ 的孔可以在普通车床或数控车床上进行。

（5）工件调头车削时，要重新确定加工起始点（X100，Z200）。

（6）工件加工过程中，要注意中间检验工件质量，如果加工质量出现异常，停止加工，以便采取相应措施。

12.2.2 复杂组合件编程及车削加工

【案例 12.6】 如图 12-8 所示，工件毛坯尺寸为 $\phi50mm\times105mm$，共 2 件，材料为 $45^{\#}$钢，完成组合件中零件一、零件二、零件三的编程与加工，试分析数控车削加工工艺和编制程序。

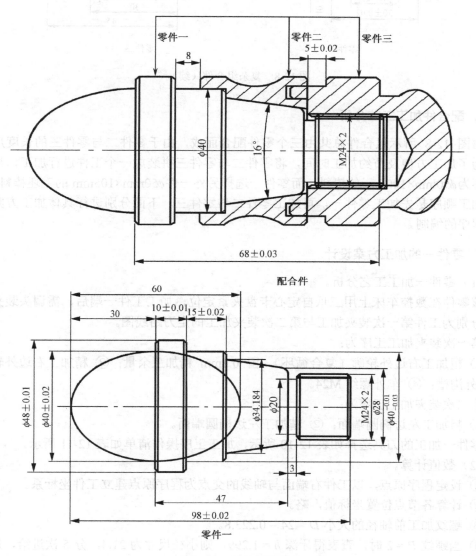

图 12-8 复杂组合件

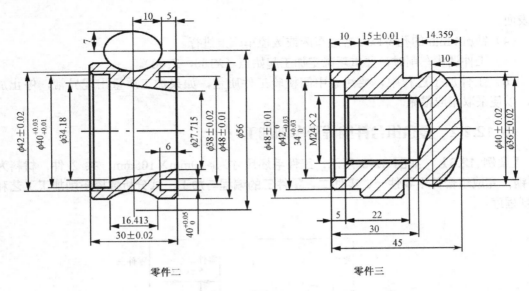

零件二   零件三

图 12-8 复杂组合件（续）

1. 配合件加工工艺分析

由图 12-8 所示组合件总共由三个零件配合而成，由于零件二与零件三的长度尺寸较小，为了加工方便及节约加工时间，将零件二与零件三拼装成一个工件进行加工，只需选择毛坯为 ϕ50mm×100mm 的棒料，而零件一选择另外一件 ϕ50mm×105mm 的毛坯棒料。

加工顺序是先加工零件一，再加工零件二与零件三。下面分别进行具体加工方案的设计和程序的编制。

2. 零件一的加工方案设计

（1）零件一加工工艺分析。

该零件在数控车床上用三爪自定心卡盘夹紧定位，加工工件一端后，需调头装夹。图 12-9 分别为工件第一次装夹加工与第二次装夹加工的走刀路线图。

第一次装夹加工工序为：

① 粗加工右边外轮廓（复合循环），留 0.2mm 精加工余量；② 精加工右边外轮廓；③ 切外沟槽；④ 车外螺纹 M24。

第二次装夹加工工序为：

① 粗加工左边椭圆端面；② 精加工左边椭圆端面。

零件一加工的刀具选择如表 12-10 所示，加工工序操作清单如表 12-11 所示。

（2）数值计算。

① 设定程序原点，以工件右端面与轴线的交点为程序原点建立工件坐标系。

② 计算各节点位置坐标值，略。

③ 螺纹加工前轴径的大小 $D = 24 - 0.223.8$。

④ 当螺纹 $P = 2$ 时，查表得牙深 $h = 1.299$，则小径尺寸为 21.4，分 5 次进给，每次进给的吃刀量分别为 0.9、0.6、0.6、0.4、0.1。

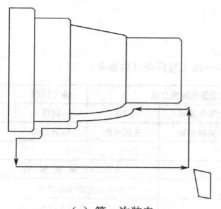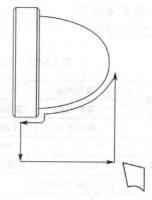

（a）第一次装夹　　　　　　　　（b）第二次装夹

图 12-9　零件一加工走刀路线图

表 12-10　案例 12.6 零件一刀具卡

实 训 课 题		复杂零件的编程及加工	零件 名 称	复杂组合件	零件图号	12-8
序号	刀具号	刀具名称及规格	刀尖半径	数量	加工表面	备注
1	T0101	93°粗精外圆刀	0.4 mm	1	外表面、端面	
2	T0202	60°外螺纹车刀	0.4 mm	1	外螺纹	
3	T0303	B=3mm 切断刀	0.3mm	1	切断、切槽	
4		ϕ28mm 麻花钻				

表 12-11　案例 12.6 零件一工序和操作清单

材料	45#钢	零件图号		12-8	系统	FANUC	工序号	
操作序号	工步内容		G 功能	T 刀具	转速 $S(n)$ (r/min)	进给速度 F (mm/r)	切削深度 a_p (mm)	
主程序 1	夹住棒料一头，留出长度大约 75mm（手动操作），调用主程序 1（O5001）加工							
（1）	自右向左粗车端面，外圆表面		G71	T0101	600	60		
（2）	自右向左精车端面，外圆表面		G70	T0101	900	10		
（3）	切外沟槽		G01	T0303	300	10		
（4）	车螺纹		G92	T0202	300			
（5）	切断		G01	T0303	300			
（6）	检测，校核							
主程序 2	工件调头，调用主程序 2（O5002）加工							
（1）	自右向左加工椭圆端面		G01	T0101	800			
（2）	加工ϕ48 表面		G01	T0101	800			
（3）	检测，校核							

（3）工件参考程序。

如表 12-12 所示。

表 12-12　案例 12.6 零件一加工程序单（供参考）

数控车床 程序卡	编程原点	工件前端面与轴线交点		编写日期	
	零件名称	复杂组合件	零件图号	12-8	材料	45#钢
	车床型号	CJK6240	夹具名称	三爪卡盘	实训车间	数控中心
程序号	O0051				
序　号	程　序			简 要 说 明	
N1	G00 X150 Z150			刀具快带进给到换刀点	
N2	M03 S600 T0101			主轴正转，选择 1 号外圆刀	
N3	G00 X48 Z2			快速定位，距端面 2mm 处	
N4	G71 U2 R0.5			采用复合循环粗加工外轮廓	
N5	G71 P6 Q17 W0.2 F60				
N6	G01 X0 Z0			刀具对齐端面	
N7	X21			加工端面	
N8	X23.8 Z-1.5			加工倒角 C1.5	
N9	Z-21			加工 ϕ24mm 外圆	
N10	X28 Z-33 R2			加工锥形表面	
N11	X34 Z-43				
N12	X38			平端面	
N13	X40 Z-44			加工倒角 C1	
N14	Z-58			加工 ϕ40mm 的外圆	
N15	X46			平端面	
N16	X48 Z-59			加工倒角 C1	
N17	Z-98			加工 ϕ48mm 外圆	
N18	G00 X150 Z150 M05			返回换刀点，停主轴	
N19	M00			程序暂停	
N20	M03 S900 T0101			换转速，主轴正转	
N21	G70 P6 Q17			调用精加工循环	
N22	G00 X150 Z150 M05			返回换刀点，停主轴	
N23	M00			程序暂停	
N24	M03 S300 T0303			换转速，主轴正转，换切槽刀	
N25	G00 X26 Z-21			快速定位	
N26	G01 X20 F40			切 ϕ20mm 的槽	
N27	X24 F80			切 ϕ20mm 的槽	
N28	W1.5 F50				
N29	X21 W-1.5				
N30	G00 X150 Z150 M05　T0300			返回换刀点，停主轴，取消刀补	

续表

数控车床 程序卡	编程原点	工件前端面与轴线交点			编写日期	
	零件名称	复杂组合件	零件图号	12-8	材料	45#钢
	车床型号	CJK6240	夹具名称	三爪卡盘	实训车间	数控中心
程序号	O0051					
序 号	程 序			简 要 说 明		
N31	M00			程序暂停		
N32	M03 S300 T0202			换转速，主轴正转，换螺纹刀		
N33	G00 X28 Z2			快速定位至循环起点		
N34	G92 X23.1 Z-19 F2					
N35	X22.5					
N36	X21.9			加工螺纹		
N37	X21.5					
N38	21.4					
N39	G00 X150 Z150 M05			返回换刀点，停主轴		
N40	M00			程序暂停		
N41	M03 S300 T0303			换转速，主轴正转，换切断刀		
N42	G00 X50 Z-101			快速定位至切断起点		
N43	G01 X0 F20			切断		
N44	G00 X50			径向退刀		
N45	G00 X150 Z150 M05			返回刀具起点，停主轴		
N46	T0100			1 号基准刀返回，取消刀补		
N47	M30			程序停止		
工件调头装夹，车椭圆轮廓						
程序号	O5002-主程序 2					
N1	G00 X150 Z150			建立工件坐标系		
N2	M03 S800 T0101			主轴正转，选择 1 号外圆刀		
N3	G73 U3 R3			采用封闭轮廓循环指令粗加工外轮廓		
N4	G73 P5 Q17 U0.5 W0 F60					
N5	G00 X0 Z2					
N6	G01 Z0					
N7	#1=0°					
N8	#2=0.1°			加工椭圆表面		
N9	WHIE#1GT-90°DO1					
N10	#3=40Sin#1					
N11	#4=-(30-30Cos#1)					
N12	G01 X#3 Z#4 F50			加工椭圆表面		
N13	#1=#1+#2					
N14	END1			椭圆表面加工完		
N15	X46			平端面		

数控车床 程序卡	编程原点	工件前端面与轴线交点		编写日期	
	零件名称	复杂组合件	零件图号	12-8	材料	45#钢
	车床型号	CJK6240	夹具名称	三爪卡盘	实训车间	数控中心
程序号	O0051				
序　号	程　　　序			简　要　说　明	
N16	X48 Z-31			倒角 C1	
N17	Z-35			车ϕ48mm 外圆	
N18	G00 X150 Z150 M05			返回刀具起点, 停主轴	
N19	M00			程序暂停	
N20	M03 S900 T0101			换转速, 主轴正转	
N21	G70 P5 Q17			精加工椭圆表面	
N22	G00 X150 Z150 M05			返回刀具起点, 停主轴	
N23	T0100			1 号基准刀返回, 取消刀补	
N24	M30			程序停止	

3. 零件二和零件三的加工方案设计

（1）零件二和零件三的加工工艺分析。

根据工件零件、毛坯材料分析, 零件二与零件三"合二为一"进行加工。因此先按图12-10 所示图样进行加工, 然后再进行切断分成零件二和零件三。图样所使用的毛坯为ϕ50×105mm 的棒料。

该零件在数控车床上用三爪自定心卡盘夹紧定位, 加工完工件一端后, 需调头装夹。

第一次装夹加工工序为:

a. 粗加工车削椭圆表面（长轴 40mm、短轴 20mm）、ϕ48mm 圆柱表面、椭圆表面（长轴 20mm、短轴 14mm）, 留 0.2mm 精加工余量;

b. 精加工椭圆表面（长轴 40mm、短轴 20mm）、ϕ48mm 圆柱表面、椭圆表面（长轴20mm、短轴 14mm）;

c. 在离坐标原点（X48, Z-81）处进行切断, 保证工件总长。

第二次装夹加工工序为:

a. 加工端面槽, 加工深度为 6mm, 宽 4mm;

b. 钻ϕ25mm 内孔;

c. 加工内锥形孔;

d. 切内沟槽;

e. 在离坐标原点（X48, Z-33）处开始切外沟槽切至（X42, Z-43）处;

f. 在离坐标原点（X48, Z-33）处进行切断, 零件二成形、加工完;

g. 钻ϕ20mm 的内孔;

h. 粗加工零件三内孔;

i. 精加工零件三内孔;

j. 加工零件三内螺纹 M24。

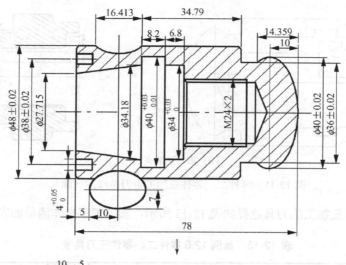

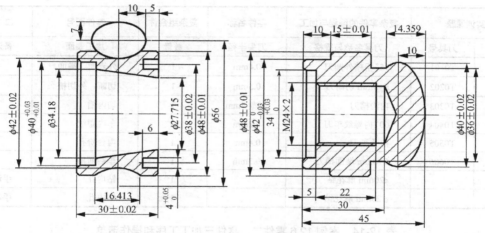

图 12-10 "合二为一"的工件图样

图 12-11 分别为工件第一次装夹加工与第二次装夹加工的走刀路线图。

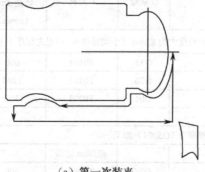

（a）第一次装夹

图 12-11 零件二、零件三加工走刀路线图

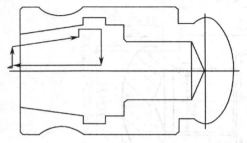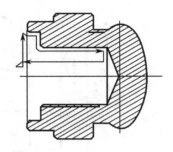

（b）第二次装夹

图 12-11　零件二、零件三加工走刀路线图（续）

零件二、零件三加工的刀具选择如表 12-13 所示，加工工序操作清单如表 12-14 所示。

表 12-13　案例 12.6 零件二、零件三刀具卡

实训课题		复杂零件的编程与加工	零件名称	复杂组合件	零件图号	12-10
序号	刀具号	刀具名称与规格	刀尖半径	数量	加工表面	备注
1	T0101	55°粗精外圆刀	0.4mm	1	外表面、端面	
2	T0202	B=3mm 切断刀	0.3mm	1	切断、外切槽	
3	T0303	内沟槽刀	刀宽 4mm	1	切内槽	
4	T0404	60°内螺纹车刀	0.2mm	1	车内螺纹	
5	T0505	内孔车刀	0.4mm	1	内台阶孔	
6	T0606	B=3mm 端面槽刀	0.3mm	1	车端面槽	
7		ϕ20mm 麻花钻		1	钻内孔	手动
8		ϕ25mm 麻花钻		1	钻内孔	手动

表 12-14　案例 12.6 零件二、零件三加工工序和操作清单

材料	45#钢	零件图号		12-10	系统	FANUC	工序号
操作序号	工步内容				切削用量		
		G 功能	T 刀具	转速 $S(n)$ (r/min)	进给速度 F (mm/r)	切削深度 a_p (mm)	
主程序 1	夹住棒料一头，留出长度大约 85mm（手动操作），调用主程序 1（O5003）加工						
（1）	粗车整个外轮廓	G73	T0101	600	120	1.2	
（2）	精车整个外轮廓	G70	T0101	1200	50	0.4	
（3）	切断	G01	T0202	300	20	1.2	
（4）	检验						
主程序 2	工件调头，调用主程序 2（O5004）加工						
（1）	钻ϕ25mm 内孔		ϕ25mm 钻头				
（2）	车端面槽	G74	T0606	400	40		
（3）	加工内锥形孔	G90	T0505	800	40	0.4	
（4）	切内沟槽	G94	T0303	300	20	1.2	
（5）	切外沟槽	G75	T0202	300	20	1.2	

材料	45#钢	零件图号		12-10	系统	FANUC	工序号
操作序号	工步内容		G 功能	T 刀具	切削用量		
					转速 $S(n)$ (r/min)	进给速度 F (mm/r)	切削深度 a_p (mm)
（6）	切断		G01	T0202	300	20	1.2
（7）	钻 $\phi 20$ 的内孔			$\phi 20$mm 钻头			
（8）	粗加工内孔		G71	T0505	700	120	1
（9）	精加工内孔		G70	T0505	1200	40	0.4
（10）	车内螺纹		G92	T0404	300		
（11）	检验						

（2）数值计算。

① 设定程序原点，以工件右端面与轴线的交点为程序原点建立工件坐标系。

② 计算各节点位置坐标值，略。角度计算用三角函数与正余定理进行计算。

③ 螺纹加工前轴径的大小 $D = 24 - 0.2 = 23.8$。

④ 当螺纹 $P = 2$ 时，查表得牙深 $h=1.299$，则小径尺寸为 21.4，分 5 次进给，每次进给的吃刀量分别为 0.9、0.6、0.6、0.4、0.1。

（3）工件参考程序。

工件的参考程序如表 12-15 所示。

表 12-15　案例 12.6 零件二、零件三加工程序单（供参考）

数控车床 程序卡	编程原点	工件前端面与轴线交点			编写日期		
	零件名称	复杂组合件	零件图号	12-10	材料		45#钢
	车床型号	CJK6240	夹具名称	三爪卡盘	实训车间		数控中心
程序号		O0052					
序号	程　序				简　要　说　明		
N1	G00 X100 Z100				建立工件坐标系		
N2	M03 S600 T00101				主轴正转		
N3	G00 X0 Z2				快速定位		
N4	G73 U3 R6				采用复合循环粗加工整个外轮廓		
N5	G73 P6 Q27 U0.5 W0 F60						
N6	G01 Z0						
N7	#1=0°						
N8	#2=0.1°						
N9	WHIE#1GT-103.6° DO1				倒立椭圆表面加工		
N10	#3=40COS#1						
N11	#4=-(10-10SIN#1)						
N12	G01 X#3 Z#4 F50						
N13	#1=#1+#2						
N14	END1						

数控车床 程序卡	编程原点	工件前端面与轴线交点		编写日期	
	零件名称	复杂组合件	零件图号	12-10	材料	45#钢
	车床型号	CJK6240	夹具名称	三爪卡盘	实训车间	数控中心

程序号	O0052	
序　号	程　　序	简 要 说 明
N15	Z-20	加工ϕ36mm 表面
N16	X46	平端面
N17	X48 Z-21	倒角 C1
N18	Z-54.79	车ϕ48mm 表面
N19	#5=25.5°	正立椭圆表面加工
N20	#6=0.1°	
N21	WHIE#5GT154.5°DO2	正立椭圆表面加工
N22	#7=56-14SIN#5	
N23	#8=-(15-10COS#1)	
N24	G01 X#7 Z#8 F50	
N25	#5=#5+#6	
N26	END2	
N27	Z-81	
N28	G00 X100 Z100 M05	返回换刀点
N29	M00	程序暂停
N30	M03 S1200 T0101	主轴启动，换转速
N31	G70 P6 Q27	精加工整个外轮廓
N32	G00 X100 Z100 M05 T0100	返回换刀点
N33	M00	程序暂停
N34	M03 S300 T0202	主轴启动，换转速
N35	G00 X50 Z-81	
N36	G01 X46 F40	
N37	X48 F80	
N38	W1 F50	
N39	X47 W-1	
N40	X0 F25	
N41	X50	
N42	G00 X100 Z100 M05	返回换刀点
N43	T0100	
N44	M30	程序停止
工件调头装夹，车端面槽与内孔还有内螺纹		同时用ϕ25mm 钻头钻长约 32mm 内孔

程序号	O5004-主程序 2	
序　号	程　　序	简 要 说 明
N1	G00 X100 Z100	建立工件坐标系
N2	M03 S400 T0606	主轴启动
N3	G00 X40 Z2	快速定位
N4	G74 R0.5	车端面槽
N5	G74 X42 Z-6 P1000 Q1500 F40	

续表

数控车床 程序卡	编程原点	工件前端面与轴线交点		编写日期	
	零件名称	复杂组合件	零件图号	12-10	材料	45#钢
	车床型号	CJK6240	夹具名称	三爪卡盘	实训车间	数控中心

程序号	O5004-主程序2	
序 号	程 序	简 要 说 明
N6	G00 X100 Z100 M05	返回换刀点
N7	M00	程序暂停
N8	M03 S800 T0505	主轴启动，换转速
N9	G00 X22.18 Z0	快速定位
N10	G90 X27.715 Z-23 R6 F30	加工锥形孔
N11	X28	
N12	X30.89	
N13	X34.18	
N14	G00 X100 Z100 M05	返回换刀点
N15	M00	程序暂停
N16	M03 S300 T0303	主轴启动，换转速
N17	G00 X35 Z-27	
N18	G94 X40 Z-27 F20	
N19	Z-30	
N20	Z-31.2	
N21	G00 X0 Z0	
N22	G00 X100 Z100 M05	返回换刀点
N23	M00	
N24	M03 S300 T0202	主轴启动，换转速
N25	G00 X50 Z-33	快速定位
N26	G75 R1	采用复合循环加工
N27	G75 X42 Z-43 P2000 Q2500 R0 F25	
N28	G00 X50 Z-33	
N29	G01 X46 F40	
N30	X48 F80	
N31	W1 F40	倒角 C1
N32	X47 W-1	
N33	X48 F80	
N34	W-1 F40	
N35	X47 W1	倒角 C1
N36	X0 F25	切断
N37	G00 X100 Z100 M05	返回换刀点
N38	M00	程序暂停，同时用φ20mm 钻头钻孔
N39	M03 S700 T0505	主轴启动，换转速

续表

数控车床 程序卡	编程原点	工件前端面与轴线交点			编写日期	
	零件名称	复杂组合件	零件图号	12-10	材料	45#钢
	车床型号	CJK6240	夹具名称	三爪卡盘	实训车间	数控中心
程序号	O5004-主程序 2					
序 号	程 序			简 要 说 明		
N40	G00 X34 Z-31			快速定位		
N41	G71 U1 R1			采用复合循环加工内轮廓		
N42	G71 P43 Q48 U0.5 W0.1 F60			采用复合循环加工内轮廓		
N43	G01 Z-33 F60					
N44	X32 Z-34			倒角 C1		
N45	Z-38					
N46	X23					
N47	X21.4 Z-39			倒角 C1		
N48	Z-63					
N49	G00 X100 Z100 M05			返回换刀点		
N50	M00			程序暂停		
N51	M03 S1200 T0505			主轴启动,换转速		
N52	G70 P43 Q48			精加工内孔轮廓		
N53	G00 X100 Z100 M05			返回换刀点		
N54	M00			程序暂停		
N55	M03 S300 T0404			主轴启动,换转速		
N56	G00 X21.4 Z-35			快速定位		
N57	G92 X22.3 Z-59 F100					
N58	X22.9					
N59	X23.5			加工内螺纹		
N60	X23.9					
N61	X24					
N62	G00 X100 Z100 M05			返回换刀点		
N63	T0100			1 号基准刀返回,取消刀补		
N64	M30			程序停止		

4. 安全操作和注意事项

（1）进行对刀操作时，要注意切槽刀刀位点的选取。上述参考程序采用切槽刀左刀尖作为编程刀位点。

（2）工件装夹时，夹持部分不能太短，要注意伸出长度，调头装夹时，不要夹伤已加工表面，注意校正。

（3）钻孔时采用手动完成，没有编制加工程序。

（4）工件加工过程中，要注意中间检验工件质量，如果加工质量出现异常，停止加工，以便采取相应措施。

本章小结

　　通过上述各具特点的案例，我们可以知道：在数控车床上加工带有各种加工要素（如外圆、内孔、螺纹等）的工件，在工艺路线安排合理的前提下，只要把各个加工要素的程序连接在一起，就可以加工出合格的工件；工件须调头装夹、分头车削时，要保证工件尺寸精度和形位精度，必须设计合理的加工方法和装夹方式。

项目练习

1．编写如图 12-12 所示综合轴类零件的加工工艺卡及加工程序卡。

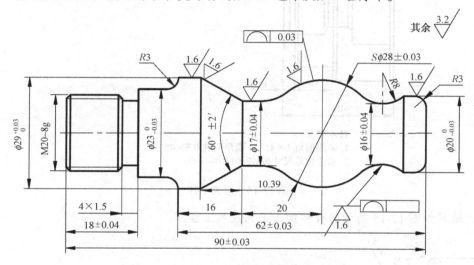

图 12-12　综合轴类零件

2．编写如图 12-13 所示套筒类零件加工工艺及加工程序。

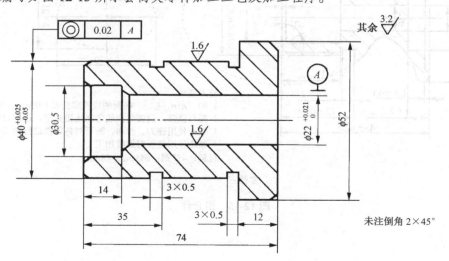

图 12-13　套筒类零件

3．编写如图 12-14 所示盘类零件加工工艺及加工程序。

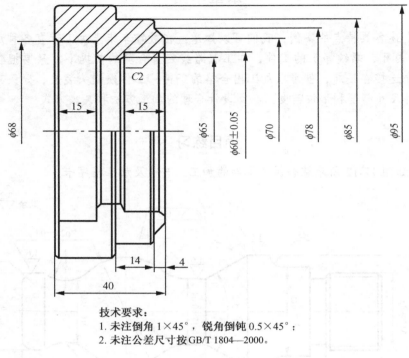

技术要求：
1. 未注倒角 1×45°，锐角倒钝 0.5×45°；
2. 未注公差尺寸按 GB/T 1804—2000。

图 12-14　盘类零件

4．编写如图 12-15 所示组合件加工工艺及加工程序。

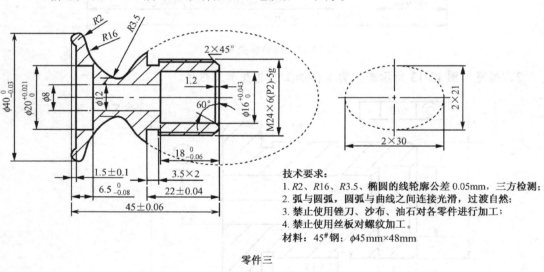

技术要求：
1. R2、R16、R3.5、椭圆的线轮廓公差 0.05mm，三方检测；
2. 弧与圆弧，圆弧与曲线之间连接光滑，过渡自然；
3. 禁止使用锉刀、沙布、油石对各零件进行加工；
4. 禁止使用丝板对螺纹加工。
材料：45# 钢；ϕ45mm×48mm

零件三

图 12-15　组合件

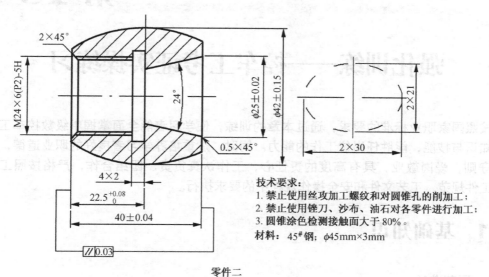

技术要求：
1. 禁止使用丝攻加工螺纹和对圆锥孔的削加工；
2. 禁止使用锉刀、沙布、油石对各零件进行加工；
3. 圆锥涂色检测接触面大于 80%。
材料：45# 钢，φ45mm×3mm

零件二

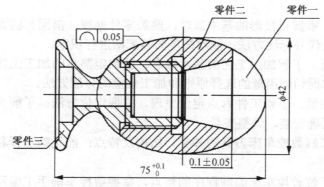

技术要求：
1. R2、R16、R3.5、椭圆的线轮廓公差 0.05mm，三方检测；
2. 弧与圆弧，圆弧与曲线之间连接光滑，过渡自然；
3. 禁止使用锉刀、沙布、油石对各零件进行加工；
4. 零件三与零件二配合墙面之间的间隙大于 0.02mm。

图 12-15　组合件（续）

第 13 章

强化训练——控车工考证实操练习

按照国家职业标准的要求，通过本章的训练，使学习者能全面掌握中级数控车工应具备的知识与技能，能胜任岗位工作的能力。同时，注重培养学习者良好的职业道德，遵守职业守则，爱岗敬业，具有高度的责任心，工作认真负责、团结合作，严格按照工作程序、工件规范、工艺文件和安全操作规程中的要求执行。

13.1 基础知识

1．工艺准备

（1）零件图识读。掌握正投影的基本原理，熟悉零件剖视（剖面）的表达方法；了解常用零件的固定画法及代号标注方法；能对简单的装配图进行识别。

（2）制定加工工艺。了解加工工艺的基本概念，能制定简单的加工工艺，正确选择加工零件的工艺基准；掌握切削用量的选择原则和加工余量的分配方法。

（3）工件定位与夹紧。了解工件六点定位原理，掌握定位方法；了解夹具、专用夹具的特点及应用，能够正确安装、调整夹具。

（4）刀具准备。了解数控车床刀具的种类、结构及特点；能正确选择和安装刀具、确定切削参数。

（5）编制程序。了解数控车床编制程序的特点，掌握数控车削手工编程；能编制带有台阶外圆、锥面、螺纹、圆弧等表面的零件的加工程序；能熟练运用数控车削仿真软件进行编程与模拟加工。

（6）设备操作、维护保养。能正确操作数控车床及操作面板；能按规定润滑保养数控车床。

2．工件加工

（1）输入程序。能手工输入程序；能进行程序的编辑与修改。

（2）对刀。能进行试切对刀；能正确修正刀补参数。

（3）试运行。能使用程序试运行、分段运行及自动运行等运行方式；能在数控车床上加工较复杂的轴、套、组合件等。

3．精度检验及误差分析

（1）能够使用游标卡尺、外径千分尺、角度尺、螺纹中径千分尺测量相关的尺寸。

（2）能利用机床位置显示功能自检工件的尺寸。

（3）了解影响加工精度的因素。

13.2　初级数控车工实操入门训练

1. 初级数控车工实操模拟试题一

（1）零件图。

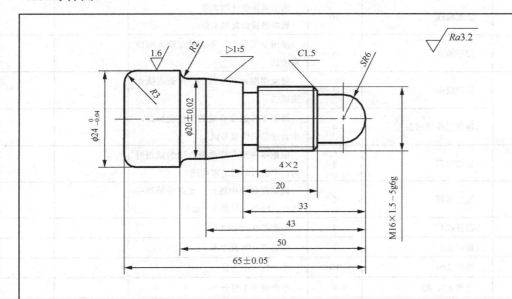

技术要求：
1. 以小批量生产条件编程；
2. 不准用砂布及锉刀等修饰表面；
3. 未注倒角0.5×45°，锐角倒钝0.2×45°；
4. 未注公差尺寸按GB/T 1804—2000；
5. 毛坯尺寸：ϕ25mm×100mm。

初级数控车工实操模拟试题（一）		图号	SKC–CSC01		
		数量	1	比例	1:1
设计		审核		材料	45#钢或Al	重量
制图		日期			
额定工时	120min	共1页	第1页	×××	

（2）初级数控车工实操考核评分表，如表 13-1 所示。

表 13-1 初级数控车工实操考核评分表

单位：		考号：		姓名：		总得分：	

工种	级别	零件名称	图号	考核日期	编号
数控车工	初级	初级模拟试题一	SKC-CSC01		

序号	考核内容及要求	配分	评分标准	检测结果	得分
1	手工编程	10	语法错误每处扣 2 分 数据错误每处扣 1 分		
2	程序输入	3	须用手工输入，不会独立输入则结束考试		
3	轨迹模拟	3	要求用图形模拟寻错。可查询操作说明书		
4	建立工件坐标系	4	根据零件建立合适的工件坐标系，不会建立则结束考试		
5	试切对刀	5	根据零件和车床选择合适的试切对刀，不会对刀则结束考试		
6	加工调试	5	调试在操作中进行，允许中断程序进行（精加工只允许一次）		
7	直径 $\phi24$	7	每超差 0.01 扣 2 分		
8	直径 $\phi20$	7	每超差 0.01 扣 2 分		
9	球面 SR6	10	不合要求不得分		
10	圆角 R2、R3	4	不合要求不得分		
11	长度 65	4	每超差 0.01 扣 2 分		
12	其他长度	2	不合要求不得分		
13	螺纹 M16×1.5-5g6g	10	不合要求不得分		
14	螺纹退刀槽 4×2	2	不合要求不得分		
15	锥度 1:5	6	每超差 2′ 扣 2 分		
16	整体外形	5	圆弧曲线连接圆滑、整体几何形状准确		
17	粗糙度要求	10	各处粗糙度大于 1.6 不得分		
18	倒角、去毛刺等	3	一般按照 GB/T 1804—2000		
19	安全操作，文明生产		违章视情节轻重扣分，发生重大事故取消考试资格，扣分不超过 10 分，不准延时加工		

额定工时	120min	实际加工时间		总得分	
检测员		记录员		考评员	

2．初级数控车工实操模拟试题二

（1）零件图。

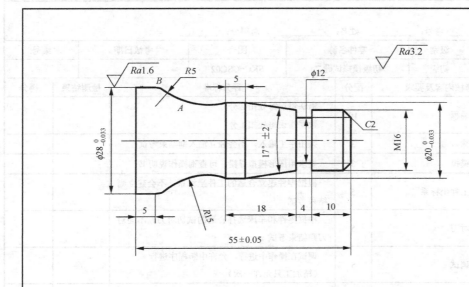

技术要求：
1. 以小批量生产条件编程；
2. 不准用砂布及锉刀等修饰表面；
3. 未注倒角0.5×45°，锐角倒钝0.2×45°；
4. 未注公差尺寸按GB/T 1804—2000；
5. 毛坯尺寸：φ30mm×90mm。

初级数控车工实操模拟试题（二）		图号	SKC–CSC02		
		数量	1	比例	1:1
设计	审核	材料	45#钢或Al	重量	
制图	日期		× × ×		
额定工时	120min 共1页 第1页				

（2）初级数控车工实操考核评分表，如表 13-2 所示。

表 13-2　初级数控车工实操考核评分表

单位：＿＿＿＿＿　考号：＿＿＿＿＿　姓名：＿＿＿＿＿　总得分：＿＿＿＿＿

工种	级别	零件名称	图号	考核日期		编号
数控车工	初级	初级模拟试题二	SKC-CSC02			

序号	考核内容及要求	配分	评分标准	检测结果	得分
1	手工编程	10	语法错误每处扣 2 分 数据错误每处扣 1 分		
2	程序输入	3	须用手工输入，不会独立输入则结束考试		
3	轨迹模拟	3	要求用图形模拟寻错。可查询操作说明书		
4	建立工件坐标系	5	根据零件建立合适的工件坐标系，不会建立则结束考试		
5	试切对刀	5	根据零件和车床选择合适的试切对刀，不会对刀则结束考试		
6	加工调试	5	调试在操作中进行，允许中断程序进行（精加工只允许一次）		
7	点 A 坐标值	4	数据错误不得分		
8	点 B 坐标值	4	数据错误不得分		
9	直径 $\phi28$	7	每超差 0.01 扣 2 分		
10	直径 $\phi20$	7	每超差 0.01 扣 2 分		
11	长度 55、10	6	每超差 0.01 扣 2 分		
12	凹圆弧 $R5$	3	不合要求不得分		
13	凸圆弧 $R15$	3	不合要求不得分		
14	螺纹 M16	10	不合要求不得分		
15	螺纹退刀槽	2	不合要求不得分		
16	锥度 $17° \pm 2'$	6	每超差 2′ 扣 2 分		
17	整体外形	4	圆弧曲线连接圆滑、整体几何形状准确		
18	粗糙度要求	10	各处粗糙度大于 1.6 不得分		
19	倒角、去毛刺等	3	一般按照 GB/T 1804—2000		
20	安全操作，文明生产		违章视情节轻重扣分，发生重大事故取消考试资格，扣分不超过 10 分，不准延时加工		
	额定工时	120min	实际加工时间	总得分	
	检测员		记录员	考评员	

3．初级数控车工实操模拟试题三

（1）零件图。

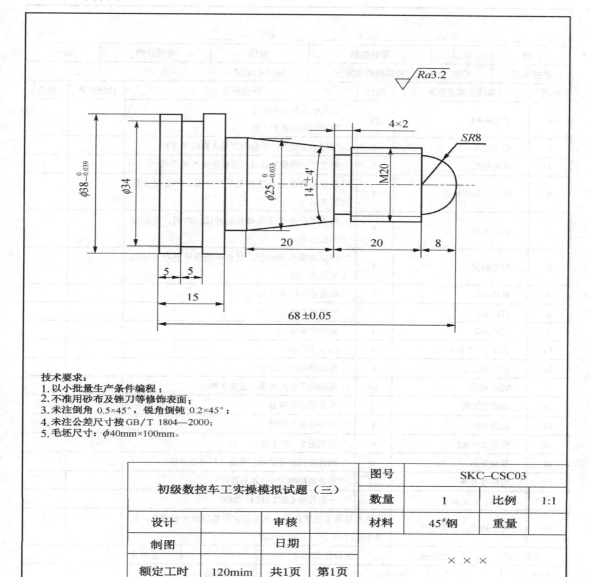

技术要求：
1．以小批量生产条件编程；
2．不准用砂布及锉刀等修饰表面；
3．未注倒角 0.5×45°，锐角倒钝 0.2×45°；
4．未注公差尺寸按 GB/T 1804—2000；
5．毛坯尺寸：ϕ40mm×100mm。

初级数控车工实操模拟试题（三）				图号		SKC–CSC03	
				数量	1	比例	1:1
设计		审核		材料	45#钢	重量	
制图		日期					
额定工时	120mim	共1页	第1页			×　×　×	

（2）初级数控车工实操考核评分表，如表 13-3 所示。

表 13-3　数控车工实操考核评分表

单位：_____　考号：_____　姓名：_____　总得分：_____

工种	级别	零件名称	图号	考核日期		编号
数控车工	初级	初级模拟试题三	SKC–CSC03			

序号	考核内容及要求	配分	评分标准	检测结果	得分
1	手工编程	10	语法错误每处扣 2 分 数据错误每处扣 1 分		
2	程序输入	3	须用手工输入，不会独立输入则结束考试		
3	轨迹模拟	3	要求用图形模拟寻错。可查询操作说明书		
4	建立工件坐标系	4	根据零件建立合适的工件坐标系，不会建立则结束考试		
5	试切对刀	5	根据零件和车床选择合适的试切对刀，不会对刀则结束考试		
6	加工调试	5	调试在操作中进行，允许中断程序进行（精加工只允许一次）		
7	直径 $\phi38$	7	每超差 0.01 扣 2 分		
8	直径 $\phi25$	7	每超差 0.01 扣 2 分		
9	直径 $\phi34$	4	超差不得分		
10	长度 5（2 处）、15、4	8	超差不得分		
11	长度 68	4	每超差 0.01 扣 2 分		
12	M20 螺纹	10	用螺纹千分尺测量，超差不得分		
13	螺纹退刀槽	2	不合要求不得分		
14	球面 $SR8$	5	不合要求不得分		
15	锥度 20°±2′	6	每超差 2′扣 2 分		
16	整体外形	5	圆弧曲线连接圆滑、整体几何形状准确		
17	粗糙度要求	10	各处粗糙度大于 1.6 不得分		
18	倒角、去毛刺等	2	一般按照 GB/T 1804—2000		
19	安全操作，文明生产		违章视情节轻重扣分，发生重大事故取消考试资格，扣分不超过 10 分，不准延时加工		
定额工时	120min		实际加工时间	总得分	
检测员		记录员		考评员	

13.3 中级数控车工实操强化训练

1. 中级数控车工实操模拟试题一

（1）零件图。

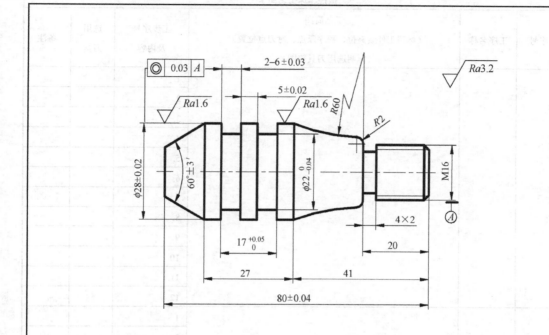

技术要求：
1. 以小批量生产条件编程；
2. 不准用砂布及锉刀等修饰表面；
3. 未注倒角0.5×45°，锐角倒钝0.2×45°；
4. 未注公差尺寸按 GB/T 1804—2000；
5. 毛坯尺寸：ϕ30mm×100mm。

中级数控车工实操模拟试题（一）		图号	SKC–ZSC01		
		数量	1	比例	1:1
设计	审核	材料	45#钢	重量	
制图	日期	×　×　×			
额定工时	180min	共1页	第1页		

（2）填写数控车床加工工艺简卡，如表 13-4 所示。

表 13-4 中级数控车工考核评分表

单位		考号		姓名		得分	
工种	数控车床	级别	中级	图号	SKC–ZSC01	机床编号	
加工时间		额定时间：180min			考核日期		
数控车床工艺简卡							
程序号	工序名称	工艺简图 （标明工件装夹位、程序原点、对刀点位置） （标明选用刀具简图）			工步序号 及内容	选用 刀具	备注
					1.		
					2.		
					3.		
					4.		
					5.		
					6.		
					7.		
					8.		
					9.		
					10.		
					11.		
					12.		
					1.		
					2.		
					3.		
					4.		
					5.		
					6.		
					7.		
					8.		
					9.		
					10.		
					11.		
					12.		
记录员 监考员		检验员			考评员		

（3）零件检测评分表，如表 13-5 所示。

表 13-5 中级数控车工考核评分表

单位：_____ 考号：_____ 姓名：_____ 成绩：_____

工种	级别	零件名称		图号		考核日期	编号
数控车工	中级	中级模拟试题一		SKC-ZSC01			
序号	检测项目	技术要求		配分	评分标准	检测结果	得分
1	外圆	$\phi 28 \pm 0.02$	Ra1.6	10/4	超差 0.01 扣 2 分		
2		$\phi 22_{-0.04}^{0}$	Ra3.2	10/4	降一级扣 3 分		
3	长度	5 ± 0.02		3	超差 0.01 扣 2 分		
4		6 ± 0.03	2 处	6	超差 0.01 扣 2 分		
5		$17_{0}^{+0.05}$		3	超差 0.01 扣 2 分		
6		80 ± 0.04		5	超差 0.01 扣 2 分		
7	圆弧	R60	Ra1.6	5/4	不合格不得分		
8		R2		4	不合格不得分		
9	螺纹	M16 中径		8	超差 0.01 扣 2 分		
10		螺纹两侧	Ra3.2	4	降一级扣 2 分		
11		牙型角		2	不合要求不得分		
12	沟槽	4×2	Ra3.2	5/2	不合格不得分		
13	锥度	$60° \pm 3'$	Ra3.2	10/3	不合格不得分		
14	形位公差	◎ 0.03 A		5	超差 0.01 扣 2 分		
15	倒角	倒角 4 处，去毛刺等		3	不合要求不得分		
16	其他项目				一般按照 GB/T 1804—2000 有明显缺陷倒扣 2～10 分		
17	安全操作，文明生产				违章视情节轻重扣 1～20 分，发生重大事故取消考试资格，扣分不超过 20 分		
定额工时	180 min		实际加工时间			总得分	
检测员		记录员			考评员		

2．中级数控车工实操模拟试题二

（1）零件图。

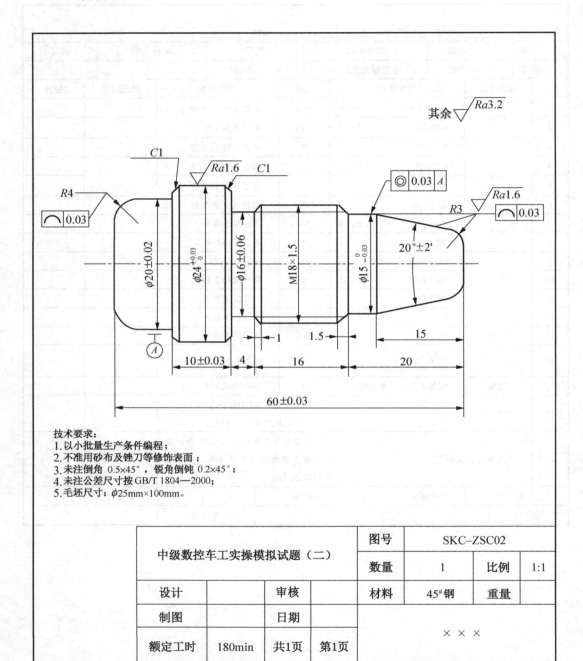

技术要求：
1．以小批量生产条件编程；
2．不准用砂布及锉刀等修饰表面；
3．未注倒角 0.5×45°，锐角倒钝 0.2×45°；
4．未注公差尺寸按 GB/T 1804—2000；
5．毛坯尺寸：φ25mm×100mm。

中级数控车工实操模拟试题（二）		图号		SKC–ZSC02	
		数量	1	比例	1:1
设计		审核		材料	45#钢	重量	
制图		日期		× × ×	
额定工时	180min	共1页	第1页		

（2）填写数控车床加工工艺简卡（略）。

（3）零件检测评分表，如表13-6所示。

表13-6　中级数控车工考核评分表

单位：_____　考号：_____　姓名：_____　成绩：_____

工种	级别	零件名称		图号	考核日期	编号
数控车工	中级	中级模拟试题二		SKC-ZSC02		

序号	检测项目	技术要求		配分	评分标准	检测结果	得分
1	外圆	$\phi24_{0}^{+0.03}$	Ra 1.6	8/4	超差0.01扣2分		
2		$\phi20\pm0.02$	Ra 3.2	8/4	降一级扣3分		
3		$\phi15_{-0.03}^{0}$	Ra 1.6	8/4	超差0.01扣2分		
4		$\phi16\pm0.06$	Ra 6.4	8/4	降一级扣2分		
5	长度	60 ± 0.03		4	超差0.01扣2分		
6		10 ± 0.03		2	降一级扣2分		
7	球面	R3		4	超差0.02扣2分		
8		R4		4	降一级扣1分		
9	螺纹	M18×1.5 中径		8	超差0.01扣2分		
10		螺纹两侧	Ra 3.2	4	降一级扣2分		
11		牙型角		2	降一级扣2分		
12	形位公差	⌒ 0.03	R3	2	不合格不得分		
13			R4	2	降一级扣2分		
14		◎ 0.03 A		4	超差0.01扣2分		
15	锥度	$20°\pm2'$	Ra 1.6	6/4	超差0.01扣2分		
16	倒角	倒角4处，去毛刺等		6			
17	安全操作，文明生产				违章视情节轻重扣1～20分，发生重大事故取消考试资格，扣分不超过20分		
18	其他项目				一般按照GB/T 1804—2000 有明显缺陷倒扣2～10分		

额定工时		180 min	实际加工时间		总得分	
检测员			记录员		考评员	

3．中级数控车工实操模拟试题三

（1）零件图。

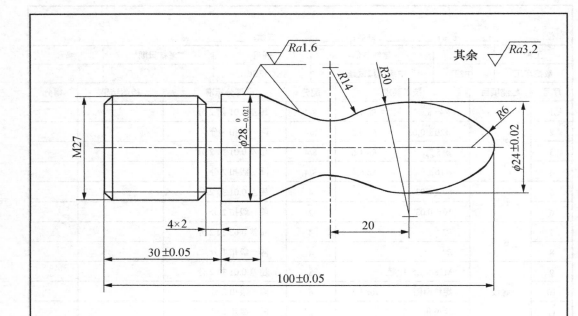

技术要求：
1. 以小批量生产条件编程；
2. 不准用砂布及锉刀等修饰表面；
3. 未注倒角 0.5×45°，锐角倒钝 0.2×45°；
4. 未注公差尺寸按 GB/T 1804—2000；
5. 毛坯尺寸：ϕ30mm×105mm。

中级数控车工实操模拟试题（三）		图号	SKC–ZSC03		
		数量	1	比例	1:1
设计	审核	材料	45#钢	重量	
制图	日期	×××			
额定工时	180min	共1页	第1页		

（2）填写数控车床加工工艺简卡（略）。

（3）零件检测评分表，如表 13-7 所示。

表 13-7 中级数控车工考核评分表

单位: _____ 考号: _____ 姓名: _____ 成绩: _____

工种	级别	零件名称		图号		考核日期		编号
数控车工	中级	中级模拟试题三		SKC–ZSC03				

序号	检测项目	技术要求		配分	评分标准	检测结果	得分
1	外圆	$\phi 28_{-0.021}^{0}$	$Ra1.6$	10/4	超差 0.01 扣 2 分		
2		$\phi 24\pm0.02$	$Ra1.6$	10/4	降一级扣 3 分		
3	球面	$R6$	$Ra1.6$	6/2	不合格不得分 降一级扣 2 分		
4		$R30$	$Ra1.6$	6/2			
5		$R14$	$Ra1.6$	6/2			
6		过渡平滑		8	不合要求不得分		
7	螺纹	M27 中径		8	超差 0.01 扣 2 分		
8		螺纹两侧	$Ra3.2$	4	降一级扣 2 分		
9		牙型角		2	不合格不得分		
10	长度	30±0.05		4	超差 0.01 扣 2 分		
11		100±0.05		6	超差 0.01 扣 2 分		
12	沟槽	4×2	$Ra3.2$	6/2	不合要求不得分		
13	倒角	倒角 4 处, 去毛刺等		4	不合要求不得分		
14	安全操作, 文明生产				违章视情节轻重扣 1~20 分, 发生重大事故取消考试资格, 扣分不超过 20 分		
15	其他项目				一般按照 GB/T 1804—2000 有明显缺陷倒扣 2~10 分		
额定工时	180 min		实际加工时间			总得分	
检测员		记录员		考评员			

4. 中级数控车工实操模拟试题四

（1）零件图。

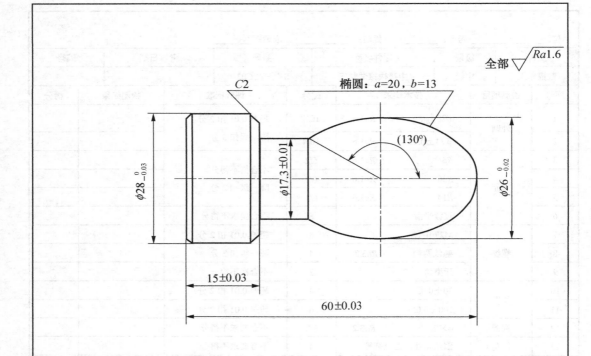

技术要求：
1. 以小批量生产条件编程；
2. 不准用砂布及锉刀等修饰表面；
3. 未注倒角 1×45°，锐角倒钝 0.2×45°；
4. 未注公差尺寸按 GB/T 1804—2000；
5. 毛坯尺寸：ϕ30mm×100mm。

中级数控车工实操模拟试题（四）		图号		SKC–ZSC04	
		数量	1	比例	1:1
设计		审核		材料	45#钢或Al	重量
制图		日期		× × ×		
额定工时	150min	共1页	第1页			

（2）填写数控车床加工工艺简卡和程序单（略）

（3）零件检测评分表，如表 13-8 所示。

表 13-8　中级数控车工考核评分表

单位：＿＿＿＿＿＿　考号：＿＿＿＿＿　姓名：＿＿＿＿＿　成绩：＿＿＿＿＿

工种	级别	零件名称		图号	考核日期	编号
数控车工	中级	中级模拟试题四		SKC–ZSC04		

序号	检测项目	技术要求	配分	评分标准	检测结果	得分
1	外圆	$\phi 28_{-0.03}^{0}$	11	超差 0.01 扣 3 分 降一级扣 2 分		
2		$Ra3.2$	4			
3		$\phi 17.3 \pm 0.01$ 检验 130°	9			
4		$Ra3.2$	4			
5	椭圆	形状	12	与椭圆形状一致		
6		$\phi 26_{-0.02}^{0}$	8	超差 0.01 扣 2 分		
7		$Ra1.6$	4	超差 2′ 扣 2 分		
8	长度	60 ± 0.03	4	超差 0.01 扣 2 分		
9		15 ± 0.03	4	超差 0.01 扣 2 分		
10	倒角	倒角 2 处	6			
11	工艺路线		10			
12	程序	采用手工程序编制	24	不合要求不得分		
13	其他项目			一般按照 GB/T 1804—2000 有明显缺陷倒扣 2～10 分		
14	安全操作，文明生产			违章视情节轻重扣 1～20 分， 发生重大事故取消考试资格，扣 分不超过 20 分		

额定工时	150 min		实际加工时间			
考核日期			实操配分	100 分	总得分	
检测员		记录员		考评员		

5.中级数控车工实操模拟试题五

（1）零件图。

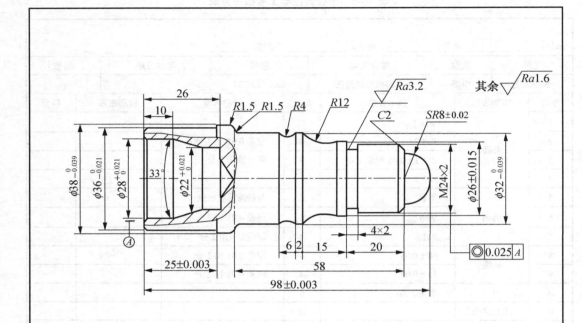

技术要求：
1. 以小批量生产条件编程；
2. 不准用砂布及锉刀等修饰表面；
3. 未注倒角 0.5×45°，锐角倒钝 0.2×45°；
4. 未注公差尺寸按GB/T 1804—2000；
5. 毛坯尺寸：ϕ25mm×100mm。

中级数控车工实操模拟试题（五）				图号		SKC–ZSC05	
				数量	1	比例	1:1
设计		审核		材料	45#钢	重量	
制图		日期		×××			
额定工时	150min	共1页	第1页				

（2）填写数控车床加工工艺简卡和程序单（略）。

（3）零件检测评分表，如表 13-9 所示。

表 13-9　中级数控车工考核评分表

单位：_____　　考号：_____　　姓名：_____　　成绩：_____

工种	级别	零件名称	图号	考核日期	编号
数控车工	中级	实操模拟试题	SKC-ZSC05		

序号	检测项目	技术要求		配分	评分标准	检测结果	得分
1	外圆	$\phi38_{-0.039}^{0}$	$Ra1.6$	5/2	超差 0.01 扣 2 分 降一级扣 1 分		
2		$\phi36_{-0.021}^{0}$	$Ra1.6$	6/2			
3		$\phi32_{-0.039}^{0}$	$Ra1.6$	6/2			
4		$\phi26\pm0.015$	$Ra1.6$	5/2			
5	内孔	$\phi28_{0}^{+0.021}$	$Ra1.6$	6/2	超差 0.01 扣 2 分 降一级扣 1 分		
6		$\phi22_{0}^{+0.021}$	$Ra1.6$	5/2	超差 0.01 扣 2 分 降一级扣 1 分		
7	内锥	33°	$Ra1.6$	5/2	降一级扣 1 分		
8	圆弧面	$SR8\pm0.02$	$Ra1.6$	4/2	不合格不得分 降一级扣 1 分		
9		$R12$	$Ra1.6$	4/2			
10		$R4$	$Ra1.6$	2/1			
11		$R1.5$（2 处）	$Ra1.6$	2/1			
12	螺纹	M24 中径		6	超差 0.01 扣 2 分 降一级扣 2 分		
13		螺纹牙型、两侧	$Ra1.6$	4			
14	长度	25 ± 0.003		2	超差 0.01 扣 2 分		
15		98 ± 0.003		4	超差 0.01 扣 2 分		
16		20，26		2	不合要求不得分		
17	沟槽	4×2	$Ra3.2$	3/1	不合要求不得分		
18	形位公差	◎ 0.025 A		4	超差 0.01 扣 2 分		
19	倒角	倒角 4 处，去毛刺等		4	不合要求不得分		
20	其他项目				一般按照 GB/T 1804—2000 有明显缺陷倒扣 2～10 分		
21	安全操作，文明生产				违章视情节轻重扣 1～20 分，发生重大事故取消考试资格，扣分不超过 20 分		

额定工时	150 min		实际加工时间		总得分	
检测员		记录员		考评员		

6．中级数控车工实操模拟试题六

（1）零件图。

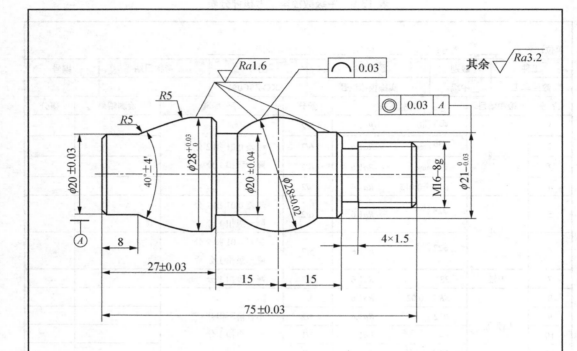

技术要求：
1．以小批量生产条件编程；
2．不准用砂布及锉刀等修饰表面；
3．未注倒角 0.5×45°，锐角倒钝 0.2×45°；
4．未注公差尺寸按 GB/T 1804—2000；
5．毛坯尺寸：φ30mm×100mm。

中级数控车工实操模拟试题（六）			图号	SKC–ZSC06		
			数量	1	比例	1:1
设计		审核	材料	45#钢	重量	
制图		日期	×××			
额定工时	150min	共1页	第1页			

（2）填写数控车床加工工艺简卡和程序单（略）。

（3）零件检测评分表，如表 13-10 所示。

表 13-10　中级数控车工考核评分表

单位：_____　考号：_____　姓名：_____　成绩：_____

工种	级别	零件名称		图号		考核日期		编号
数控车工	中级	中级模拟试题六		SKC–ZSC06				

序号	检测项目	技术要求		配分	评分标准	检测结果	得分
1	外圆	$\phi 28 \pm 0.02$	$Ra\,1.6$	8/2	超差 0.01 扣 2 分 降一级扣 1 分		
2		$\phi 21_{-0.03}^{0}$	$Ra\,1.6$	8/2			
3		$\phi 20 \pm 0.03$	$Ra\,1.6$	8/2			
4		$\phi 20 \pm 0.04$	$Ra\,1.6$	6/2			
5	外锥	$40° \pm 4'$	$Ra\,1.6$	6/2	降一级扣 1 分		
6	圆弧面	$R5$	$Ra\,1.6$	2/1	不合格不得分 降一级扣 4 分		
7							
8		$R5$	$Ra\,1.6$	2/1			
9	螺纹	M16–8g 中径		8	超差 0.01 扣 2 分		
10		螺纹牙型、两侧	$Ra\,1.6$	4	降一级扣 2 分		
11	长度	27 ± 0.03		2	超差 0.01 扣 2 分		
12		75 ± 0.03		4	超差 0.01 扣 2 分		
13	沟槽	4×1.5	$Ra\,3.2$	3/2	不合要求不得分		
14	形位公差	◎ 0.03 A		4	超差 0.01 扣 2 分		
15		圆度 0.03		4			
16	倒角	倒角 4 处，去毛刺等		5	不合要求不得分		
17	其他项目			一般按照 GB/T 1804—2000 有明显缺陷倒扣 2～10 分			
18	安全操作，文明生产			违章视情节轻重扣 1～20 分， 发生重大事故取消考试资格，扣 分不超过 20 分			

定额工时	150 min	实际加工时间		总得分	
检测员		记录员		考评员	

7. 中级数控车工实操模拟试题七

（1）零件图。

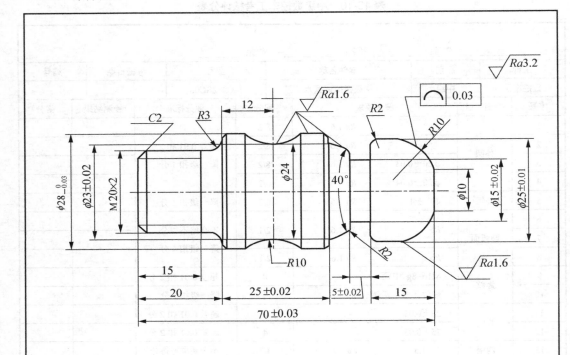

技术要求:
1. 以小批量生产条件编程;
2. 不准用砂布及锉刀等修饰表面;
3. 未注倒角 1×45°，锐角倒钝 0.2×45°;
4. 未注公差尺寸按 GB/T 1804—2000;
5. 毛坯尺寸: φ30mm×100mm。

中级数控车工实操模拟试题（七）		图号	SKC–ZSC07		
		数量	1	比例	1:1
设计	审核	材料	45#钢	重量	
制图	日期	×××			
额定工时	180min	共1页	第1页		

（2）填写数控车床加工工艺简卡和程序单（略）。

（3）零件检测评分表，如表 13-11 所示。

表 13-11　中级数控车工考核评分表

单位：＿＿＿＿＿　考号：＿＿＿＿＿　姓名：＿＿＿＿＿　成绩：＿＿＿＿＿

工种	级别	零件名称		图号	考核日期	编号
数控车工	中级	中级模拟试题七		SKC-ZSC07		
序号	检测项目	技术要求		配分	评分标准	检测结果	得分
1	外圆	$\phi 28_{-0.03}^{0}$	$Ra\,1.6$	8/2	超差 0.01 扣 2 分 降一级扣 2 分		
2		$\phi 25 \pm 0.01$	$Ra\,1.6$	8/4			
3		$\phi 23 \pm 0.02$	$Ra\,1.6$	8/4			
4		$\phi 15 \pm 0.02$	$Ra\,3.2$	6/2			
5	圆弧面	凸 $R10$	$Ra\,1.6$	5/2	超差 0.01 扣 2 分 不合格不得分 降一级扣 2 分		
6		凹 $R10$	$Ra\,3.2$	6/4			
7		$R2$	$Ra\,3.2$	4/2			
8		$R3$	$Ra\,3.2$	2/1			
9	普通螺纹	中径	$Ra\,3.2$	8	超差 0.01 扣 2 分 降一级扣 2 分		
10		牙型、两侧	$Ra\,3.2$	6			
11	长度	5 ± 0.02		2	超差 0.01 扣 1 分		
12		25 ± 0.02		2	超差 0.01 扣 1 分		
13		70 ± 0.03		5	超差 0.01 扣 2 分		
14	形位公差	⌒ 0.03		5	超差 0.01 扣 2 分		
15	倒角	倒角 3 处，去毛刺		4	不合要求不得分		
16	其他项目				一般按照 GB/T 1804—2000		
17	安全操作，文明生产				违章视情节轻重扣 1～20 分，发生重大事故取消考试资格，扣分不超过 20 分		
额定工时		180 min		实际加工时间		总得分	
检测员		记录员			考评员		

8．中级数控车工实操模拟试题八

（1）零件图。

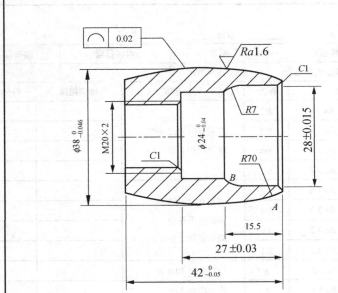

技术要求：

1. 以小批量生产条件编程；
2. 不准用砂布及锉刀等修饰表面；
3. 未注倒角0.5×45°，锐角倒钝0.2×45°；
4. 未注公差尺寸按GB/T 1804—2000；
5. 毛坯尺寸：ϕ40mm×70mm。

中级数控车工实操模拟试题（八）			图号	SKC –ZSC08		
			数量	1	比例	1:1
设计		审核	材料	45#钢	重量	
制图		日期		×××		
额定工时	150min	共1页	第1页			

（2）填写数控车床加工工艺简卡和程序单（略）。

（3）零件检测评分表，如表 13-12 所示。

表 13-12 中级数控车工考核评分表

单位：_____ 考号：_____ 姓名：_____ 总得分：_____

工种	级别	零件名称	图号	考核日期	编号
数控车工	中级	中级模拟试题八	SKC-ZSC08		

序号	检测项目	技术要求		配分	评分标准	检测结果	得分
1	外圆	$\phi38_{-0.046}^{0}$		6	超差 0.01 扣 2 分 降一级扣 2 分		
2	内孔	$\phi28\pm0.015$	$Ra3.2$	10/4			
3		$\phi24_{-0.04}^{0}$	$Ra3.2$	10/4			
4	圆弧面	$R70$	$Ra1.6$	8/5	超差 0.01 扣 2 分 不合格不得分 降一级扣 2 分		
5		$R7$	$Ra3.2$	4/4			
6	内螺纹	M20×2 中径		8	超差 0.01 扣 2 分		
7		螺纹牙型、两侧 $Ra3.2$		6	降一级扣 2 分		
8	长度	27±0.03		5	超差 0.01 扣 2 分		
9		42		5	超差 0.01 扣 2 分		
10	形位公差	⌒ 0.02		6	超差 0.01 扣 2 分		
11	整体形状	形状正确，无缺陷		7	不合要求不得分		
12	倒角	倒角 2 处，去毛刺		8	不合要求不得分		
13	其他项目				一般按照 GB/T 1804—2000		
14	安全操作，文明生产				违章视情节轻重扣 1～20 分，发生重大事故取消考试资格，扣分不超过 20 分		

额定工时		150 min	实际加工时间		
考核日期			实操配分	100 分	总得分
检测员		记录员		考评员	

13.4 高级数控车工实操强化训练

1. 高级数控车工实操模拟试题一

（1）零件图。

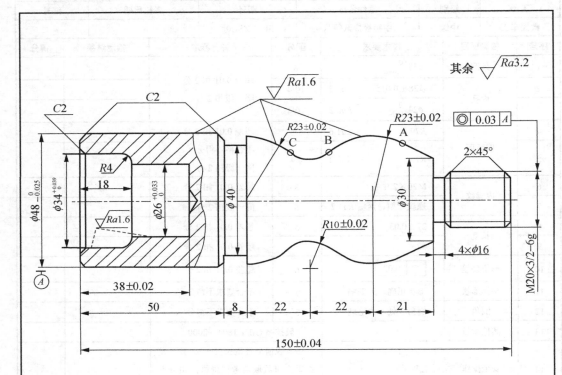

技术要求：
1. 不准用砂布及锉刀等修饰表面；
2. 未注倒角 0.5×45°；
3. 未注公差尺寸按 GB/T 1804—2000；

高级数控车工实操模拟试题（一）		图号	SKC–GSC01		
		数量	1	比例	1:1
设计	审核	材料	45#钢	重量	
制图	日期	×××			
额定工时	240min	共1页	第1页		

（2）填写数控车床加工工艺简卡和程序单（略）。

（3）零件检测评分表，如表 13-13 所示。

表 13-13　高级数控车工考核评分表一

单位：＿＿＿＿＿＿　　考号：＿＿＿＿＿＿　　姓名：＿＿＿＿＿＿　　总得分：＿＿＿＿＿＿

工种	数控车工		零件名称	高级模拟试题一	图号	SKC-GSC01	
序号	检测项目	技术要求		配分	评分标准	检测结果	得分
1	外圆	$\phi 48_{-0.025}^{0}$	Ra1.6	6/3	超差 0.01 扣 2 分 降一级扣 3 分		
2		$\phi 40$	Ra3.2	4/2	超差不得分 降一级扣 2 分		
3		$\phi 16$	Ra3.2	4/2	超差不得分 降一级扣 2 分		
4	内孔	$\phi 34_{0}^{+0.039}$	Ra1.6	6/3	超差 0.01 扣 2 分 降一级扣 3 分		
5		$\phi 26_{0}^{+0.033}$	Ra1.6	6/3	超差 0.01 扣 2 分 降一级扣 3 分		
6	圆弧	$R23\pm 0.02$	Ra1.6	5/3	超差 0.01 扣 2 分 降一级扣 3 分		
7		$R10\pm 0.02$	Ra1.6	5/3	超差 0.01 扣 2 分 降一级扣 3 分		
8	锥面	$\phi 30$	Ra1.6	4/3	超差 0.01 扣 2 分 降一级扣 3 分		
9	螺纹	中径		8	超差 0.01 扣 2 分		
10		螺纹两侧	Ra3.2	2	降一级扣 2 分		
11		牙型角		2	不合格不得分		
12	形位公差	同轴度		4	超差 0.01 扣 2 分		
13	长度	38 ± 0.02		4	超差 0.01 扣 2 分		
14		150 ± 0.04		4	超差 0.01 扣 2 分		
15		50，8，22，21，4 等		10	超差不得分		
16	倒角	倒角、去毛刺等		4	不合格不得分		
17	安全操作，文明生产				违章视情节轻重扣 1～20 分， 发生重大事故取消考试资格，扣 分不超过 20 分		
18	其他项目				一般按照 GB/T 1804—2000		
额定工时		240 min		实际加 工时间			
考核日期				实操配分	100 分	总得分	
检测员		记录员			考评员		

2. 高级数控车工实操模拟试题二

（1）零件图。

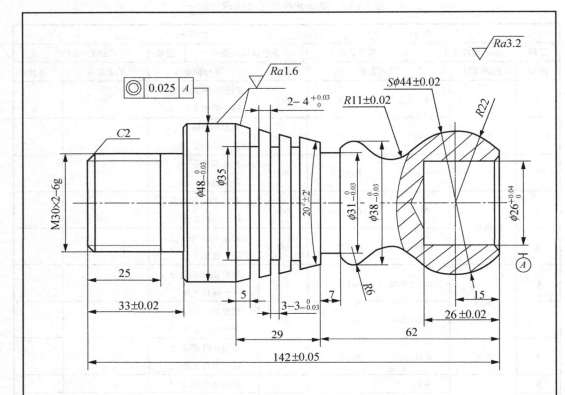

技术要求：
1. 以小批量生产条件编程；
2. 不准用砂布及锉刀等修饰表面；
3. 未注倒角 1×45°，锐角倒钝 0.2×45°；
4. 未注公差尺寸按 GB/T 1804—2000；
5. 毛坯尺寸：ϕ50mm×145mm。

高级数控车工实操模拟试题（二）		图号		SKC–GSC02	
		数量	1	比例	1:1
设计		审核		材料	45#钢	重量	
制图		日期		×××	
额定工时	240min	共1页	第1页		

（2）填写数控车床加工工艺简卡和程序单（略）。

（3）零件检测评分表，如表 13-14 所示。

表 13-14 高级数控车工考核评分表

单位：_____　考号：_____　姓名：_____　成绩：_____

工种	级别	零件名称		图号	考核日期		编号
数控车工	高级	高级模拟试题二		SKC-GSC02			

序号	检测项目	技术要求		配分	评分标准	检测结果	得分
1	外圆	$\phi 48_{-0.03}^{0}$	$Ra1.6$	6/2	超差 0.01 扣 2 分 降一级扣 2 分		
2		$\phi 31_{-0.03}^{0}$	$Ra1.6$	6/2			
3		$\phi 38_{-0.03}^{0}$	$Ra1.6$	6/4			
4	内孔	$\phi 26_{0}^{+0.04}$	$Ra1.6$	6/4	超差 0.01 扣 2 分 降一级扣 2 分		
5	成型面	$S\phi 44 \pm 0.02$	$Ra1.6$	4/2	不合格不得分		
6		$R11 \pm 0.02$	$Ra1.6$	4/2	不合格不得分		
7	锥面	$20° \pm 2'$	$Ra1.6$	6	每超差 2′ 扣 2 分		
8	槽宽	$3_{-0.03}^{0}$（3 处）		9	不合格不得分		
9	螺纹	M30×2-6g 中径		7	超差 0.01 扣 2 分		
10		螺纹两侧	$Ra3.2$	4	降一级扣 2 分		
11	同轴度	◎ 0.025 A		4	超差 0.01 扣 2 分		
12	长度	142 ± 0.05		4	超差 0.01 扣 1 分		
13		33 ± 0.02		4	超差 0.01 扣 1 分		
14		26 ± 0.02		4	超差 0.01 扣 1 分		
15		$3_{-0.03}^{0}$（3 处）		6	超差 0.01 扣 1 分		
16	倒角	倒角、去毛刺等		4	不合格不得分		
17	安全操作，文明生产				违章视情节轻重扣 1～20 分，发生重大事故取消考试资格，扣分不超过 20 分		
18	其他项目				一般按照 GB/T 1804—2000		
定额工时		240 min		实际加工时间		总得分	
检测员		记录员			考评员		

3. 高级数控车工实操模拟试题三

（1）零件图。

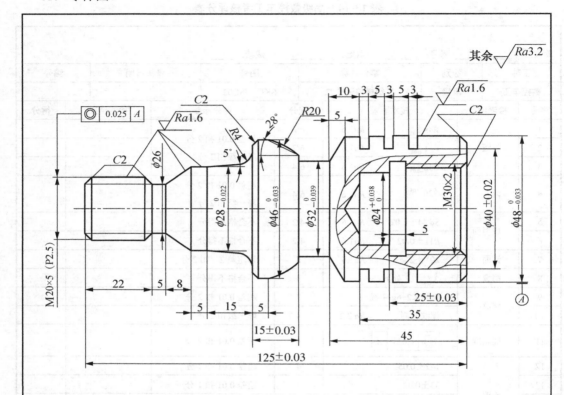

技术要求：
1. 以小批量生产条件编程；
2. 不准用砂布及锉刀等修饰表面；
3. 未注倒角1×45°，锐角倒钝0.2×45°；
4. 未注公差尺寸按GB/T 1804—2000；
5. 毛坯尺寸：φ50mm×145mm。

高级数控车工实操模拟试题（三）		图号	SKC–GSC03		
		数量	1	比例	1:1
设计		审核	材料	45#钢	重量
制图		日期	× × ×		
额定工时	240min	共1页	第1页		

（2）填写数控车床加工工艺简卡和程序单（略）。

（3）零件检测评分表，如表 13-15 所示。

表 13-15　高级数控车工考核评分表

单位：_____　考号：_____　姓名：_____　成绩：_____

工种	级别	零件名称		图号		考核日期		编号
数控车工	高级	高级模拟试题三		SKC-GSC03				

序号	检测项目	技术要求		配分	评分标准	检测结果	得分
1	外圆	$\phi48_{-0.033}^{0}$	$Ra1.6$	5/2	超差 0.01 扣 2 分 降一级扣 1 分		
2		$\phi46_{-0.033}^{0}$	$Ra1.6$	5/2			
3		$\phi28_{-0.022}^{0}$	$Ra1.6$	5/2			
4		$\phi40\pm0.02$（3 处）	$Ra3.2$	6/3			
5		$\phi32_{-0.039}^{0}$	$Ra1.6$	4/2			
6		$\phi26$	$Ra3.2$	2/1			
7	内孔	$\phi24_{0}^{+0.038}$	$Ra1.6$	6/2	超差 0.01 扣 2 分 降一级扣 1 分		
8	成型面	$R20$	$Ra1.6$	4/2	不合格不得分		
9		$R4$	$Ra1.6$	3/1	不合格不得分		
10	锥面	$5°$	$Ra1.6$	4/2	每超差 2′ 扣 2 分		
11	外螺纹	M20×5（P2.5）	$Ra1.6$	6/2	超差 0.01 扣 2 分		
12	内螺纹	M30×2	$Ra1.6$	6/2	降一级扣 1 分		
13	同轴度	◎ 0.025 A		4	超差 0.01 扣 2 分		
14	长度	125±0.03		4	超差 0.01 扣 1 分		
15		25±0.03		2	超差 0.01 扣 1 分		
16		15±0.03		2	超差 0.01 扣 1 分		
17		3（3 处），5（2 处）		5	超差 0.01 扣 1 分		
18	倒角	倒角、去毛刺等		4	不合格不得分		
19	安全操作，文明生产				违章视情节轻重扣 1～20 分，发生重大事故取消考试资格，扣分不超过 20 分		
20	其他项目				一般按照 GB/T 1804—2000		
额定工时		240 min			实际加工时间	总得分	
检测员		记录员				考评员	

4. 高级数控车工实操模拟试题四

（1）零件图。

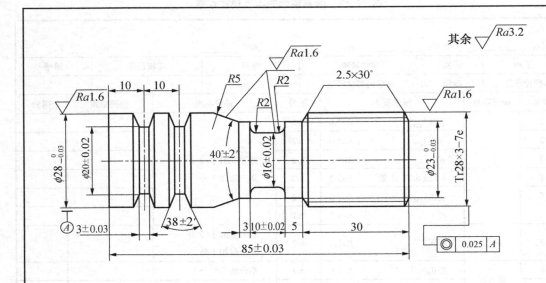

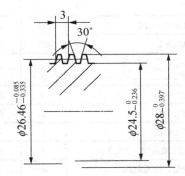

技术要求：
1. 以小批量生产条件编程；
2. 不准用砂布及锉刀等修饰表面；
3. 未注倒角1×45°，锐角倒钝0.2×45°；
4. 未注公差尺寸按GB/T 1804—2000；
5. 毛坯尺寸：ϕ30mm×90mm。

高级数控车工实操模拟试题（四）			图号	SKC-GSC04		
			数量	1	比例	1:1
设计		审核		材料	45#钢	重量	
制图		日期			× × ×	
额定工时	180min	共1页	第1页			

（2）填写数控车床加工工艺简卡和程序单（略）。

（3）零件检测评分表，如表 13-16 所示。

表 13-16　高级数控车工考核评分表

单位：＿＿＿＿		考号：＿＿＿＿		姓名：＿＿＿＿			成绩：＿＿＿＿		
工种		级别	零件名称		图号		考核日期		编号
数控车工		高级	高级模拟试题四		SKC-GSC04				
序号	检测项目		技术要求		配分	评分标准		检测结果	得分
1	外圆		$\phi 28_{-0.03}^{0}$	$Ra1.6$	6/2	超差 0.01 扣 2 分 降一级扣 1 分			
2			$\phi 23_{-0.03}^{0}$	$Ra1.6$	6/2				
3			$\phi 16\pm0.02$	$Ra1.6$	6/2				
4	外沟槽		$\phi 20\pm0.02$	$Ra3.2$	2/1	超差 0.01 扣 1 分			
5			$38°\pm2'$	$Ra3.2$	2/1	每超差 1′ 扣 1 分			
6	锥面		$40°\pm2'$	$Ra1.6$	5/2	每超差 1′ 扣 1 分			
7	成型面		$R5$	$Ra1.6$	3/1	不合格不得分 降一级扣 1 分			
8			$R2$（2 处）	$Ra1.6$	4/2				
9	梯形螺纹		大径	$Ra1.6$	2/1	超差 0.01 扣 1 分 降一级扣 1 分			
10			中径	$Ra3.2$	5/2				
11			30°	牙高	2/2				
12	同轴度		⌾ 0.025 A		4	超差 0.01 扣 2 分			
13	长度		85 ± 0.03		5	超差 0.01 扣 1 分			
14			10 ± 0.02		2	超差 0.01 扣 1 分			
15	倒角		倒角、去毛刺等		4	不合格不得分			
16	安全操作，文明生产					违章视情节轻重扣 1～20 分，发生重大事故取消考试资格，扣分不超过 20 分			
17	其他项目					一般按照 GB/T 1804—2000			
额定工时			180 min		实际加工时间			总得分	
检测员			记录员				考评员		

5．高级数控车工实操模拟试题五

（1）零件图。

（2）填写数控车床加工工艺简卡和程序单（略）。

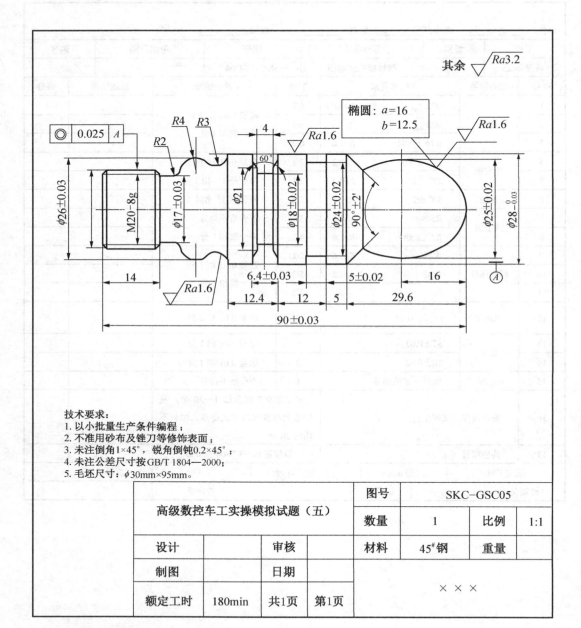

技术要求：
1. 以小批量生产条件编程；
2. 不准用砂布及锉刀等修饰表面；
3. 未注倒角1×45°，锐角倒钝0.2×45°；
4. 未注公差尺寸按GB/T 1804—2000；
5. 毛坯尺寸：φ30mm×95mm。

高级数控车工实操模拟试题（五）		图号	SKC-GSC05		
		数量	1	比例	1:1
设计		审核		材料	45#钢	重量	
制图		日期		× × ×			
额定工时	180min	共1页	第1页				

（3）零件检测评分表，如表 13-17 所示。

表 13-17 高级数控车工考核评分表

序号	检测项目	技术要求		配分	评分标准	检测结果	得分
1	外圆	$\phi 28^{0}_{-0.03}$	$Ra1.6$	6/2	超差 0.01 扣 2 分		
2		$\phi 17 \pm 0.03$	$Ra1.6$	5/2	降一级扣 1 分		
3		$\phi 24 \pm 0.02$	$Ra3.2$	6/2	超差 0.01 扣 2 分		
4		$\phi 18 \pm 0.02$	$Ra3.2$	5/2	降一级扣 1 分		
5	外沟槽	6.4 ± 0.03		3			
6		4		3	超差 0.01 扣 1 分		
7		5 ± 0.02		3			
8		$60°$		2/1	不合格不得分		
9	锥面	$90° \pm 2'$	$Ra1.6$	2/1	每超差 1′ 扣 1 分		
10	椭圆	$\phi 25 \pm 0.02$		4	每超差 0.01 扣 1 分		
11		轮廓、完整	$Ra1.6$	10/4	不合格不得分		
12	成型面	$R2$	$Ra1.6$	4/1	不合格不得分		
13		$R3$	$Ra1.6$	4/1	降一级扣 1 分		
14		$R4$	$Ra1.6$	4/1			
15	普通螺纹	M20–8g 中径		8	超差 0.01 扣 2 分		
16		牙型	$Ra1.6$	2/2	降一级扣 1 分		
17	同轴度	◎ 0.025 A		4	超差 0.01 扣 2 分		
18	长度	90 ± 0.03		4	超差 0.01 扣 2 分		
19	倒角	倒角、去毛刺等		2	不合格不得分		
20	安全操作，文明生产				违章视情节轻重扣 1~20 分，发生重大事故取消考试资格，扣分不超过 20 分		
21	其他项目				一般按照 GB/T 1804—2000		
额定工时		180 min		实际加工时间		总得分	
检测员		记录员			考评员		

本章小结

本章提供了 3 套初级、8 套中级、5 套高级数控车工实操模拟试题，满足不同层次学生训练的需要。

1．初级工实操训练：以基本技能的巩固与提高为重点。

2．中级工实操训练：以专业技能的巩固与提高为主，培养学生的岗位操作能力。

3．高级工实操训练：专业技能的延伸与拓展，培养学生的综合应用能力。

第14章

趣味零件编程及车削加工

为了提高学习者的兴趣，教师在组织学生实训教学时，在学生能较好地提前完成实训项目后，可适当增设一些趣味性、设计性的工艺课题，允许学生在多余时间中自行设计和制作一些工艺性产品作为鼓励，如硬铝手电筒外壳、国际象棋、酒杯、陀螺和微型酒瓶等，可极大地激发学生对数控车削加工的学习兴趣和主动性，开拓学生的视野，培养学生的创造能力。

14.1 小酒杯的编程与加工

如图 14-1 所示酒杯零件图，要求正确编制程序并加工。已知毛坯尺寸 ϕ30mm×80mm，材料硬铝 YL。T01：粗精车外圆刀（90°右偏刀），T02：切断刀（刀宽 4mm）。

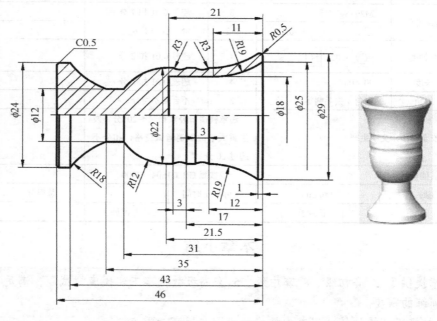

图 14-1 小酒杯

1. 零件图工艺分析

（1）结构要求分析：如图 14-1 所示，零件主要包括凸凹圆弧面、圆柱面、内孔等。零件材料为铝材。

（2）定位基准、工件零点、装夹方案的确定：以工件轴心线为定位基准，工件零点设在工件图样右端面中心；装夹方案为夹住毛坯φ30mm 表面，伸出 60mm，加工工件内孔和外圆轮廓。

2．刀具选择及加工方案的确定

制定加工工艺路线，确定刀具及切削用量。加工方案的制定如表 14-11 所示。

表 14-1　案例 14.2 工序和操作清单

材料	45#钢	零件图号		14-1		系统	FANUC	工 序 号	071
操作序号	工步内容 （走刀路线）		G 功能	T 刀具	切削用量				
					转速 $S(n)$ (r/min)	进给速度 F (mm/min)		切削深度 a_p (mm)	
主程序 1	夹住毛坯φ30mm 表面，伸出 60mm，加工工件内孔和外圆轮廓								
（1）	钻孔			φ16mm 钻头	500				
（2）	粗车内孔		G71	93°内孔车刀	400～800	80～150		0.5	
（3）	精车内孔		G70	93°内孔车刀	800～1600	60～120		0.2	
（4）	粗车端面和部分外轮廓		G73	93°外圆车刀 副偏角为 30°	500～800	80～150		0.5	
（5）	粗车 $R12$、$R18$ 圆弧		G72	切槽刀	300～500	15～30			
（6）	精车端面和整个外轮廓		G01 G02/G03	93°外圆车刀 副偏角为 70°	800～1600	60～120		0.25	
（7）	切断		G01	切槽刀	300～500	15～30			
（8）	检验								

3．工件参考程序与加工操作过程

（1）工件的参考程序如表 14-2 所示。（备注：刀尖圆弧半径忽略不计）

表 14-2　小酒杯参考程序

序号	程序内容	程序说明
N10	G50 X100 Z150	建立工件加工坐标系
N20	M03 S500 T0101	主轴正转，选用 1 号内孔粗车刀
N30	G00 X16 Z2 M08	快速定位靠近工件，切削液开
N40	G71 U1.5 R0.5	采用内孔粗加工复合循环指令粗车内孔
N50	G71 P60 Q100 U−0.5 W0 F150	
N60	G00 X25	精加工程序开始
N70	G01 G41 Z0 F80	刀具半径左补偿
N80	G02 X18 W−11 R19	
N90	G01 W−10	
N100	X16	精加工程序结束
N110	G00 G40 Z150	快速退出刀具，取消刀具补偿

序号	程序内容	程序说明
N120	X100 M05	主轴停
N130	M00	程序暂停，检测
N140	M03 S1200 T0202	主轴正转，高速，选用 2 号内孔精车刀
N150	G00 X16 Z2	快速定位靠近工件
N160	G70 P60 Q100	调用精车循环程序进行内孔精车
N170	G00 G40 Z150	快速退出刀具，取消刀具补偿
N180	X100 M05	
N190	M00	
N200	M03 S600 T0303	主轴正转，选用 3 号外圆粗车刀
N210	G00 X30 Z2	
N220	G73 U3.5 W0 R3	采用封闭轮廓循环复合指令粗加工外形
N230	G73 P240 Q340 U0.5 W0 F150	
N240	G00X28	精加工程序开始
N250	G01 G42 Z0	刀具半径右补偿
N260	G03 X29 W−0.5 R0.5	
N270	G01 W−0.5	
N280	G02 X22 Z−12 R19	
N290	G02 X22 W−3 R3	
N300	G01 W−2	
N310	G02 X22 W−3 R3	
N320	G01 W−1.5	
N330	X24 W−21.5	
N340	Z−50	精加工程序结束
N350	G00 X100 Z150	
N360	T0404	选用 4 号切槽刀
N370	G00 X30 Z−31	以刀具右刀尖定位（刀具宽度为 4mm）
N380	G01 X12.5 F20	切 ϕ12mm 的槽
N390	G00 X30	
N400	G72 W3.5 R0.5	采用端面切槽复合循环指令加工 R12mm
N410	G72 P420 Q440 U0.5 W0 F20	
N420	G00 Z−21.5	
N430	G01 X22	
N440	G03 X12 Z−31 R12	
N450	G72 W3.5 R0.5	采用端面切槽复合循环指令加工 R18mm
N460	G72 P470 Q490 U0.5 W0 F20	
N470	G00 Z−39	
N480	G01 X24	
N490	G03 X12 Z−31 R18	
N500	G00 X100 Z150 M05	

序号	程序内容	程序说明
N510	M00	
N520	M03 S1600 T0505	主轴正转，高速，选用 5 号外圆精车刀
N530	G00 X28 Z2	
N540	G01 G42 Z0 F80	刀具半径右补偿
N550	G03 X29 W-0.5 R0.5	整个外形轮廓精加工开始
N560	G01 W-0.5	
N570	G02 X22 Z-12 R19	
N580	G02 X22 W-3 R3	
N590	G01 W-2	
N600	G02 X22 W-3 R3	
N610	G01 W-1.5	
N620	G03 X12 Z-31 R12	
N630	G01 W-4	
N640	G02 X24 Z-43 R18	
N650	G01 Z-51	整个外形轮廓精加工结束
N660	G00 G40 X100 Z150 M05	退刀，主轴停，取消刀具补偿
N670	M00	程序暂停，检测
N680	M03 S500 T0404	主轴正转，选用 04 号切槽刀
N690	G00 X30 Z-46	
N700	G01 X22 F15	
N710	G00 X25	
N720	Z-45	
N730	G01 X23 Z-46	倒角
N740	X0	工件切断
N750	G00 X100	退刀
N760	Z150 M05	主轴停
N770	T0300 M09	换回 3 号刀，取消刀补，切削液关
N780	M30	程序结束

（2）输入程序。

（3）数控编程模拟软件对加工刀具轨迹仿真，或数控系统图形仿真加工，进行程序校验及修整。

（4）安装刀具，对刀操作，建立工件坐标系。

（5）启动程序，自动加工。

（6）停车后，按图纸要求检测工件，对工件进行误差与质量分析。

4. 安全操作和注意事项

（1）一切操作必须听从实习指导教师、工作人员的统一安排。

（2）按规定穿工作服，并准备规定的防护用具。

（3）保证自备的仪器、工具、量具齐备良好。

（4）严格按照操作规程和安全规程操作。

（5）整个零件加工余量较大，刚性不足，因此背吃刀量宜取较小值。

（6）钻孔可以先手动完成，也可以编制程序加工。

14.2 国际象棋的编程及加工

本章提供了兵、国王、王后、象、车、马六套图纸，以"国王"为案例给出参考程序，供学习者根据实际情况灵活处理。

（1）图形：如图 14-2 所示。

（2）参考工艺。

① 把工件的外形轮廓加工出来，用 G71 粗车外圆轮廓。

② 用 G73 粗车左边和右边的中间部分圆弧段，为保证工件不被刀具碰伤，X 方面定位远一点。第一个圆弧（X27，Z53.47），第二个圆弧（X27，Z16），同时用 G70 精加工左边圆弧部分。

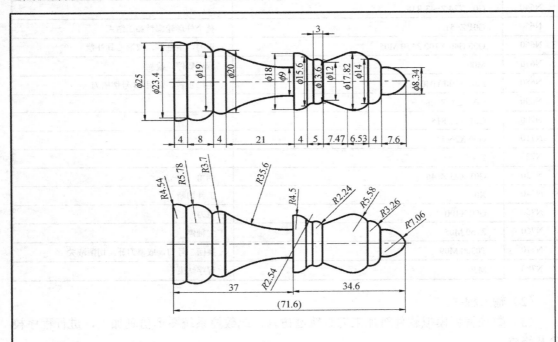

技术要求：
1. 未注倒角5×45°，锐角倒钝0.5×45°；
2. 未注公差尺寸按GB/T 1804—2000。

数控车削编程与加工技术	额定工时	图号	名称	材料及备料尺寸
特殊工艺品编程及加工	150min	14-2	国王	Al或塑料

图 14-2 国际象棋"国王"

③ 为了保证工件圆弧面光滑过渡，编制精加工程序对轮廓表面进行精加工。

（3）参考程序：如表 14-3 所示。

表 14-3　国际象棋国王（GW）参考程序

编程原点	工件前端面与轴线交点		编 写 日 期	
零件名称	国际象棋国王	零件图号　14-2	材　料	Al 或塑料
车床型号	CJK6240	夹具名称　三爪卡盘	实训车间	数控中心
O1505-主程序		编程系统	FANUC 0-TD	
程　序		简 要 说 明		
N10 G50 X100 Z100		建立工件坐标系		
N20 M03 S800 T0101		主轴正转，选择 1 号外圆刀		
N30 G00 X27 Z74		快速定位		
N40 G71 U0.5 R1		采用 G71 粗车外轮廓		
N50 G71 P60 Q170 U0.5 W0.2 F80				
N60 G00 X0				
N70 G01 Z71.6				
N80 G03 X8.34 Z66.24 R7.06				
N90 G01 X8.34 Z64				
N100 G03 X14 Z60 R3.26				
N110 G03 X17.82 Z53.47 R5.58				
N120 G01 X20				
N130 Z16				
N140 G03 X19 Z12 R3.7				
N150 G03 X23.4 Z4 R5.78				
N160 G03 X25 Z0 R4.54				
N170 Z–5				
N180 G00 X100				
N190 Z100　M05				
N200 M00				
N210 M03 S800 T0101				
N220 G00 X27 Z53.47				
N230 G73 U2 W0 R0.004		粗加工 R2.24，R2.54，R4.5 等圆弧段		
N240 G73 P250 Q300 U0.5 W0.2				
N250 G01 X17.82				
N260 Z53.47				
N270 X12 Z46				
N280 G03 X13.6 Z43 R2.24				
N290 G02 X15.6 Z41 R2.54				
N300 G03 X18 Z37 R4.5				
N310 G00 X100				
N320 Z100 M05				
N330 M00				
N340 M03 S800 T0202		换反偏刀		
N350 G00 X27 Z16				
N360 G73 U4.6 W0 R0.008		粗加工 R35.6 圆弧段		

续表

编程原点	工件前端面与轴线交点			编 写 日 期	
零件名称	国际象棋国王	零件图号	14-2	材 料	Al 或塑料
车床型号	CJK6240	夹具名称	三爪卡盘	实训车间	数控中心
O1505-主程序			编程系统	FANUC 0-TD	
程　　序			简 要 说 明		
N370 G73 P380 Q390 U0.5 W0.2					
N380 G01X20					
N390 G03 X9 Z37 R35.6					
N400 G00 X100					
N410 Z100 M05					
N420 M00					
N430 M03 S1600 T0202					
N440 G00 X27 Z16					
N450 G70 P380 Q390			精加工 R35.6 圆弧段		
N460 G00 X100					
N470 Z100 M05					
N480 M00					
N490 M03 S1600 T0101					
N500 G00 X27			采用基本指令对工件轮廓表面进行精加工		
N510 G01 Z71.6 F20					
N510 G01 Z71.6 F20					
N520 G03 X8.34 Z66.24 R7.06					
N530 G01 X8.34 Z64					
N540 G03 X14 Z60 R3.26					
N550 G03 X17.82 Z53.47 R5.58					
N560 G01 X12 Z46					
N570 G03 X13.6 Z43 R2.24					
N580 G02 X15.6 Z41 R2.54					
N590 G03 X18 Z37 R4.5					
N600 G01 X20 Z16					
N610 G03 X19 Z12 R3.7					
N620 G03 X23.4 Z4 R5.7					
N630 G03 X25 Z0 R4.5					
N640 G01 Z–5					
N650 G00 X100					
N660 Z100 M05					
N670 M00					
N680 M03 S400 T0303					
N690 G00 X27 Z0					
N700 G01 X0					
N710 G00 X100					
N720 Z100 M05					
N730 T0100					
N740 M30					

14.3 其他小工艺品加工练习

1. 分别编写如图 14-3、图 14-4 和图 14-5 所示的按钮、陀螺和象棋的加工程序。

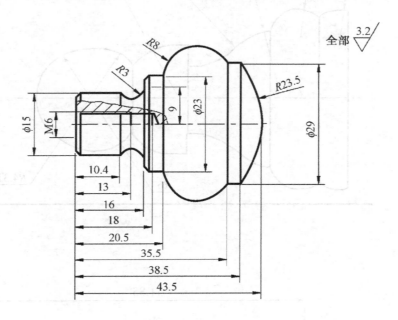

图 14-3 按钮

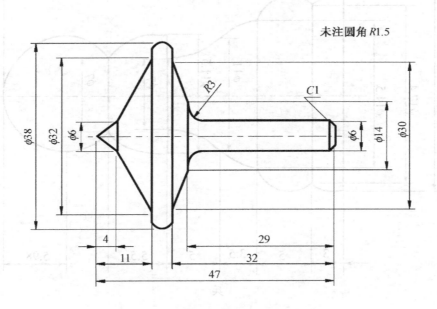

图 14-4 陀螺

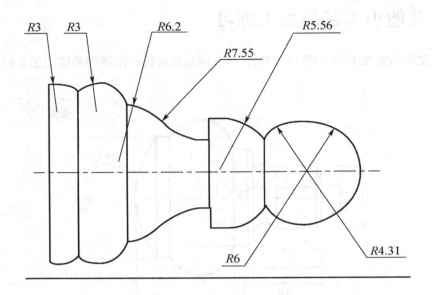

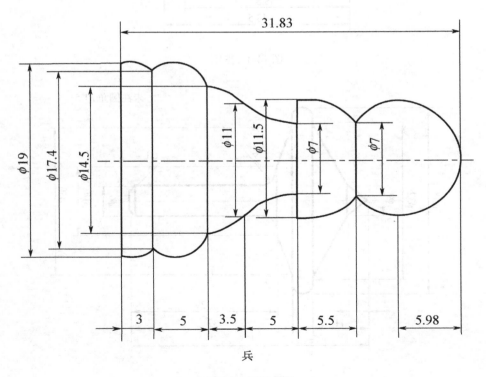

兵

图 14-5 国际象棋

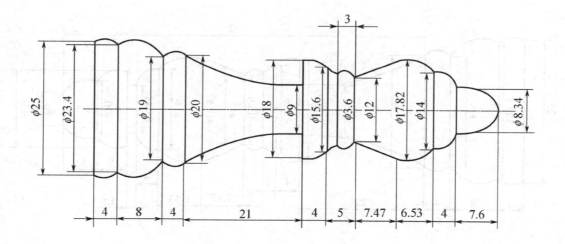

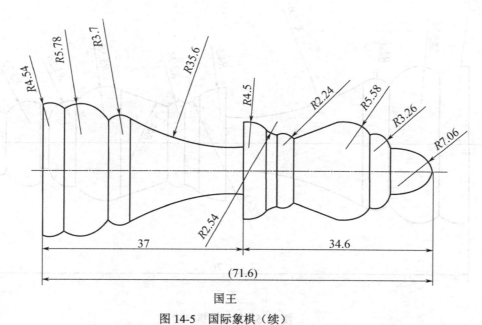

国王

图 14-5 国际象棋（续）

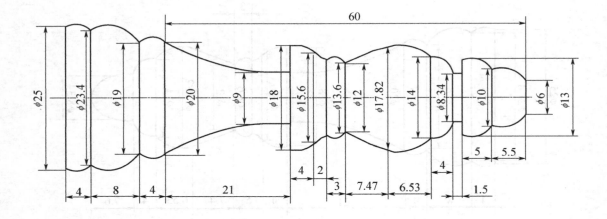

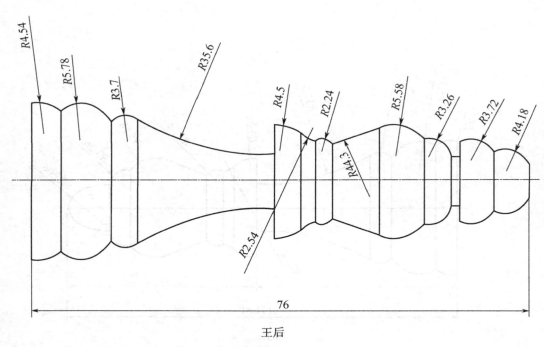

王后

图 14-5　国际象棋（续）

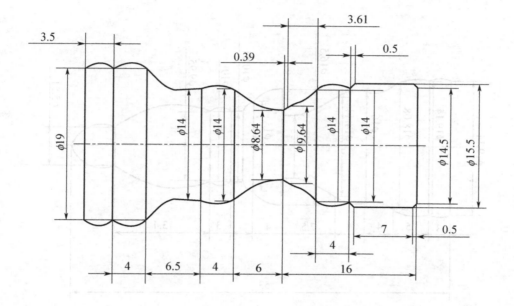

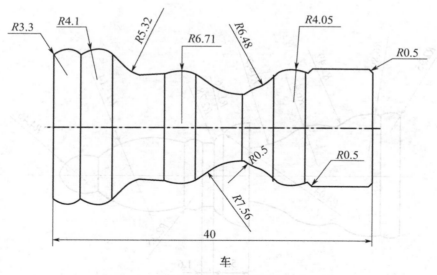

车

图 14-5 国际象棋（续）

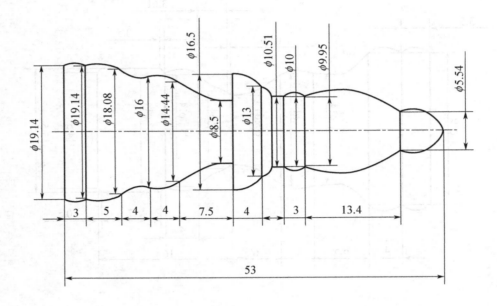

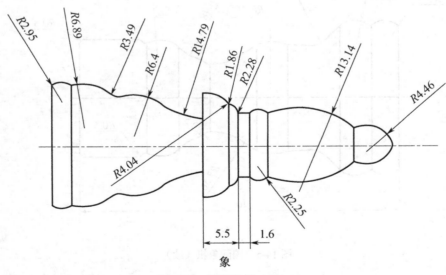

象

图 14-5　国际象棋（续）

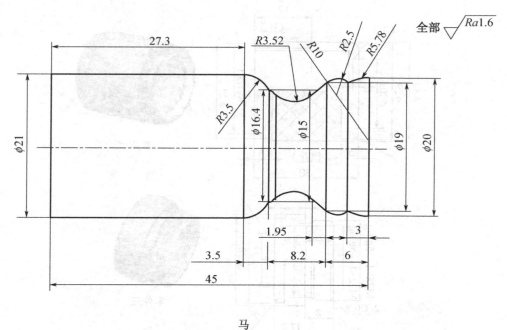

马

图 14-5 国际象棋（续）

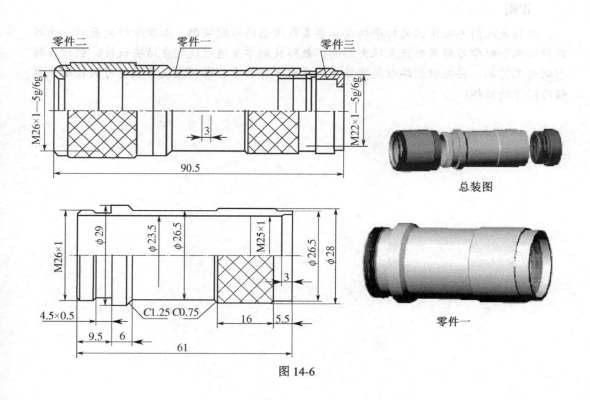

图 14-6

零件二

零件三

图 14-6（续）

 说明

兴趣是人们力求认识某种事物或从事某种活动的心理倾向。心理学研究表明，学习兴趣的水平对学习效果能产生很大影响。教师鼓励学生通过现实生活去设计、创作各种形状的工艺品，再把数控编程与操作知识应用于作品中，必将激发学生学习数控车床编程与操作的兴趣。

反侵权盗版声明

电子工业出版社依法对本作品享有专有出版权。任何未经权利人书面许可，复制、销售或通过信息网络传播本作品的行为；歪曲、篡改、剽窃本作品的行为，均违反《中华人民共和国著作权法》，其行为人应承担相应的民事责任和行政责任，构成犯罪的，将被依法追究刑事责任。

为了维护市场秩序，保护权利人的合法权益，我社将依法查处和打击侵权盗版的单位和个人。欢迎社会各界人士积极举报侵权盗版行为，本社将奖励举报有功人员，并保证举报人的信息不被泄露。

举报电话：（010）88254396；（010）88258888

传　　真：（010）88254397

E-mail：　dbqq@phei.com.cn

通信地址：北京市万寿路 173 信箱
　　　　　电子工业出版社总编办公室

邮　　编：100036